普通高等院校应用型人才培养系列教材

数字逻辑电路基础

谢　玲　周广证　胡佳美　王广文◎主　编
栾　迪　肖元秀　杨秀爽　李文亮　韦　伟◎副主编
楚天鹏◎主　审

中国铁道出版社有限公司
CHINA RAILWAY PUBLISHING HOUSE CO., LTD.

内 容 简 介

本书是高等院校数字逻辑电路基础课程教材,旨在帮助读者掌握数字系统设计的基础理论与实践技能。全书共7章,包括数字逻辑基础、逻辑门电路基础、组合逻辑电路、触发器、时序逻辑电路、脉冲产生和整形电路以及模数与数模转换电路,通过大量实例与习题解析,深入浅出地讲解了数字系统的分析与设计方法。书中配套微课视频和EDA仿真设计样例及习题参考答案,可帮助学生提升自主学习能力与工程实践能力。本书融合理论学习与实践应用,注重培养创新思维和动手能力,可助力学生为后续单片机课程学习及实际工程应用打下坚实基础。

本书适合作为普通高等院校电子信息类、计算机类、自动化类等专业的教材,也可供从事数字系统设计的工程技术人员参考。

图书在版编目(CIP)数据

数字逻辑电路基础 / 谢玲等主编. -- 北京 : 中国铁道出版社有限公司, 2025. 2. --(普通高等院校应用型人才培养系列教材). -- ISBN 978-7-113-31830-7

Ⅰ. TN79

中国国家版本馆 CIP 数据核字第 2025UU3483 号

书　　名: 数字逻辑电路基础

作　　者: 谢　玲　周广证　胡佳美　王广文

策　　划: 汪　敏　张围伟　　**编辑部电话:** (010)51873135

责任编辑: 汪　敏　彭立辉

封面设计: 刘　莎

责任校对: 安海燕

责任印制: 赵星辰

出版发行: 中国铁道出版社有限公司(100054,北京市西城区右安门西街8号)

网　　址: https://www.tdpress.com/51eds

印　　刷: 北京联兴盛业印刷股份有限公司

版　　次: 2025年2月第1版　2025年2月第1次印刷

开　　本: 787 mm×1 092 mm　1/16　**印张:** 12.75　**字数:** 317千

书　　号: ISBN 978-7-113-31830-7

定　　价: 49.80元

前　言

随着信息技术的快速发展,数字系统已经成为现代电子技术的重要组成部分。从计算机硬件到通信设备,再到嵌入式系统和智能设备,数字系统在各类电子应用中都发挥着至关重要的作用。因此,掌握数字系统的基础知识是高等院校电子信息类、自动化类、计算机类等专业学生必修内容的一部分。在当前信息化与智能化高速发展的背景下,科技进步推动了社会的变革,数字技术在国防、工业、民生等各领域都发挥着核心作用。作为新时代的大学生,尤其是电子信息类、计算机类等专业的学生,应具备与时俱进的科学素养与社会责任感,以数字技术为桥梁,努力在学成后为中国智能制造和科技强国建设贡献力量。

本书作为一部高等院校数字逻辑电路课程的教材,旨在为学生打下坚实的数字系统设计基础,帮助学生掌握从基础理论到实际应用的技能。书中涵盖了逻辑代数、组合逻辑电路、触发器、时序逻辑电路以及模数与数模转换等内容,同时介绍了数字系统的分析与设计方法,帮助学生从理论学习走向实践应用。

本书共分7章,内容安排如下:

第1章　数字逻辑基础,介绍逻辑代数的基本定理、逻辑函数及其化简等内容。

第2章　逻辑门电路基础,讲解与、或、非等逻辑运算规则及半导体元件的特性。

第3章　组合逻辑电路,讲解组合逻辑电路的分析与设计原理及常见电路实例。

第4章　触发器,讲解触发器的概念、不同类型及其工作原理。

第5章　时序逻辑电路,讲解时序逻辑电路的设计步骤和应用电路。

第6章　脉冲产生和整形电路,讲解555定时器、多谐振荡器等脉冲电路的工作原理。

第7章　模数与数模转换电路,讲解模数转换器和数模转换器的基本原理和性能分析。

在理论与实践结合方面,本书注重通过大量的例题和配套习题解析帮助读者加深理解。此外,书中还配有丰富的微课视频(扫描二维码即可观看),以帮助学生在课堂之外自学核心内容,巩固学习效果。视频详细解析了每章的重点难点,学生可随时回顾,提升自主学习能力。同时,为了培养学生工程化的能力需求,本书还在例题中配备仿真图。读者可以通过EDA工具Proteus软件模拟和设计数字系统,在实践中加深理解并提升动手能力与创新思维,同时为后续单片机等课程的学习打好基础。

本书由谢玲、周广证、胡佳美、王广文任主编，栾迪、肖元秀、杨秀爽、李文亮、韦伟任副主编。其中，第1、6章由王广文编写，栾迪协助章节设计和编写等工作；第2、3、5章由周广证编写，肖元秀协助章节设计和规划、跟踪编写进度及质量把控等工作；第4、7章由胡佳美编写，杨秀爽、韦伟协助主编解答全书习题及提供参考答案，李文亮整理网络视频材料。全书由谢玲负责规划、统稿及视频材料组织工作，由楚天鹏负责审定。其中，李文亮为新大陆科技集团高级工程师，其余编者均来自南京理工大学紫金学院。感谢为本书提供文献和资料的作者与机构，衷心希望本书能助力学生掌握数字系统设计和应用技能，并为国家的科技创新和社会发展贡献力量。

由于时间仓促，编者水平有限，书中难免存在疏漏与不妥之处，恳请广大读者批评指正。

编　者

2024年10月

第 5 章　时序逻辑电路

第6章 脉冲产生和整形电路

第7章 模数与数模转换电路

附录A 习题参考答案

附录B 软件中图形符号与国家标准符号对照表

参考文献

第1章 数字逻辑基础

引 言

随着现代电子信息技术的迅猛发展,以数字信号为特征的数字电路,因其可靠性和易于集成等优势,在计算机、电子电气、遥控遥测和医疗等各个领域有着广泛的应用。现在大部分电子系统在信息存储、分析和传输过程中,常将模拟信号转换为数字信号,利用数字逻辑来分析和处理。

学习目标

- 掌握:进制及各进制之间的转化。
- 了解:各种常用码制及编码方式。
- 掌握:逻辑代数的基本运算、基本定理、常用公式。
- 理解:逻辑函数的表示方法。
- 掌握:逻辑代数式的最小项和标准与非标准形式。
- 熟练掌握:逻辑函数的公式法化简和卡诺图化简。
- 掌握:集成电路对于现代社会的影响。

1.1 概 述

1.1.1 模拟与数字

1. 模拟信号

在人们生活中存在许多物理量,分析它们的波形对于系统研究至关重要,目前电子系统中的主要信号按其变化规律可以分为两大类:模拟信号和数字信号。

模拟信号是指在时间和数值上均连续变化的物理量,其信号的数值随时间连续变化,其表达式比较复杂,如正弦函数和指数函数等。人们在自然界中所感知的如温度、压力、声音等许多量均属于模拟信号。

模拟电路是指用于传递、处理模拟信号的电子线路,如晶体管(也称三极管)放大电路,集成运算放大电路等均属于模拟信号处理电路。

2. 数字信号

数字信号是在时间上和数值上均离散的信号,信号在数值上是不连续的。

数字信号是在信号的存储、分析和传输领域发展起来的,用于传递、加工和处理数字信号的电路称为数字电路。模拟信号可以通过采集、量化、编码等过程后用数字信号形式来表示,这个过程统称为数字抽象。数字抽象的基础是数据分割,其思想就是将某一区间内的模拟量值集合成某单一数字量值。例如,图 1.1(a)为某采集到的模拟电压信号,若把 0 ~2.5 V 之间的电压定义为逻辑“0”,把 2.5 ~5 V 之间的电压定义为逻辑“1”;则对应的数字信号波形如图 1.1(b)所示,模拟信号抽象为“0”“1”“0”“1”这一串数字信号。这里的数字信号“0”(逻辑低电平)和“1”(逻辑高电平)只是代表了电路中两种对立的状态,不是数值,没有单位,逻辑低电平和逻辑高电平都对应着一定的电压范围。不同系列的数字集成电路,其输入、输出为高、低电平对应的电压范围是不同的。

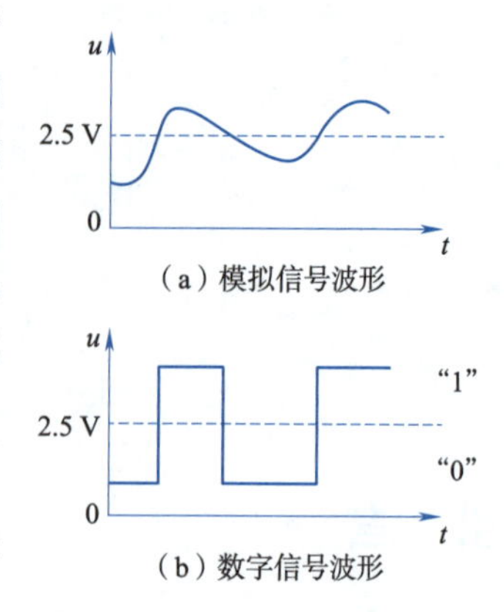

图 1.1　模拟信号和数字信号波形图

1.1.2　数字电路的特点

数字系统是对数字信息进行存储、传输、处理的电子系统,数字电路主要研究的是数字信号。

(1)数字电路的研究对象是对立的二值逻辑状态:逻辑 0 和逻辑 1。数字电路稳态工作时,半导体器件一般工作在开关状态,用以实现“开”和“关”、“电路接通”和“电路切断”、“电平高”和“电平低”等二值逻辑。

(2)数字电路研究的主要问题是输入、输出信号之间的逻辑关系,对组成电路元器件的精度要求并不高,只要满足工作时能够可靠区分 0 和 1 两种状态即可。

(3)数字电路的分析方法和模拟电路的分析方法不同,主要应用逻辑代数工具,通过真值表、逻辑表达式、波形图、卡诺图等方法来分析设计电路。

数字电路因其抗干扰能力强、集成芯片产品系列多、通用性强、成本低等优势,在工业生产中应用广泛。

1.1.3　数字电路的分类

按照不同的分类标准可以将数字电路分为不同的种类。

①按集成晶体管个数划分,数字电路可以分为小规模(SSI,数十个/片)、中规模(MSI,数百个/片)、大规模(LSI,数千个/片)和超大规模(VLSI,$\geq 10^5$ 个/片)四类。

②按制造工艺划分,数字电路可以分为双极型(TTL 型)和单极型(MOS 型)两类。

③按电路结构和工作原理划分,数字电路又可以分为组合逻辑电路和时序逻辑电路两类。

④按使用场合划分,数字电路可以分为专用型和通用型等。

1.2　数制与码制

用一组固定的符号和统一的规则来表示数值大小的方法,称为计数制,简称数制。数制是数字电路分析的基础，在日常生活中，人们习惯用十进制数；但在数字系统中，还采用二进制数和十六进制数，有时也采用八进制数。以典型的数字系统——计算机应用系统为例，十进制主要用于运算人机交互的输入和输出，二进制主要用于机器内部数据的运算和处理，十六进制主要用于计算机指令代码和寄存器数据的程序书写中。下面介绍常用的数制及其相互转换的方法。

1.2.1　数制

任何进制都包含两个基本要素：基数和位权。基数是进制中所采用的数码个数。在表征数的大小时，处在不同数位的数码代表不同的数值，每一个数位的数值大小由该位数码的值乘以处于该位的一个固定值，这个固定值就是该位的“权值”，称为“位权”。下面主要介绍常用进制。

1. 十进制（decimal system）

十进制数的基数是 10，计数规律是“逢十进一，借一当十”；有 0、1、2、3、4、5、6、7、8、9 等 10 个数码；数码在不同的位置代表不同的数值。例如，十进制数$(135.14)_{10}$可表示为

$$(135.14)_{10}=1\times10^2+3\times10^1+5\times10^0+1\times10^{-1}+4\times10^{-2}$$

式中，10^2、10^1、10^0、10^{-1}、10^{-2}是根据每一个数码所在的位置而定的，为各位数的“权”。在十进制中，各位的权是 10 的幂。任何一个十进制数$(N)_{10}$都可以表示为

$$(N)_{10}=\sum_{i=-\infty}^{\infty}(K_i\times10^i),K_i\in\{0,1,2,\cdots,9\} \tag{1.1}$$

在数字电路中，计数的基本思想是用不同的电路状态区分数码。让电路能严格区分十种不同状态是比较困难的，这也是数字电路运算不用十进制而采用二进制的原因。

2. 二进制（binary system）

二进制数的基数是 2，计数规律是“逢二进一，借一当二”；有 0、1 两个数码；在二进制中，各位的权都是 2 的幂。例如，二进制数$(1001.11)_2$可表示为

$$(1001.11)_2=1\times2^3+0\times2^2+0\times2^1+1\times2^0+1\times2^{-1}+1\times2^{-2}$$

任何一个二进制数$(N)_2$都可以表示为

$$(N)_2=\sum_{i=-\infty}^{\infty}K_i\times2^i,K_i\in\{0,1\} \tag{1.2}$$

二进制可以通过二极管的导通或截止、灯泡的亮或灭、继电器触点的闭合或断开很容易实现，所以在实际数字电路中广泛使用。但二进制数码的书写过程过于烦琐，因此在实际编程过程中，普遍使用的是八进制和十六进制。

3. 八进制（octal system）

八进制数的基数是 8，计数规律是“逢八进一，借一当八”；有 0、1、2、3、4、5、6、7 等 8 个数码；在八进制中，各位的权都是 8 的幂。例如，八进制数$(25.7)_8$可表示为

$$(25.7)_8=2\times8^1+5\times8^0+7\times8^{-1}$$

任何一个八进制数$(N)_8$都可以表示为

$$(N)_8=\sum_{i=-\infty}^{\infty}(K_i\times8^i),K_i\in\{0,1,2,\cdots,7\} \tag{1.3}$$

4. 十六进制(hexadecimal system)

十六进制数的基数是16,计数规律是“逢十六进一,借一当十六”;有0、1、2、3、4、5、6、7、8、9、A、B、C、D、E、F等16个数码;在十六进制中,各位的权都是16的幂。例如,十六进制数$(C2A.3F)_{16}$可表示为

$$(C2A.3F)_{16}=12\times16^2+2\times16^1+10\times16^0+3\times16^{-1}+15\times16^{-2}$$

任何一个十六进制数$(N)_{16}$都可以表示为

$$(N)_{16}=\sum_{i=-\infty}^{\infty}(K_i\times16^i),K_i\in\{0,1,2,\cdots,15\} \tag{1.4}$$

常用数制对照表见表1.1。

表1.1 常用数制对照表

十进制	二进制	八进制	十六进制	十进制	二进制	八进制	十六进制
0	0000	0	0	8	1000	10	8
1	0001	1	1	9	1001	11	9
2	0010	2	2	10	1010	12	A
3	0011	3	3	11	1011	13	B
4	0100	4	4	12	1100	14	C
5	0101	5	5	13	1101	15	D
6	0110	6	6	14	1110	16	E
7	0111	7	7	15	1111	17	F

1.2.2 不同数制之间的转换

同一个数,可以用不同的进位数制来表示,所以,不同数制之间的转换其实就是不同数制间的基数转换。

1. 二进制(八进制、十六进制)转换为十进制

非十进制数转换为十进制数,采用按权展开求和即可。

例1.1 将$(101.1)_2$、$(27.2)_8$、$(35C)_8$转换为十进制数。

解: 二进制数$(101.1)_2=1\times2^2+0\times2^1+1\times2^0+1\times2^{-1}=(3.5)_{10}$

八进制数$(27.2)_8=2\times8^1+7\times8^0+2\times8^{-1}=(23.25)_{10}$

十六进制数$(35C)_8=3\times16^2+5\times16^1+12\times16^0=(860)_{10}$

2. 十进制转换为二进制(八进制、十六进制)

将十进制数转换为非十进制数时,对十进制整数部分和小数部分分别采用不同的方法。整数部分采用“除基取余”法,将十进制数不断地去除“基数”,不断地取余数,直至商为0为止,先得到的余数为转换后进制数的低位,后得到的余数为高位。小数部分采用“乘基取整”法,将十进制小数不断地去乘“基数”,不断地取乘积的整数,直至乘积的小数部分为0,或达到规定的精度要求为止,先得到的整数为高位,后得到的整数为低位。

例 1.2 将十进制数 25.125 转换为二进制数。

解： 将整数部分 25 和小数部分 0.125 分别采用除 2 取余和乘 2 取整法。

除数	被除数/商	余数	
2	25		
2	12	………余1	低
2	6	………余0	
2	3	………余0	
2	1	………余1	
	0	………余1	高

运算	整数	
0.125 × 2 = 0.25	………整0	高
0.25 × 2 = 0.5	………整0	
0.5 × 2 = 1	………整1	低

$(25.125)_{10}=(11001.001)_2$。

例 1.3 将十进制数 3902 转换为八进制数和十六进制数。

解： 将 3902 分别采用除 8 取余和除 16 取余法。

除数	被除数/商	余数	
8	3902		
8	487	………余6	低
8	60	………余7	
8	7	………余4	
	0	………余7	高

除数	被除数/商	余数	
16	3902		
16	243	………余14	低
16	15	………余3	
	0	………余15	高

$(3902)_{10}=(7476)_8=(F3E)_{16}$。

3. 二进制与八进制(十六进制)之间转换

3 位二进制数共有 8 种组合，刚好可以表示八进制数的 8 个数码，如果将 3 位二进制数按从小到大的顺序分别和 8 个数码一一对应，就可以实现二进制数与八进制数之间的互换。同理，将 4 位二进制数按从小到大的顺序分别和十六进制数的 16 个数码一一对应，就实现二进制数与十六进制数之间的互换。具体转换的方法为：将二进制数转换为八(十六)进制数时，以小数点为界，分别向左、向右按 3 位(4 位)分组，不足 3 位(4 位)的首尾补 0，然后将每组对应转换为八进制(十六进制)数，就可得到相应的八进制数或十六进制数。反之，将八进制数或十六进制转换为二进制数时，只需要将 1 位八进制(十六进制)数用 3 位(4 位)二进制数一一转换即可。而八进制与十六进制之间的转换通常是将八进制(十六进制)数先转换为二进制数，然后再进行二-十六(二-八)进制转换。

例 1.4 完成如下不同数制之间的转换。

①$(11001010.1011)_2=(\quad)_8$

②$(11001010.1011)_2=(\quad)_{16}$

③$(8FA.C6)_{16}=(\quad)_2$

解：①

$$(11001010.1011)_2=\underset{3}{\underline{011}}\ \underset{1}{\underline{001}}\ \underset{2}{\underline{010}}\,.\,\underset{5}{\underline{101}}\ \underset{4}{\underline{100}}=(312.54)_8$$

②

$$(11001010.1011)_2=\underset{C}{\underline{1100}}\ \underset{A}{\underline{1010}}\,.\,\underset{B}{\underline{1011}}=(CA.B)_{16}$$

③

$$(\underline{8}\quad\underline{F}\quad\underline{A}\quad.\quad\underline{C}\quad\underline{6})_{16}=(100011111010.1100011)_2$$

$$\begin{array}{cccccc}\downarrow&\downarrow&\downarrow&&\downarrow&\downarrow\\1000&1111&1010&\cdot&1100&0110\end{array}$$

1.2.3 常用码制

数字系统中,数码不仅可以表示数的大小,还可以表示不同的字符和命令。当数码表示不同字符和命令时,又称为代码。数字电路在处理诸如数值、字符、音视频和图像等信息时,需要将这些信息用二进制数码来表示,这些数码没有大小的含义,仅表示不同的事物。以一定的规则编写二进制码,用于表示数值、文字、符号等信息的过程称为编码。若所需编码的信息有 N 项,则代码位数 n 必须满足如下关系才可以完全描述信息:

$$2^n \geqslant N$$

在计算机输入/输出系统中,为了满足人们使用十进制数的习惯,同时满足系统二进制数处理的需求,产生了用4位二进制代码表示1位十进制数的编码方法,通常称这种码制为BCD码(binary-coded-decimal)。4位二进制数有16种不同的组合方式,即有16种不同的代码,根据不同的规则选择其中10种来表示十进制的10个数码,就形成了不同的BCD码。常见的有8421BCD码、2421BCD码、5421BCD码、余3码、格雷码等。

1. BCD编码(二-十进制码)

用4位二进制数来表示1位十进制数的代码,称为二-十进制码,又称BCD码。常见的BCD码见表1.2。

表1.2 常见的BCD码

十进制数	有权码			无权码	
	8421码	2421码	5421码	余3码	格雷码
0	0000	0000	0000	0011	0000
1	0001	0001	0001	0100	0001
2	0010	0010	0010	0101	0011
3	0011	0011	0011	0110	0010
4	0100	0100	0100	0111	0110
5	0101	1011	1000	1000	0111
6	0110	1100	1001	1001	0101
7	0111	1101	1010	1010	0100
8	1000	1110	1011	1011	1100
9	1001	1111	1100	1100	1101

(1)8421BCD码

8421BCD码是由4位自然二进制数0000(0)~1111(15)组合中的前10种组合,其编码中每位都有固定的权值。从左到右各位的权值分别为 $8(2^3)$、$4(2^2)$、$2(2^1)$、$1(2^0)$。十进制数与二进制码之间的关系可以用式(1.5)表示。

$$(N)_{10}=8B_3+4B_2+2B_1+1B_0 \tag{1.5}$$

例如，$(0110)_{8421BCD}$表示的十进数为

$$(0110)_{8421BCD}=8\times0+4\times1+2\times1+1\times0=(6)_{10}$$

除了 8421BCD 码以外，表 1.2 中的 5421BCD 码、2421BCD 码也为有权码，它们的权值从高到低分别为 5、4、2、1 和 2、4、2、1。这两种码中，有的数码可以有两种表示形式，如 5421BCD 码，既可以表示为 1000，也可以表示为 0101，这说明 5421BCD 码的编码方法不唯一。表 12.2 中列出的是 5421BCD 和 2424BCD 码其中的一种编码方案。在各种 BCD 码中，8421BCD 码应用最普遍，本书若不加以特别说明，BCD 码就特指 8421BCD 码。

在用 BCD 代码表示十进制数时，对于一个多位的十进制数，需要由与十进制位数相同的几组 4 位 BCD 代码来表示。

例 1.5　请用 BCD 码表示下列各数：

$$(698.54)_{10}=(\qquad)_{8421BCD}$$
$$(853.2)_{10}=(\qquad)_{5421BCD}$$

解： 将每一位十进制数，按照表 1.2 中 8421BCD 和 5421BCD 的编码规则，用对应的 4 位二进制数表示，可以得到

$$(698.54)_{10}=(0110\ 1001\ 1000.0101\ 0100)_{8421BCD}$$
$$(853.2)_{10}=(1011\ 1000\ 0011.0010)_{5421BCD}$$

这里强调的是，8421BCD 码的首位 0 和 5421BCD 码的末位 0 是不可以省略的。

(2)余 3 码

余 3 码是在 8421 码基础上加 3(0011)而得，故称这种代码为余 3 码。具有对 9 互补的特点，常用于 BCD 码运算电路中。余 3 码每一位 1 所代表的权值在各组代码中不是固定的，所以余 3 码不能用类似式(1.5)表示其编码关系，各位没有固定的权值，所以余 3 码是一种无权码。

(3)格雷码

典型格雷码也属于无权码，在编码形式上有多种不同方式，但其共同特点是相邻的两组代码之间仅有 1 位数码不同，其余各位均相同。当逻辑状态按格雷码规律转换时，新状态相对于旧状态仅有 1 位代码变化，减少了出错概率。格雷码常用于数字量和模拟量的信息转换中。

2. 字符编码

字符编码就是将各种字符用一串二进制代码表示的一种编码规则。以计算机系统为例，人们是通过 ASCII 码(American Standard Code for Information Interchange)对键盘上的字母、符号和数值进行编码的。标准的 ASCII 码使用 7 位二进制数来表示所有的大写和小写字母、数字 0～9、标点符号，以及在美式英语中使用的特殊控制字符共 128 个，其中图形字符 96 个，控制字符 32 个。

3. 奇偶校验码

在数据的存取、运算和传送过程中，有时会出现代码中某一位误传的现象，将 0 错传为 1 或 1 错传为 0。奇偶校验码是一种能检验这种错误的代码，它由信息位和奇偶校验位两部分组成。信息位的位数由数字处理系统规定，校验位只有 1 位，可以放在信息位的前面，也可以放在信息位的后面。奇偶校验码分奇校验和偶校验两种：使代码中“1”的个数和为奇数的，就称为奇校验；使代码中“1”的个数和为偶数的，就称为偶校验。表 1.3 所示为带校验位的 8421BCD 码，如表格中信

息位为0001时，信息代码中1的个数为1个，已经是奇数，所以奇校验位为0；而当信息位为0011时，信息代码中1的个数为2个，是偶数，只有在奇校验位为1时才能保证代码中1的个数之和为奇数，所以此时奇校验位为1。

表1.3　带奇偶校验的8421BCD码

十进制数	8421BCD奇校验		8421BCD偶校验	
	信息位	校验位	信息位	校验位
0	0000	1	0000	0
1	0001	0	0001	1
2	0010	0	0010	1
3	0011	1	0011	0
4	0100	0	0100	1
5	0101	1	0101	0
6	0110	1	0110	0
7	0111	0	0111	1
8	1000	0	1000	1
9	1001	1	1001	0

1.3　逻辑代数基础

逻辑代数是分析和设计数字电路的基本数学工具，逻辑代数研究的是输入变量和输出变量之间的逻辑关系。逻辑代数中的变量称为逻辑变量，每个逻辑变量的取值只有两种，逻辑0和逻辑1。

日常生活中，人们经常遇到许多相互依存的二值状态的因果关系，如开关“接通”，灯才“亮”；开关“切断”，灯才“灭”。控制信号为“高电平”，继电器就“吸合”；控制信号为“低电平”，继电器就“断开”等。若用逻辑“1”和“0”表示数字系统中条件和结果中的二值对立状态，则事件产生的条件和结果之间的二值因果关系称为逻辑关系。

1.3.1　基本逻辑运算

在逻辑关系中，最基本的逻辑关系是与逻辑（AND）、或逻辑（OR）、非逻辑（NOT）。其他复杂的逻辑关系都可以演变成这三种基本逻辑运算关系。逻辑关系通常可以用逻辑表达式、逻辑符号和真值表等来表示。

1. 与逻辑（AND）

与逻辑描述的逻辑关系是：当条件全部满足时，结果才发生。图1.2(a)所示开关电路就实现了“与逻辑”关系。

电路中，只有当开关A和B都闭合时（以开关闭合为条件，条件均满足），灯Y才亮（以灯亮为结果，结果才发生）；A和B只要有一个断开，灯Y就灭，其功能见表1.4。若用“0”表示开关打开，用“1”表示开关闭合；用“0”表示灯不亮，用“1”表示灯亮；则其功能可以改写为表1.5所示，该表

罗列了输入变量 A 和 B 所有可能组合与输出 Y 的逻辑对应关系,称为真值表,该表同时也体现了“有 0 出 0,全 1 出 1”的“与逻辑”的运算规则。

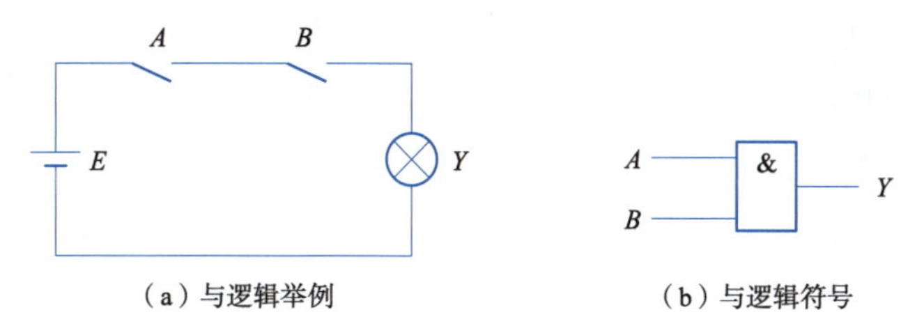

(a) 与逻辑举例　　(b) 与逻辑符号

图 1.2　与逻辑关系

表 1.4　功能表

A	B	Y
打开	打开	不亮
打开	闭合	不亮
闭合	打开	不亮
闭合	闭合	亮

表 1.5　与逻辑真值表

A	B	Y
0	0	0
0	1	0
1	0	0
1	1	1

与逻辑可以用逻辑表达式表示为

$$Y = A \cdot B \tag{1.6}$$

式中,“·”表示“与逻辑”、“与运算”或“逻辑乘”,可以省略不写。“与逻辑”的逻辑符号如图 1.2(b)所示,常称之为“与门”。

2. 或逻辑(OR)

或逻辑描述的逻辑关系是:当决定结果的所有条件中一个或一个以上具备时,结果就发生。图 1.3 所示开关电路就实现了“或逻辑”关系。

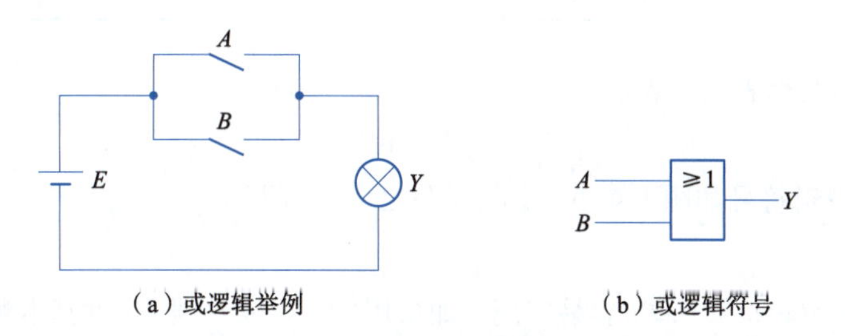

(a) 或逻辑举例　　(b) 或逻辑符号

图 1.3　或逻辑关系

电路中,当开关 A 和 B 中一个或两个闭合时(以开关闭合为条件,条件满足一个或以上),灯 Y 就亮(以灯亮为结果,结果就发生)。其功能表和真值表见表 1.6 和表 1.7。

表 1.8 同时也体现了“有 1 出 1,全 0 出 0”的“或逻辑”运算规则。

“或逻辑”逻辑表达式表示为

$$Y = A + B \tag{1.7}$$

“或逻辑”的逻辑符号如图 1.3(b)所示,常称之为“或门”。

表 1.6　功能表

A	B	Y
打开	打开	不亮
打开	闭合	亮
闭合	打开	亮
闭合	闭合	亮

表 1.7　或逻辑真值表

A	B	Y
0	0	0
0	1	1
1	0	1
1	1	1

3. 非逻辑(NOT)

非逻辑描述的逻辑关系是:当条件不具备时,结果才会发生;当条件具备时,结果不发生。图 1.4(a)所示开关电路实现了“非逻辑”关系。

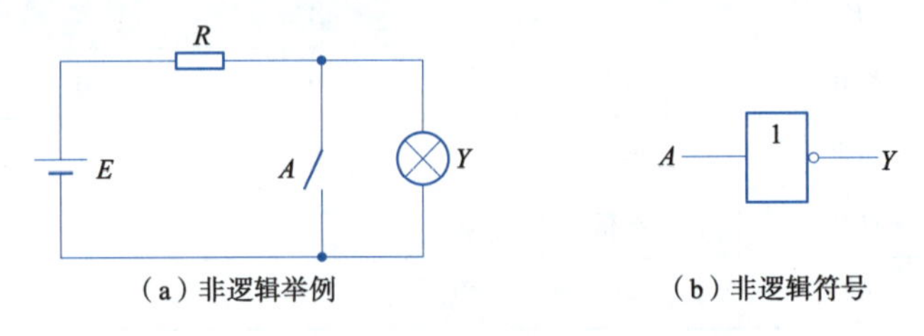

图 1.4　非逻辑关系

当开关 A 打开时(以开关闭合为条件,条件不具备),灯 Y 就亮(以灯亮为结果,结果发生);当开关 A 闭合时(条件具备),灯 Y 就灭(结果不发生);其功能表和真值表见表 1.8 和表 1.9。

表 1.8　功能表

A	Y
打开	亮
闭合	不亮

表 1.9　非逻辑真值表

A	Y
0	1
1	0

非逻辑可以用逻辑表达式表示为

$$Y=\overline{A} \tag{1.8}$$

“非逻辑”的逻辑符号如图 1.4(b)所示,常称之为“非门”。

4. 复合运算

一般 3 种基本逻辑运算简单,容易实现。如果用“与”“或”“非”3 种基本逻辑运算进行不同组合,可以构成“与非”“或非”“与或非”“异或”“同或”等复合逻辑。

(1)与非逻辑

将“与”和“非”运算组合在一起可以构成“与非逻辑”,能实现与非逻辑电路,称为“与非门”电路。与非逻辑真值表见表 1.10。

与非的逻辑表达式为

$$Y=\overline{A \cdot B} \tag{1.9}$$

其逻辑符号为

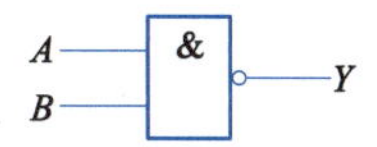

(2)或非逻辑

将“或”和“非”运算组合在一起可以构成“或非逻辑”,能实现或非逻辑的电路,称为“或非门”电路,或非逻辑真值表见表 1. 11。

表 1. 10　与非逻辑真值表

A	B	Y
0	0	1
0	1	1
1	0	1
1	1	0

表 1. 11　或非逻辑真值表

A	B	Y
0	0	1
0	1	0
1	0	0
1	1	0

或非的逻辑表达式为

$$Y=\overline{A+B} \tag{1.10}$$

其逻辑符号为

A
B
≥1
Y

(3)与或非逻辑

将“与”“或”“非”运算组合在一起可以构成“与或非逻辑”,能实现与或非逻辑的电路,称为“与或非门”电路,与或非的逻辑表达式为

$$Y=\overline{A\cdot B+C\cdot D} \tag{1.11}$$

其逻辑符号为

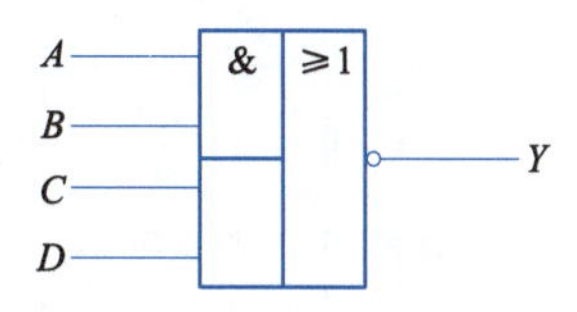

(4)异或逻辑

异或逻辑也称“异或运算”,能实现异或逻辑的电路,称为“异或门”电路,异或逻辑真值表见表 1. 12。它的逻辑关系是:当输入不同时,输出为 1;当输入相同时,输出为 0。

异或运算的逻辑表达式为

$$Y=A\overline{B}+\overline{A}B=A\oplus B \tag{1.12}$$

其逻辑符号为

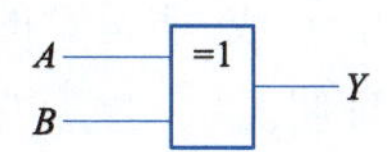

(5)同或逻辑

同或逻辑也称“同或运算”,能实现同或逻辑的电路,称为“同或门”电路,同或逻辑的真值表见表 1. 13。它的逻辑关系是:当输入相同时,输出为 1;当输入不同时,输出为 0。

表 1.12 异或逻辑真值表

A	B	Y
0	0	0
0	1	1
1	0	1
1	1	0

表 1.13 同或逻辑真值表

A	B	Y
0	0	1
0	1	0
1	0	0
1	1	1

同或运算的逻辑表达式为

$$Y = AB + \overline{A}\,\overline{B} = A \odot B \tag{1.13}$$

比较表 1.13 和表 1.14,可以看出对应于每组输入组合,输出结果刚好是相反的,可见两个变量的异或逻辑和同或逻辑互为反函数。同或逻辑符号为

A
B
=1
Y

1.3.2 逻辑代数的基本定律和常用公式

逻辑代数是分析逻辑关系和设计数字电路的数学基础,由英国数学家布尔于 1847 年提出。同算术运算一样,逻辑代数也具有一定的公式、定律和规则。基本的公式和定律共有 11 个,见表 1.14。

表 1.14 逻辑代数的基本定律

基本定律	表达式	基本定律	表达式
公式	$0 \cdot 0 = 0 \quad 0 \cdot 1 = 0 \quad 1 \cdot 1 = 1$ $0 + 0 = 0 \quad 0 + 1 = 1 \quad 1 + 1 = 1$	结合律	$(A \cdot B) \cdot C = A \cdot (B \cdot C)$ $(A + B) + C = A + (B + C)$
0-1 律	$0 \cdot A = 0 \quad 1 \cdot A = A$ $0 + A = A \quad 1 + A = 1$	分配律	$A \cdot (B + C) = A \cdot B + A \cdot C$ $A + (B \cdot C) = (A + B) \cdot (A + C)$
互补律	$A \cdot \overline{A} = 0$ $A + \overline{A} = 1$	吸收律	$A + AB = A$ $A \cdot (A + B) = A$
自补律	$\overline{\overline{A}} = A$	吸收律	$A + \overline{A}B = A + B$ $A \cdot (\overline{A} + B) = A \cdot B$
自等律	$A + 0 = A \quad A \cdot A = A$ $A \cdot 1 = A \quad A + A = A$	冗余律	$AB + \overline{A}C + BC = AB + \overline{A}C$ $(A + B)(\overline{A} + C)(B + C) = (A + B)(\overline{A} + C)$
交换律	$A \cdot B = B \cdot A$ $A + B = B + A$	摩根定律	$\overline{A \cdot B} = \overline{A} + \overline{B}$ $\overline{A + B} = \overline{A} \cdot \overline{B}$

对于逻辑代数的公式,一般可以采用与、或、非运算的定义去证明,对于复杂的公式或定律,也可以采用其他公式或真值表列举法去证明。

例 1.6 证明公式 $A + AB = A$。

证:$A + AB = A \cdot 1 + AB = A(1 + B)$ 【分配律】

$= A \cdot 1$ 【0-1 律】

$= A$ 【自等律】

例 1.7　证明公式 $A+\overline{A}B=A+B$。

证： $A+\overline{A}B=(A+AB)+\overline{A}B$　【吸收律】

$=(AA+AB)+\overline{A}B$　【自等律】

$=(AA+AB+A\overline{A})+\overline{A}B$　【互补律】

$=(A+B)(A+\overline{A})$　【提取公因式】

$=(A+B)\cdot 1$　【互补律】

$=(A+B)$　【自等律】

例 1.8　证明摩根定律 $\overline{A\cdot B}=\overline{A}+\overline{B}$;$\overline{A+B}=\overline{A}\cdot\overline{B}$。

证： 可以采用真值表的方法来证明摩根定律，将 A、B 的取值组合分别代入等式两端，观察其函数值是否一一对应相等，见表 1.15。

表 1.15　例 1.8 真值表

A	B	$\overline{A\cdot B}$	$\overline{A}+\overline{B}$	$\overline{A+B}$	$\overline{A}\cdot\overline{B}$
0	0	1	1	1	1
0	1	1	1	0	0
1	0	1	1	0	0
1	1	0	0	0	0

以上这些逻辑公式、定律主要研究的是变量与常量、变量与变量之间进行与、或、非等基本运算时的基本规律，需要熟练掌握，利用这些公式和定律可以实现逻辑函数的化简。

1.3.3　逻辑代数的基本规则

逻辑代数有三个基本规则，利用这些规则可以实现逻辑函数形式的变化或公式的变化。

1. 代入规则

在任何一个逻辑等式中，如果等式两边出现的某变量都用一个函数替代，则等式仍然成立，这一规则称为代入规则。

因为变量 A 仅有 0 和 1 两种可能的状态，所以无论将 $A=0$ 还是 $A=1$ 代入逻辑等式，等式都一定成立。任何一个逻辑式的取值也是 0 或者 1，所以，用它取代式中 A 时，等式自然也成立。利用代入规则可以扩展公式和证明恒等式，从而扩大了等式的应用范围。

例 1.9　试证明摩根定律也适用于多变量情况。

证： 已知摩根定律为 $\overline{A\cdot B}=\overline{A}+\overline{B}$,$\overline{A+B}=\overline{A}\cdot\overline{B}$。

将 $(B+C)$ 代入右边等式中 B 的位置，将 (BC) 代入左边等式中 B 的位置，于是得到

$$\overline{A+(B+C)}=\overline{A}\cdot\overline{B+C}=\overline{A}\cdot\overline{B}\cdot\overline{C}$$

$$\overline{A\cdot(B\cdot C)}=\overline{A}+\overline{B\cdot C}=\overline{A}+\overline{B}+\overline{C}$$

由例 1.9 可见代入规则没有改变恒等式的表现形式，但扩展了公式中应用变量的数目。

2. 反演规则

将任意一个逻辑函数式 Y 中所有的“·”换成“+”，“+”换成“·”，0 换成 1，1 换成 0，原变量换为反变量，反变量换为原变量，就可以得到该逻辑函数的反函数 $\overline{Y}$，这一规则称为反演规则。

在利用反演规则求反函数时，不是同一个变量上的“非号”要保留不变；同时要保持原来的运算优先顺序，必要时可以加括号；若函数式中有“⊕”和“⊙”运算符，要将运算符“⊕”换成“⊙”，“⊙”换成“⊕”。

例 1.10 求函数 $Y=A\overline{B}+BC$ 的反函数。

解： 方法一　根据反演规则

$$
\begin{array}{ccccccccc}
Y= & A & \cdot & \overline{B} & + & B & \cdot & C & \\
 & \downarrow & \downarrow & \downarrow & \downarrow & \downarrow & \downarrow & \downarrow & \\
\overline{Y}= & (\overline{A} & + & B) & \cdot & (\overline{B} & + & \overline{C}) &
\end{array}
$$

所以，$\overline{Y}=(\overline{A}+B)\cdot(\overline{B}+\overline{C})=\overline{A}\,\overline{B}+\overline{A}\,\overline{C}+B\overline{C}=\overline{A}\,\overline{B}+B\overline{C}$

方法二　根据摩根定律

$$\overline{Y}=\overline{A\overline{B}+BC}=\overline{A\overline{B}}\cdot\overline{BC}=(\overline{A}+B)\cdot(\overline{B}+\overline{C})=\overline{A}\,\overline{B}+\overline{A}\,\overline{C}+B\overline{C}=\overline{A}\,\overline{B}+B\overline{C}$$

可以发现，反演规则和摩根定律实际上是求反函数的同一方法的不同体现形式而已。

例 1.11 求函数 $Y=\overline{\overline{A\overline{B}+C}+D}+C$ 的反函数。

解： 利用反演规则，可以得到

$$\overline{Y}=\overline{\overline{(\overline{A}+B)\cdot\overline{C}}\cdot\overline{D}}\cdot\overline{C}$$

在本例中，要注意的是，括号上方的“非号”不是同一个变量的“非号”，在应用反演规则求反函数时要保留。

3. 对偶规则

将任意一个逻辑函数式 Y 中所有的“ · ”换成“ + ”，“ + ”换成“ · ”，0 换成 1，1 换成 0，就得到逻辑函数的对偶式 Y'，这一规则称为对偶规则。如果两个逻辑式相等，则它们的对偶式也一定相等，即若 $Y_1=Y_2$，则 $Y_1'=Y_2'$。要注意的是，在利用对偶规则时，若函数式中有“⊕”和“⊙”运算符，求对偶函数时，也要将运算符“⊕”换成“⊙”，“⊙”换成“⊕”。

例 1.12 利用对偶规则对 $A\cdot(B+C)=AB+AC$ 进行转换。

解： 根据对偶规则，只对逻辑符号进行变换，则得到如下等式：

$$A+B\cdot C=(A+B)\cdot(A+C)$$

这两个等式刚好是表 1.15 中分配律对应的两个公式。可见利用对偶规则，虽然改变了逻辑函数的表示形式，但等式仍然成立，利用这种方法可以使公式的数目增加一倍。使用对偶规则也可以证明恒等式。

1.4 逻辑函数

1.4.1 逻辑函数及其描述方法

实际逻辑问题，其逻辑关系远比基本逻辑运算复杂。对于各种复杂的逻辑关系常用逻辑函数来描述。

将逻辑变量作为输入，将运算结果作为输出，当输入变量的取值确定之后，输出的值便被唯一地确定下来，这种输入与输出的逻辑关系式，称为逻辑函数。逻辑函数的常见描述方法有真值表、逻辑表达式、逻辑图、波形图和卡诺图等 5 种，各种表示方法之间可以相互转换。下面以一个三变量的表决器为例介绍逻辑函数的不同表示方法及其相互转换方法。

1. 真值表

在介绍基本逻辑运算时已经提及真值表的概念，即将 n 个逻辑变量共 2^n 种有限的可能取值组合和其对应函数值记录在表格中。真值表一般是按照输入的二进制数码顺序给出，它利用穷举法描述了逻辑函数，所以是唯一的。

下面列出三变量表决器的真值表。表决器的表决结果遵循“少数服从多数”的原则，每一个评委对决议只有“赞成”和“反对”两种意见(规定不允许弃权)，表决结果只有“通过”和“不通过”两种可能。将每个评委的意见作为表决器的输入变量，用 A、B、C 来表示，且“1”表示“赞成”，“0”表示“反对”。表决的结果用 Y 来表示，“1”表示决议获得“通过”，“0”表示决议“不通过”。真值表见表 1.16。

表 1.16　表决器真值表

A	B	C	Y
0	0	0	0
0	0	1	0
0	1	0	0
0	1	1	1
1	0	0	0
1	0	1	1
1	1	0	1
1	1	1	1

2. 逻辑表达式

逻辑表达式是由逻辑变量及各种运算关系表示输入变量和输出函数之间因果关系的逻辑函数式。由真值表很容易得到一个逻辑函数的与或表达式。在表 1.16 中找出函数值为 1 的组合项进行“加组合”(“或组合”)，将每个组合项对应的输入变量进行“乘组合”(“与组合”)，其中原变量 A、B、C 用“1”表示；反变量 $\overline{A}$、$\overline{B}$、$\overline{C}$ 用“0”表示。

在表 1.16 中，输出变量结果为“1”的组合项共有 4 项，这 4 项输出对应的输入变量组合分别是 $\overline{A}BC(011)$、$A\overline{B}C(101)$、$AB\overline{C}(110)$、$ABC(111)$，将这些“乘组合”(与项)相加(或)，即可得到表决器函数的逻辑表达式，即

$$Y=\overline{A}BC+A\overline{B}C+AB\overline{C}+ABC$$

3. 逻辑图

将逻辑表达式中逻辑运算用对应的逻辑门符号画出的电路图称为逻辑图。图 1.5 所示为表决器电路的逻辑图，用到了非逻辑、三输入与逻辑和四输入或逻辑等逻辑门符号。

4. 波形图

逻辑函数的关系还可以用输入-输出波形图来描述。表决器电路的波形图如图 1.6 所示，从

图中可见当A、B、C取值为011、101、110、111这4种情况时，输出为高电平1，其余情况下，输出均为0，和真值表对应逻辑关系一致。

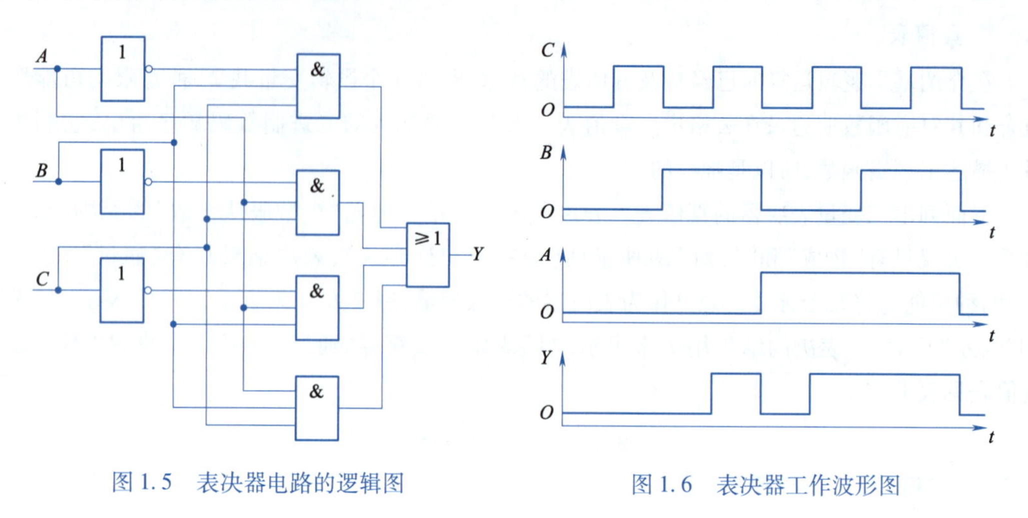

图1.5　表决器电路的逻辑图

图1.6　表决器工作波形图

5. 卡诺图

卡诺图是真值表的另一种表示形式，将在1.5节逻辑函数的化简部分详细介绍，在此不再叙述。

逻辑函数的这些描述方法各有优缺点，图表法比较直观形象，而逻辑表达式书写比较简单，在分析和设计电路时，可以根据实际需要选择、转换逻辑表达形式。

1.4.2　逻辑函数的标准形式

实际应用中，逻辑函数关系往往比较复杂，用以描述逻辑功能的逻辑表达式的形式也多种多样，可以是“与或式”、“或与式”或“与非-与非式”等，但任何逻辑函数都可以化为一个标准形式——最小项之和的形式。接下来，就先来了解“最小项”的相关知识。

1. 逻辑函数的最小项

在n个变量组成的乘积项中，若每个变量都以原变量或反变量的形式出现且仅出现1次，那么该乘积项称为n变量的一个最小项。n个变量的最小项就有2^n个。

根据最小项的定义，二变量A、B有4(2^2)个最小项：$\overline{A}\,\overline{B}$、$\overline{A}B$、$A\overline{B}$、$AB$。

三变量A、B、C有8(2^3)个最小项：$\overline{A}\,\overline{B}\,\overline{C}$、$\overline{A}\,\overline{B}C$、$\overline{A}B\overline{C}$、$\overline{A}BC$、$A\overline{B}\,\overline{C}$、$A\overline{B}C$、$AB\overline{C}$、$ABC$。

为了便于书写，需要对最小项进行编号，用m_i表示，其中i就是最小项的序号。具体的编号方法是：当变量按一定顺序(A,B,C,…)排好后，把最小项中原变量记为1，反变量记为0，对应的组合当成二进制数，转换成对应的十进制数，就是该最小项的编号。例如：

$$\overline{A}\,\overline{B}\,\overline{C}\rightarrow(000)_2\rightarrow(0)_{10}\rightarrow m_0;AB\overline{C}\rightarrow(110)_2\rightarrow(6)_{10}\rightarrow m_6$$

按照此编号方法，二变量的全部4个最小项的编号分别是m_0、m_1、m_2、m_3；三变量的全部8个最小项的编号分别是m_0、m_1、m_2、m_3、m_4、m_5、m_6、m_7。表1.17为三变量A、B、C不同取值组合时的全部最小项真值表。

表 1.17　三变量最小项真值表

编　号			m_0	m_1	m_2	m_3	m_4	m_5	m_6	m_7
变量取值			最　小　项							
A	B	C	$\overline{A}\,\overline{B}\,\overline{C}$	$\overline{A}\,\overline{B}C$	$\overline{A}B\overline{C}$	$\overline{A}BC$	$A\overline{B}\,\overline{C}$	$A\overline{B}C$	$AB\overline{C}$	ABC
0	0	0	1	0	0	0	0	0	0	0
0	0	1	0	1	0	0	0	0	0	0
0	1	0	0	0	1	0	0	0	0	0
0	1	1	0	0	0	1	0	0	0	0
1	0	0	0	0	0	0	1	0	0	0
1	0	1	0	0	0	0	0	1	0	0
1	1	0	0	0	0	0	0	0	1	0
1	1	1	0	0	0	0	0	0	0	1

从表 1.17 可以得到最小项的 3 个重要性质：

①每一个最小项与一组变量取值相对应，只有这一组取值使该最小项的值为 1。

②任意两个不同的最小项的乘积恒为 0。

③所有最小项之和恒为 1。

视频

逻辑函数的化简：最小项

2. 标准与或式

任何一个逻辑函数都可以表示为最小项之和的标准形式，也称为“标准与或式”。真值表直接写出的逻辑函数的表达式就是“最小项之和”形式，如根据表 1.16（表决器真值表）直接写出的逻辑函数

$$Y(A,B,C)=\overline{A}BC+A\overline{B}C+AB\overline{C}+ABC$$

就是一个标准与或式，为了书写方便，上式也可以记为

$$Y(A,B,C)=m_3+m_5+m_6+m_7=\sum m(3,5,6,7)$$

对于非标准形式的逻辑表达式可以利用公式 $A=A(B+\overline{B})=AB+A\overline{B}$ 配项，将给定函数转换为标准式。

例 1.13　将逻辑函数 $Y=A\overline{B}\,\overline{C}D+\overline{A}CD+AC$ 化为标准式。

解：

$$\begin{aligned}Y&=A\overline{B}\,\overline{C}D+\overline{A}(B+\overline{B})CD+A(B+\overline{B})C\\&=A\overline{B}\,\overline{C}D+\overline{A}BCD+\overline{A}\,\overline{B}CD+ABC(D+\overline{D})+A\overline{B}C(D+\overline{D})\\&=A\overline{B}\,\overline{C}D+\overline{A}BCD+\overline{A}\,\overline{B}CD+ABCD+ABC\overline{D}+A\overline{B}CD+A\overline{B}C\overline{D}\\&=\sum m(3,7,9,10,11,14,15)\end{aligned}$$

例 1.14　将 $Y(A,B,C)=AB+\overline{A}C$ 化为最小项之和形式。

解：

$$\begin{aligned}Y(A,B,C)&=AB(C+\overline{C})+\overline{A}(B+\overline{B})C\\&=ABC+AB\overline{C}+\overline{A}BC+\overline{A}\,\overline{B}C\\&=m_7+m_6+m_3+m_1\\&=\sum m(1,3,6,7)\end{aligned}$$

1.5 逻辑函数的化简

根据实际逻辑问题归纳出来的逻辑表达式,即便是标准与或式,通常也都不是最简的,为了在设计电路中节省元器件,从而降低成本、提高系统的可靠性,需要将表达式化简为需要的最简形式。最简形式可以有最简与或式、或与式、与非-与非式、或非-或非式和与或非式等,虽然它们形式不同,但逻辑功能是相同的,且可以相互转化。

$$Y=AB+\overline{B}C \quad 【与或式】$$

$$=AB+\overline{B}C+AC=(B+C)(\overline{B}+A) \quad 【或与式】$$

$$=\overline{\overline{AB+\overline{B}C}}=\overline{\overline{AB}\cdot\overline{\overline{B}C}} \quad 【与非-与非式】$$

$$=\overline{\overline{(B+C)(\overline{B}+A)}}=\overline{\overline{(B+C)}+\overline{\overline{B}+A}} \quad 【或非-或非式】$$

可见,有了最简与或式这个基本形式以后,逻辑函数所用的门电路就越少,这不仅节省成本,而且提高了电路工作的可靠性。其余的表达形式可以通过变换得到,所以在逻辑化简过程中,往往将逻辑函数先化成最简与或形式。最简式的标准是:表达式中的项数最少,而且每项中变量的个数最少。

1.5.1 公式法化简

逻辑函数的化简有两大类方法:一种是公式法;另一种是卡诺图法。公式法化简就是反复利用逻辑代数的公式和定律对函数进行化简,没有固定的步骤,依赖于人的经验和对公式的熟悉程度。

例 1.15 用公式法将下列逻辑表达式化成最简与或式。

$$Y_1=ABC+AB\overline{C}+A\overline{B}$$

$$Y_2=A\overline{B}+B+\overline{A}B$$

$$Y_3=AC+\overline{A}D+\overline{B}D+B\overline{C}$$

解: $Y_1=ABC+AB\overline{C}+A\overline{B}$ 【提取公因式 AB】

$=AB(C+\overline{C})+A\overline{B}$ 【$A+\overline{A}=1$】

$=AB+A\overline{B}$ 【提取公因子 A】

$=A(B+\overline{B})$ 【$A+\overline{A}=1$】

$=A$

$Y_2=A\overline{B}+B+\overline{A}B$ 【提取公因子 B】

$=A\overline{B}+(1+\overline{A})B$ 【$1+\overline{A}=1$】

$=A\overline{B}+B$ 【$A+\overline{A}B=A+B$】

$=A+B$

$Y_3=AC+\overline{A}D+\overline{B}D+B\overline{C}$

$=AC+B\overline{C}+D(\overline{A}+\overline{B})$ 【$\overline{A}+\overline{B}=\overline{AB}$】

$=AC+B\overline{C}+D\overline{AB}$ 【$AC+\overline{BC}=AC+\overline{BC}+AB$】

$=AC+B\overline{C}+AB+D\overline{AB}$ 【$A+\overline{A}B=A+B$】

$$=AC+B\overline{C}+AB+D \qquad 【AC+\overline{BC}+AB=AC+\overline{BC}】$$

$$=AC+B\overline{C}+D$$

由上例题可见,采用公式法化简时需要熟练掌握各种公式及定律,化简过程技巧性强,对代数化简后得到的逻辑表达式是否为最简的判断有一定难度。

1.5.2　卡诺图化简

视频

逻辑函数的化简：卡诺图

1. 卡诺图构成

卡诺图化简实际上是一种图形化化简方法,相较于公式法更为直观、简便。利用卡诺图化简,可以直接写出函数的最简与或表达形式。卡诺图是由美国工程师卡诺设计的,是一种长方形或正方形的方格图,每一方格代表一个最小项,n 个变量的卡诺图有 2^n 个方格。方格的横纵标识用变量取值组合来表示,且变量取值组合均采用格雷码排列,其中 0 对应反变量,1 对应原变量。

图 1.7 所示为二变量的卡诺图,变量 A、B 分别表示方格的横纵标识,0 行表示 $\overline{A}$,1 行表示 A,0 列表示 $\overline{B}$,1 列表示 B。2 个变量的卡诺图有 2^2 共 4 个方格,分别表示了 $\overline{A}\,\overline{B}$、$\overline{A}B$、$A\overline{B}$、$AB$ 四个最小项。

图 1.8 和图 1.9 所示为三变量和四变量的卡诺图,可以看出卡诺图的横纵坐标(00→01→11→10)均采用了循环码排列,要特别注意第三列和第三行的方格和最小项的对应关系。随着变量个数的增多,卡诺图会迅速复杂,失去其优势,所以五变量以上逻辑函数,一般不会采用卡诺图化简。

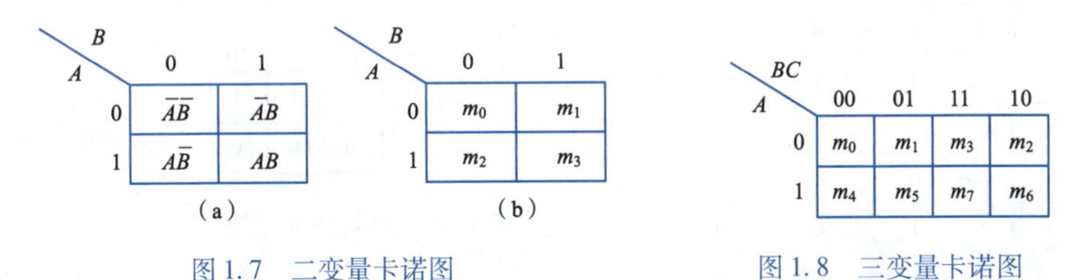

图 1.7　二变量卡诺图　　　　图 1.8　三变量卡诺图

卡诺图最重要的一个结构特点就是:几何位置相邻的最小项,逻辑上一定也是相邻的。这里几何相邻包括:直接相邻、上下相邻、左右相邻、四角相邻。以四变量卡诺图为例, 图 1.10 示例中, 1 号圈为直接相邻, 2 号圈为上下相邻, 3 号圈为左右相邻, 4 号圈为四角相邻。

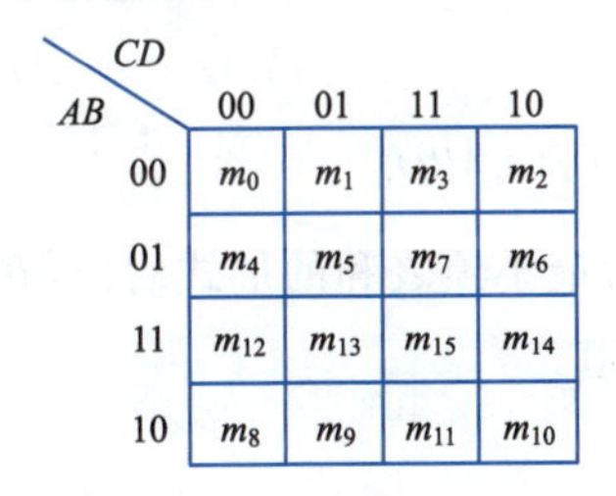

图 1.9　四变量卡诺图

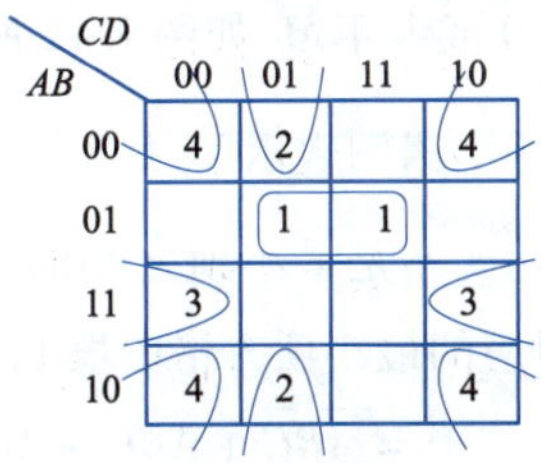

图 1.10　几何相邻、逻辑相邻示意图

所谓逻辑相邻指的是:n 个变量的 2^n 个最小项中,如果两个最小项仅有一个因子是不同的,则称这两个最小项为逻辑相邻。例如,1 号圈对应的两个最小项$\overline{A}B\overline{C}D$ 和 $\overline{A}BCD$,只有 $\overline{C}$ 和 C 是不同的;2 号圈对应的两个最小项 $\overline{A}\,\overline{B}\,\overline{C}D$ 和 $A\overline{B}\,\overline{C}D$,只有 $\overline{A}$ 和 A 是不同的,这两对最小项均称为逻辑相邻,同理 3 号圈和 4 号圈内的最小项也是逻辑相邻的。在卡诺图中几何相邻和逻辑相邻是统一的,对这一点的理解非常重要。

2. 逻辑函数的卡诺图表示

根据逻辑函数给定描述方式不同,画卡诺图通常有以下 3 种方法:

①由真值表直接写出:将真值表中使函数值为 1 的最小项对应的方格填 1,其余格均填 0 或者不填。

②由函数表达式的标准与或式直接写出:表达式中出现的函数最小项对应的小方格中直接填 1,其余的填 0 或者不填。

③将非标准与或式的函数表达式先转换后再写出:将函数表达式变换成最小项之和表达式,在卡诺图中对应的最小项方格中填 1,其余的填 0 或者不填。

例 1.16 已知三变量逻辑函数的真值表(见表 1.18),试填写函数的卡诺图。

解: 找出真值表(见表)中函数值为 1 的最小项,即 m_2、m_3、m_4,在卡诺图(见图 1.11)对应的方格填 1,其余格均填 0 或者不填。

表 1.18 三变量逻辑函数真值表

A	B	C	F
0	0	0	0
0	0	1	0
0	1	0	1
0	1	1	1
1	0	0	1
1	0	1	0
1	1	0	0
1	1	1	0

A \ BC	00	01	11	10
0	0	0	1	1
1	1	0	0	0

图 1.11 例 1.16 卡诺图

例 1.17 用卡诺图表示 $Y(A,B,C) = \sum(0,2,5,7)$。

解: 函数表达式是最小项之和的形式,是标准与或式,只要将表达式中出现的函数最小项 m_0、m_2、m_5、m_7,在卡诺图对应的小方格中直接填 1,其余的填 0 或者不填,如图 1.12 所示。

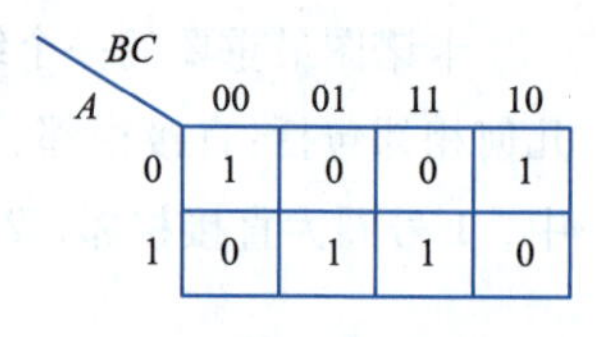

图 1.12 例 1.17 卡诺图

例 1.18 用卡诺图表示 $Y(A,B,C,D) = \overline{A}B\overline{C} + ABC + A\overline{C}D + ABD$。

解: 函数表达式不是最小项之和的形式,需要先转换为最小项之和的形式后,再在卡诺图(见图 1.13)中对应的最小项方格中填 1,其余的填 0 或者不填。

$$\begin{aligned}Y &= \overline{A}B\overline{C} + ABC + A\overline{C}D + ABD \\ &= \overline{A}B\overline{C}(D+\overline{D}) + ABC(D+\overline{D}) + A(B+\overline{B})\,\overline{C}D + AB(C+\overline{C})D \\ &= m_4 + m_5 + m_9 + m_{13} + m_{14} + m_{15} \\ &= \sum m(4,5,9,13,14,15)\end{aligned}$$

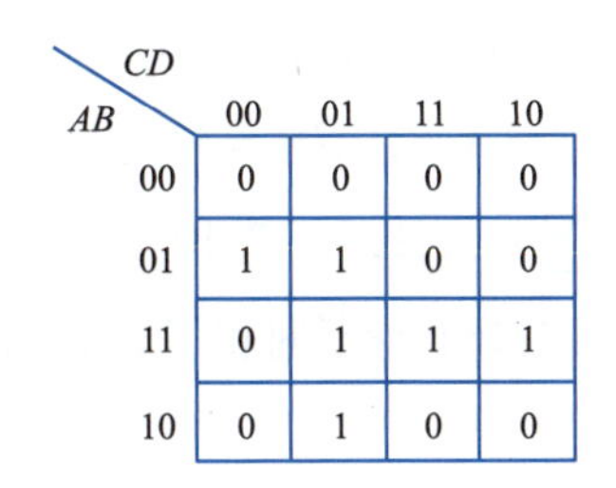

图 1.13　例 1.18 卡诺图

3. 卡诺图化简的依据

当合并卡诺图中几何位置相邻的最小项时(如图 1.14 中 1 号圈),相当于将两个逻辑相邻最小项 $\overline{A}B\overline{C}\,\overline{D}$(0100)和 $\overline{A}B\overline{C}D$(0101)合并,利用公式 $A+\overline{A}=1$ 合并掉 1 对互补的变量,可以得到简化结果:

$$\overline{A}B\overline{C}\,\overline{D}+\overline{A}B\overline{C}D=\overline{A}B\overline{C}(\overline{D}+D)=\overline{A}B\overline{C}$$

从卡诺图中看,这个结果 $\overline{A}B\overline{C}$(010),刚好是两个最小项横纵坐标中对应不变的那些变量组成的乘积项。2 号圈有 4 个最小项,合并时两次应用公式 $A+\overline{A}=1$,可以消去 2 对互补变量,其结果 BC 也是这 4 个最小项横纵坐标中对应不变的那些变量组成的乘积项。利用同样的方法,若将 8 个相邻最小项合并时,就消去了三对互补变量。可见只要将卡诺图中 2^i 个相邻最小项合并,就可以消去 i 对互补变量,从而达到化简的目的,这个圈越大,所得的化简结果越简单。

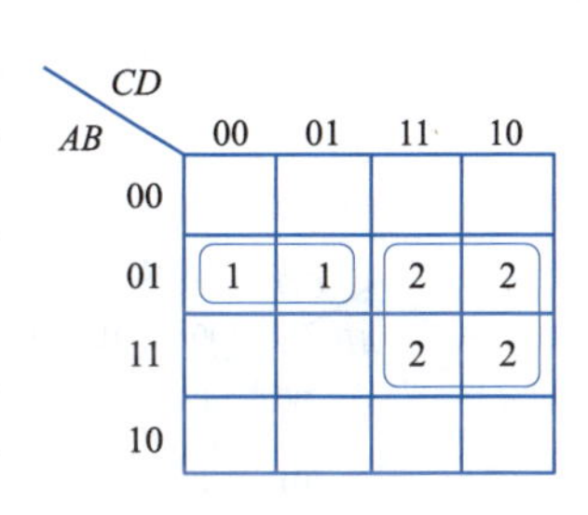

图 1.14　卡诺图化简依据

4. 卡诺图化简的步骤

当掌握以上基本知识后,就可以应用卡诺图化简函数,卡诺图化简共有 4 个步骤:

①画卡诺图:根据变量的个数画出卡诺图,并将逻辑函数用卡诺图表示。

②画包围圈,合并最小项。画包围圈的原则为:包围圈内的“1”方格个数只能是 1,2,4,8,…,2^n个;包围圈越大越好,包围圈个数越少越好;“1”方格可以重复画圈,但不能漏圈;每个圈中至少包含一个新的“1”方格。

③写乘积项:按留同去异原则为每个圈写出一个乘积项。

④写表达式:将全部乘积项逻辑加即可得到最简与或表达式。

例 1.19　用卡诺图化简逻辑函数 $F(A,B,C,D)=\sum m(0,1,2,3,4,5,8,9,10,11)$。

解: 先画出函数的卡诺图(见图 1.15),然后对相邻最小项画圈,先画大圈,再画小圈。

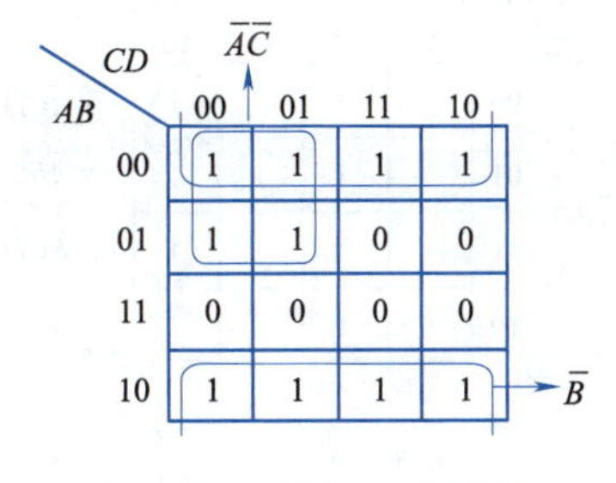

图 1.15　例 1.19 卡诺图

对每个包围圈按留同去异原则，写出一个乘积项，再将乘积项相加，即可得到最简与或式：

$$F(A,B,C,D)=\overline{A}\,\overline{C}+\overline{B}$$

例 1.20 将 $Y(A,B,C,D)=\sum m(0,1,4,6,7,10,11,12,14,15)$ 化为最简与或式。

解： 先画出函数的卡诺图（见图 1.16），然后对相邻最小项画圈，先画大圈，再画小圈，注意画包围圈要符合步骤②中的原则。

对每个包围圈按留同去异原则，写出一个乘积项，再将乘积项相加，即可得到最简与或式：$Y(A,B,C,D)=\overline{A}\,\overline{B}\,\overline{C}+B\overline{D}+BC+AC$。

例 1.21 将 $Y(A,B,C,D)=\sum m(1,5,6,7,11,12,13,15)$ 化为最简与或式。

解： 先画出函数的卡诺图，并画包围圈，如图 1.17 所示。可以发现在卡诺图中间的包含 4 个最小项的大圈中所有的“1”都被圈过，也就是说这个大圈中并没有新的“1”，所以这个圈不能保留。最简与或式的化简结果为：

$$Y(A,B,C,D)=\overline{A}\,\overline{C}D+\overline{A}BC+ACD+AB\overline{C}$$

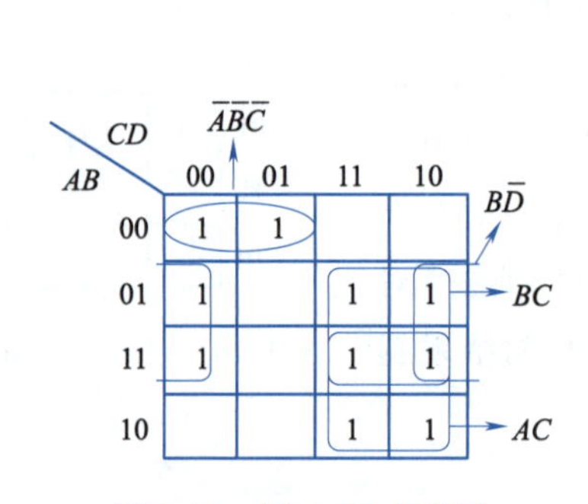

图 1.16　例 1.20 卡诺图

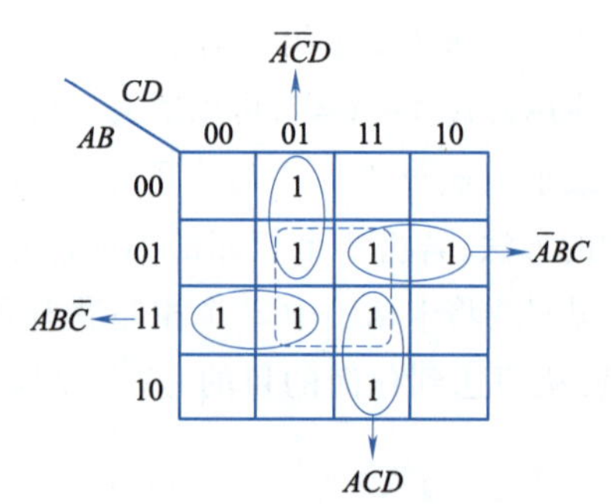

图 1.17　例 1.21 卡诺图

例 1.22 将 $Y(A,B,C,D)=\sum m(1,2,5,6,7,9,13,14)$ 化为最简与或式。

解： 先画出函数的卡诺图，并圈包围圈，如图 1.18 所示。发现对于 m_7 可以采用两种画圈的方式，可以向左画包围圈，也可以向右画包围圈，这两种卡诺图的化简结果分别为：

$$Y_1=\overline{C}D+\overline{A}C\overline{D}+\overline{A}BC+BC\overline{D}$$

$$Y_2=\overline{C}D+\overline{A}C\overline{D}+\overline{A}BD+BC\overline{D}$$

虽然化简的结果并不相同，但均满足最简与或式的标准，可见用卡诺图化简的结果并不唯一，这一点需要注意。

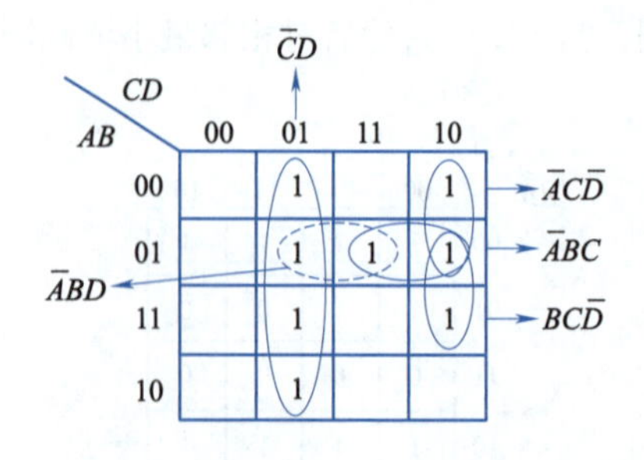

图 1.18　例 1.22 卡诺图

5. 含有约束项的逻辑函数的化简

在实际的数字系统中，经常有某些输入变量取值组合不可能出现，或者取值是任意的。例如，在进行 BCD 编码时，4 个输入变量，对应 16 种二进制组合，即对应 16 个最小项，但只使用了其中的 10 种组合，其他 6 种组合和编码无关。这 6 个最小项就称为约束项或无关项。把所有约束项加起来构成的最小项表达式称为约束条件，即 $\sum d(m_i)=0$。其中，"=0"的条件等式表示约束项加入不会改变原函数的逻辑功能。

含有约束项的逻辑函数在化简时，在卡诺图中通常用"×"表示，对应的函数值取 0 还是 1，以能够尽量消除变量个数和最小项的个数，使化简结果最简为原则。不需要的约束项，则不再单独作卡诺圈，以避免增加多余项。

例 1.23 将含有约束项的逻辑函数用卡诺图化简。

$$F(A,B,C,D)=\sum m(0,2,4,8,9,14)+\sum m(1,6,10,11,12,15)$$

解： 画出函数的卡诺图（见图 1.19），将函数项和约束项填入对应位置，并且画包围圈。

对每个包围圈按留同去异原则，写出一个乘积项，再将乘积项相加，即可得到最简与或式，即

$$F(A,B,C,D)=A\overline{B}+\overline{D}$$

例 1.24 用卡诺图化简 $Y(A,B,C,D)=\sum m(0,2,3,4,6,8,10)+\sum d(11,12,14,15)$，并写出最简与或式。

解： 画出函数的卡诺图（见图 1.20），把 m_{11}、m_{12}、m_{14} 当成"1"时，能够获得更简的结果。而 m_{15} 则不需要单独作卡诺圈。

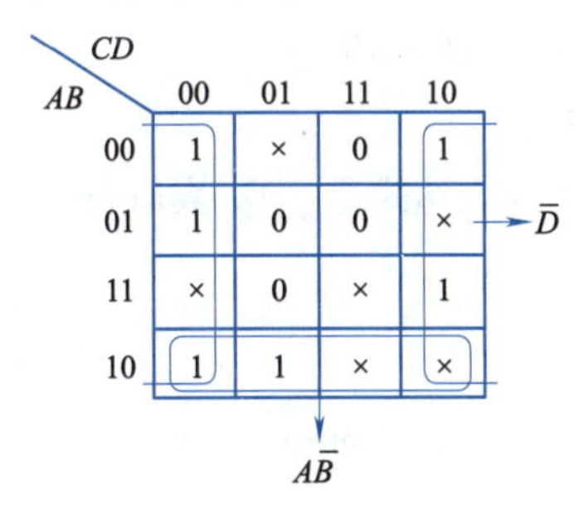

图 1.19　例 1.23 卡诺图

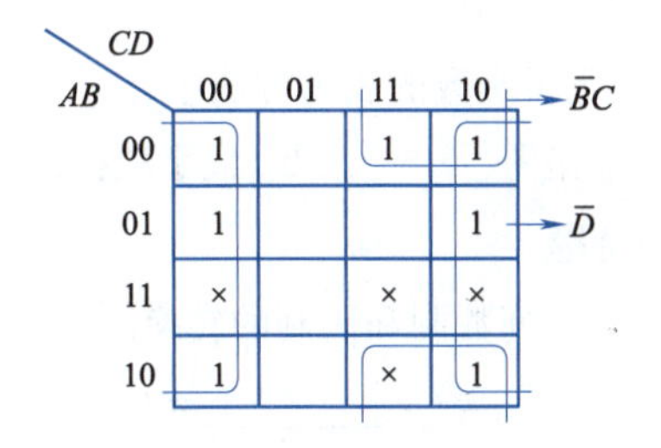

图 1.20　例 1.24 卡诺图

化简的结果为：$Y(A,B,C,D)=\overline{B}C+\overline{D}$。

习　题

一、选择题

1. n 个变量，有多少个最小项（　　）。

　A. $2n$　　B. 2^n　　C. n　　D. n^2

2. 函数 $F=AB+\overline{B}C$，使 $F=1$ 的输入 ABC 组合为（　　）。

　A. 010　　B. 011　　C. 100　　D. 101

3. 有 28 个信息需要用二进制代码来表示，则最少需要（　　）位二进制代码。

A. 4　　B. 5　　C. 6　　D. 7

4. 在函数 $F=\overline{A}B+\overline{C}D$ 的真值表中，$F=1$ 的状态共有(　　)个。

A. 5　　B. 6　　C. 7　　D. 8

5. 若仅当输入变量 A、B 全为“1”时，输出 $F=0$，则输出与输入的关系是(　　)运算。

A. 或　　B. 与非　　C. 或非　　D. 同或

6. 奇数个“1”相异或结果及偶数个“0”相同或结果为(　　)。

A. 0,0　　B. 0,1　　C. 1,0　　D. 1,1

7. 逻辑表达式 $F(A,B,C,D)=\overline{A\overline{B}}\cdot(A\overline{C}D)$，其反演式 $\overline{F}$ 为(　　)。

A. $\overline{F}(A,B,C,D)=\overline{A+\overline{B}}+(A+\overline{C}+D)$

B. $\overline{F}(A,B,C,D)=(A+\overline{B})\cdot(A+\overline{C}+D)$

C. $\overline{F}(A,B,C,D)=\overline{\overline{A}+B}+(\overline{A}+C+\overline{D})$

D. $\overline{F}(A,B,C,D)=(\overline{A}+B)\cdot(\overline{A}+C+\overline{D})$

8. $F(A,B,C,D)=(A+\overline{B})(A+C)$ 的对偶式 F' 为(　　)。

A. $F'(A,B,C,D)=A\overline{B}+AC$

B. $F'(A,B,C,D)=(\overline{A}+B)\cdot(\overline{A}+\overline{C})$

C. $F'(A,B,C,D)=\overline{A}B+\overline{AC}$

D. $F'(A,B,C,D)=(\overline{A}+B)+(\overline{A}+\overline{C})$

9. 以下表述形式是标准与或式的是(　　)。

A. $A\overline{B}+A\overline{B}C+AB\overline{D}$　　B. $A\overline{B}C+AC\overline{D}$

C. $\overline{A}BC\overline{D}+\overline{AC}+A\overline{B}$　　D. $\overline{A}B+A\overline{B}+AB$

10. 下列逻辑函数的表示方法中(　　)不是唯一的。

A. 卡诺图　　B. 最小项标准式　　C. 逻辑表达式　　D. 真值表

二、填空题

1. 请完成下列数制和码制的转换。

(1) $(127.25)_{10}=(\_\_\_\_\_\_)_2=(\_\_\_\_\_\_)_{16}=(\_\_\_\_\_\_)_{8421BCD}$。

(2) $(63.4)_{10}=(\_\_\_\_\_\_)_{8421BCD}$。

(3) $(101001)_2=(\_\_\_\_\_\_)_8=(\_\_\_\_\_\_)_{10}=(\_\_\_\_\_\_)_{16}$。

(4) $(258)_{10}=(\_\_\_\_\_\_)_{8421BCD}$；$(0001\ 0010\ 0000\ 1000)_{8421BCD}=(\_\_\_\_\_\_)_{10}$。

2. 若包含校验码的 8 位信息码为 1011010，则奇校验码是________。

3. 若包含校验码的 8 位信息码为 1010010，则偶校验码是________。

4. 等式的对偶式也________。

5. $1\oplus0\oplus1\oplus1\oplus1\oplus0\oplus1\oplus0=$________；$1\odot0\odot1\odot1\odot0\odot1\odot0=$________。

三、判断题

1. 逻辑变量的取值，1 比 0 大。(　　)

2. 格雷码是无权码。(　　)

3. 具有“有 0 出 1，全 1 出 0”逻辑功能的门电路是异或门。(　　)

4. $A\overline{A}B+AB\overline{C}+AB\overline{B}=AB\overline{C}$。(　　)

5. 卡诺图化简逻辑函数的本质就是合并相邻最小项。（　　）

四、化简题

1. 求下列函数的对偶函数。

(1) $Y=A\overline{C}(\overline{B+D})+\overline{A}C$

(2) $Y=\overline{\overline{A+B}+CD}\cdot\overline{AB+\overline{C+D}}$

2. 将下列逻辑表达式写成最小项之和的形式。

(1) $Y=A\overline{B}CD+ABD+A\overline{C}D$

(2) $Y=A\overline{B}C+AB+A\overline{C}$

3. 用公式法将下列各式化简为最简与或形式。

(1) $F(A,B,C,D)=AB+\overline{A}C+BC+BCD$

(2) $F(A,B,C,D)=A\,\overline{B}CD+ABD+A\,\overline{C}D$

(3) $F(A,B,C,D)=AC+\overline{A}D+\overline{B}D+\overline{BC}$

(4) $F(A,B,C,D)=\overline{B+CD}+\overline{B+\overline{CD}}$

(5) $F(A,B,C,D)=AB\overline{C}D+B\overline{C}\,\overline{D}+BD$

(6) $F(A,B,C,D)=ABCD+AB(\overline{CD})+(\overline{AB})CD$

4. 用卡诺图法将下列各式化简为最简与或形式。

(1) $F(A,B,C,D)=\sum m(2,3,6,7,8,9,10,11)$

(2) $F(A,B,C,D)=\sum m(0,2,3,5,7,8,10,11,13,15)$

(3) $F(A,B,C,D)=\sum m(0,2,3,5,7,8,10,11,13,15)$

(4) $F(A,B,C,D)=\sum m(0,1,2,5,6,8,9,10,13,14)$

(5) $F(A,B,C,D)=A\overline{B}\,\overline{C}+(B+C)D+AD$

(6) $F(A,B,C,D)=\overline{A}C+(A+CD)\overline{B}$

(7) $F(A,B,C,D)=\overline{A}\,\overline{C}\,\overline{D}+AB+\overline{B}\,\overline{C}D+\overline{A}BC+AC$

(8) $F(A,B,C,D)=\sum m(0,1,5,7,8,11,14)+\sum d(3,9,15)$

(9) $F(A,B,C,D)=\sum m(0,2,4,6,8,9)+\sum d(12,13,14,15)$

(10) $F(A,B,C,D)=\sum m(0,1,2,5,6,7,9,13,14)+\sum d(3,4,10)$

第2章 逻辑门电路基础

引　言

在第1章中,探讨了与、或、非等基本逻辑运算的规则与符号。要在数字系统中实现这些逻辑功能,需要依赖于逻辑门电路。逻辑门电路是通过半导体器件(如二极管、晶体管)来实现的,它们在电路中扮演开关的角色。当“门”打开时,信号可以通过,当“门”关闭时,信号被阻断。本章将详细介绍逻辑门的基本构成,包括分立元件逻辑门和TTL集成逻辑门,探讨其工作原理和在实际应用中的作用。

学习目标

- 了解:逻辑门电路的基本构成及其特性。
- 理解:分立元件逻辑门电路和TTL集成电路的原理与应用。

2.1 分立元件逻辑门电路

2.1.1 半导体元件的开关特性

1. 二极管的开关特性

①导通状态:二极管的最基本特性是单向导电性。当二极管正向偏置时,相当于开关闭合,信号得以通过,表现为导通状态。

②截止状态:当二极管反向偏置时,相当于开关断开,信号被阻断,这称为截止状态。

图2.1所示为二极管开关特性图。

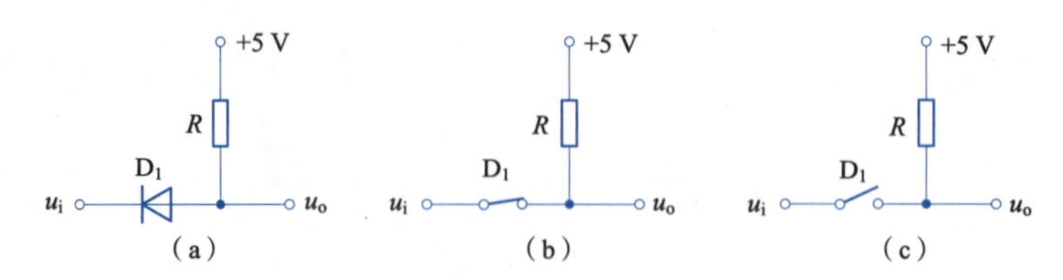

图2.1　二极管开关特性

二极管的实际工作中,由于电流上升和下降存在时间延迟,在信号频率较高的情况下,这种延迟会影响电路性能,因此需要考虑此因素。

2. 晶体管的开关特性

晶体管的工作状态分为3种:放大、饱和、截止。在放大状态时,晶体管用于模拟信号的放大。而在饱和、截止状态时,晶体管充当电子开关。

①饱和状态:当晶体管处于饱和状态时,集电极和发射极之间的电压差非常小,类似于开关闭合。

②截止状态:当晶体管处于截止状态时,电流非常小,相当于开关断开。

图2.2所示为晶体管的开关特性图。

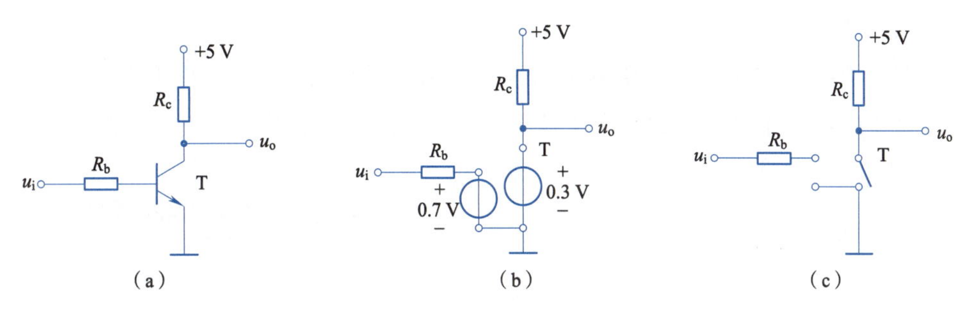

图2.2　晶体管开关特性

在高频应用中,普通晶体管的开关速度可能不足,可以采用特殊工艺的高速抗饱和晶体管,以提高开关速度。

2.1.2　分立元件基础逻辑门

1. 二极管与门

①电路结构:二极管与门由多个二极管并联组成,输入为两个信号A和B,输出为Y,如图2.3所示。

②工作原理:当两个输入A和B均为高电平时(逻辑1),二极管导通,输出为高电平。否则,输出为低电平(逻辑0)。因此,该电路实现了"与逻辑"关系,见表2.1。

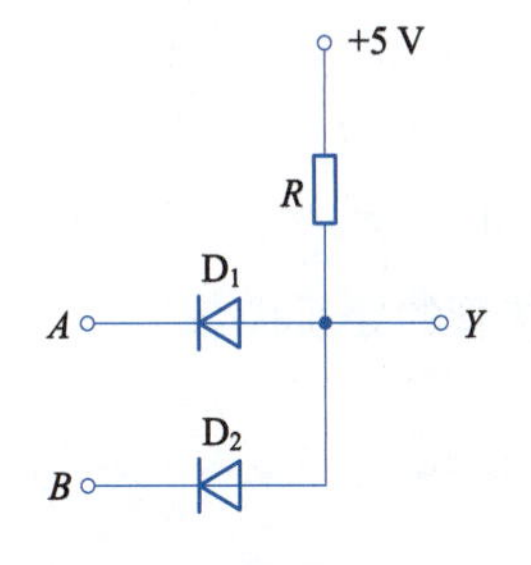

图2.3　二极管与门电路

表2.1　二极管与门

A	B	Y
0	0	0
0	1	0
1	0	0
1	1	1

2. 二极管或门

①电路结构:二极管或门由多个二极管串联组成,输入为A和B,输出为Y,如图2.4所示。输入、输出关系见表2.2。

②工作原理:只要输入A或B任一为高电平,则二极管导通,输出为高电平,因此,该电路实现了"或逻辑"功能。

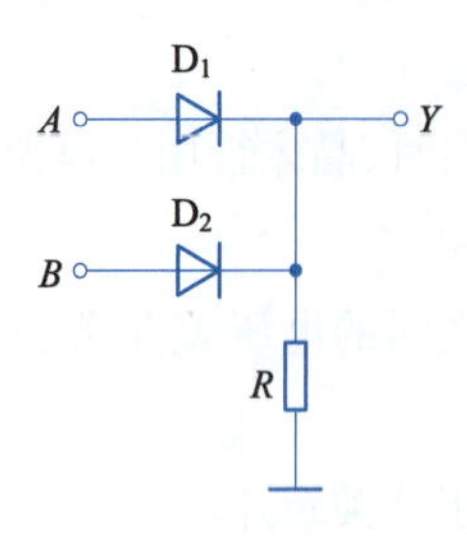

图 2.4　二极管或门电路

表 2.2　二极管或门输入、输出关系

A	B	Y
0	0	0
0	1	1
1	0	1
1	1	1

3. 晶体管非门

①电路结构：非门又称为反相器，输入信号 A 控制晶体管的导通与否。图中 A 通过电阻 R_b 连接到晶体管 T 的基极，代表非门的输入，Y 位于晶体管的集电极，代表非门的输出，如图 2.5 所示。输入、输出关系见表 2.3。

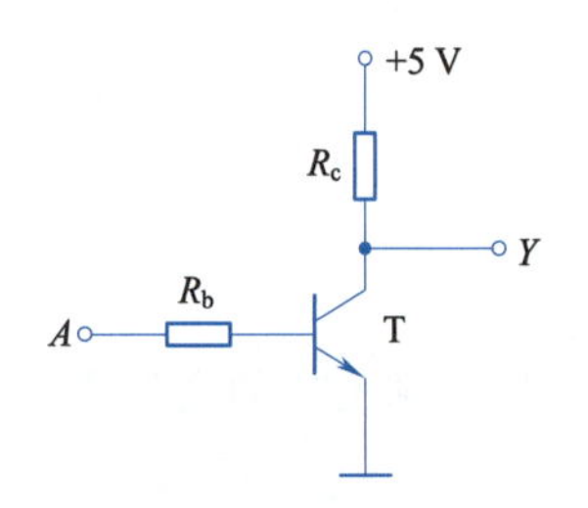

图 2.5　非门电路

表 2.3　晶体管非门输入、输出关系

A	Y
0	1
1	0

②工作原理：当输入 A 为高电平时，晶体管导通，输出为低电平；当输入 A 为低电平时，晶体管截止，输出为高电平，实现了反相功能。

2.1.3　分立元件复合逻辑门

基础逻辑门如与门、或门的输出往往不能直接驱动负载，因此需要将它们与非门组合，形成与非门和或非门复合门电路。如图 2.6 所示，将与门与非门串联，形成了与非门。

1. 电路组成说明：

①输入端（A 和 B）：通过二极管 D_1 和 D_2 接入电路。

②二极管（D_1、D_2、D_3、D_4）：用于控制输入电平与基极的通断。

③晶体管（T）：用于开关控制，输出电平的变化取决于晶体管的导通状态。

④电阻（R_1、R_2、R_3）：

- R_1：限制输入电流。
- R_2：连接到输出端，提供上拉电阻功能。
- R_3：晶体管基极电阻，限制基极电流。

⑤电源电压（+5 V）：提供电路所需的电源。

2. 工作原理说明：

①输入 $A=1$ 和 $B=1$（高电平）：

- 二极管D_1和D_2导通，基极电流通过二极管流入晶体管 T 的基极。
- 晶体管 T 导通，集电极和发射极之间形成通路。

- 输出 Y 被拉低到接地电位(0 V)。输出 $Y=0$。

②输入 $A=0$ 或 $B=0$(至少一个低电平):

- 如果 A 或 B 为低电平,相关二极管(D_1或D_2)截止,基极没有足够的电流使晶体管导通。
- 晶体管 T 截止,输出端 Y 通过R_2上拉到 +5 V。输出 $Y=1$。

类似地,将或门与非门串联,形成了或非门,如图 2.7 所示。

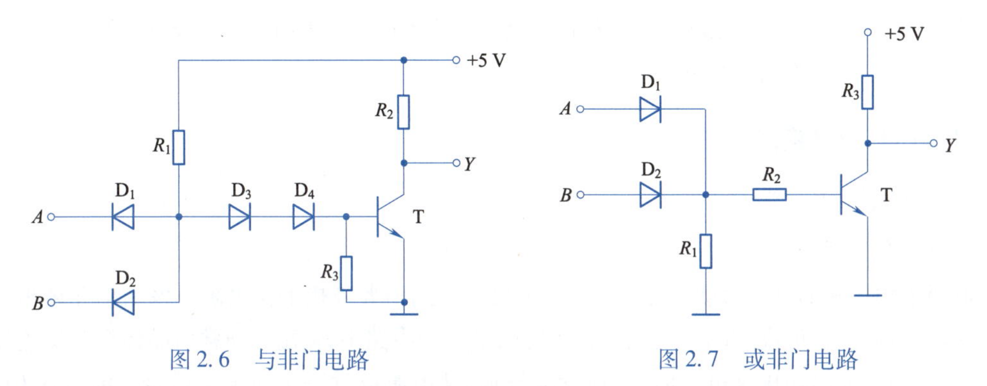

图 2.6　与非门电路　　　　图 2.7　或非门电路

复合门电路不仅增强了负载能力,也提高了电路的可靠性与工作效率。

2.2　TTL 集成逻辑门电路

TTL(晶体管-晶体管-逻辑门)集成电路广泛应用于现代数字系统。相比分立元件门电路,TTL 门电路体积小、成本低,性能更加稳定。下面详细介绍 TTL 与非门的结构与工作原理。

2.2.1　TTL 集成与非门

1. 电路结构

TTL 与非门电路可以分为输入级、中间级和输出级三部分,如图 2.8 所示。

①输入级:通过多发射极晶体管,完成“与逻辑”功能。对于双输入 TTL 与非门,两个输入信号通过双发射极管进行处理。

②中间级:中间级通过晶体管对信号进行放大和耦合,将输入信号传递给输出级。其中,中间级由电阻 R_2、R_3 和晶体管 T_2 组成,耦合前级送来的放大后的输入信号,通过 T_2 的集电极和发射极将信号分解为两个相位相反的信号,作为输出级中晶体管 T_3、T_5 的驱动信号,同时控制输出级 T_4、T_5 晶体管工作在两个相反的工作状态。晶体管 T_2 还可以将前级电流放大,用以供给 T_5 足够的基极电流。

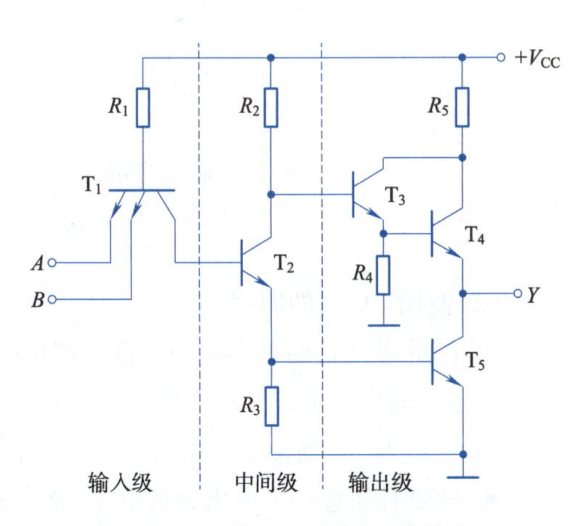

图 2.8　TTL 集成与非门电路结构

③输出级:输出级由两个晶体管构成达林顿管结构(达林顿管又称复合管。将两个晶体管串联,以组成一只等效的新的晶体管。这只等效晶体管的放大倍数是原二者之积,因此其特点

是放大倍数非常高。达林顿管的作用一般是在高灵敏的放大电路中放大非常微小的信号)，其由晶体管 T_3、T_4、T_5 和电阻 R_4、R_5 组成，其中 T_3、T_4 组成复合管，作为 T_5 的有源负载，实现“非逻辑”功能。这种结构不仅可以降低电路静态损耗、增强电路负载能力，还可以提高门电路的开关速度。

2. 工作原理

TTL 与非门的工作原理遵循与非逻辑，即当所有输入信号均为高电平时，输出为低电平；若任一输入为低电平，则输出为高电平。

2.2.2 TTL 门电路的改进

1. 集电极开路门(OC 门)

(1)OC 门原理

取消了输出端的有源负载，输出为集电极开路状态，需要外接上拉电阻。该结构允许多个门电路的输出端并联，形成“线与”功能。在传统的 TTL 门电路中，输出级通常由晶体管直接连接到电源，这样当门电路输出高电平时，晶体管会导通，从电源提供一个高电平信号。但是在 OC 门中，输出晶体管的集电极不直接接到电源，而是开路。要得到输出高电平，必须通过外部上拉电阻连接到电源。当输出低电平时，晶体管导通，集电极连接到地，输出为低电平；当输出高电平时，晶体管不导通，通过上拉电阻获得高电平信号。图 2.9(a)、(b)分别是 OC 门的电路结构图和逻辑符号。采用这种结构时，T_5 导通，输出低电平；T_5 截止时，输出实际上是悬空开路状态，为了得到高电平，必须外接负载电阻 R 和电源 V_{CC}，这个电阻 R 又称上拉电阻。

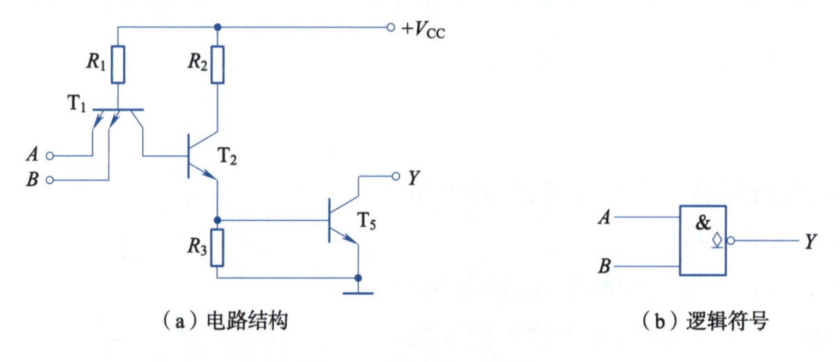

图 2.9 集电极开路门

(2)使用 OC 门的原因

OC 门的设计目的是实现一些普通逻辑门无法轻松完成的任务，主要有以下几点原因：

①多个输出端可以并联工作。OC 门的一个重要优点是允许多个门电路的输出端并联，这种配置称为“线与”。当多个门电路的输出并联在一起时：

- 只要有任意一个输出为低电平，整个并联输出线就会被拉低为低电平。
- 只有当所有门的输出都为高电平时，输出端才会通过上拉电阻被拉高为高电平。

这种“线与”特性允许多个 OC 门共享同一条信号线，非常适合多设备之间的总线通信或中断信号处理，在多个设备需要同时共享数据或控制某一信号线时非常有效。

②电平转换的灵活性。由于 OC 门的输出电平由外部电源和上拉电阻决定，它不局限于门电路内部的标准 TTL 电平。通过选择不同的上拉电阻和外部电源，OC 门可以与不同电压等级的系

统进行电平兼容。例如,OC 门可以轻松与 3.3 V 或 5 V 的系统进行通信,甚至可用于高电压电平转换。

③适用于驱动大负载。OC 门的输出可以通过外部上拉电阻灵活地调节输出电流能力。如果外部负载需要较大的驱动电流,只需要选择合适的上拉电阻,这使得 OC 门在驱动较大电容性或感性负载时非常实用。

④支持更高的容错性。由于 OC 门输出端悬空(开路)的特性,当输出为高电平时,输出晶体管实际上是不工作的(处于截止状态),这就降低了电路的功耗,并且能够避免多个输出短路烧毁的问题,特别是在多个设备并联输出时。

(3)OC 门的典型应用

OC 门在许多应用场景中发挥着重要作用,尤其是在需要共享总线的系统中。以下是一些典型应用:

①总线仲裁:OC 门可用于控制多设备共享的数据总线,每个设备的 OC 门输出可以共同连接到一条信号线上,通过“线与”方式实现仲裁。

②中断信号处理:多个设备可以通过 OC 门将它们的中断信号连接在一起。只要有一个设备发出中断信号,整个中断线就被拉低,触发中断处理。

③电平转换:OC 门的输出可用于不同电压系统之间的接口电平转换,通过调整上拉电阻连接的电源,灵活适应不同电压的需求。

④驱动大功率器件:OC 门可用于控制大功率器件,如继电器、LED 灯等。通过外部上拉电阻和外接的电源,可以提供足够的电流驱动这些设备。

(4)OC 门的限制

尽管 OC 门有许多优点,但它也有一些局限性:

①需要外部上拉电阻:OC 门的输出电路设计比较简单,但为了保证高电平输出,必须加上拉电阻,这增加了设计的复杂性。

②开关速度相对较慢:由于上拉电阻和电容效应的存在,OC 门的输出在转换为高电平时,由于充电过程,速度可能比普通的 TTL 门稍慢。

③功耗较高:如果上拉电阻选择不当,可能会导致较大的功耗,特别是在大电流驱动场景下。

2. 三态门(TS 门)

三态门是一种特殊的数字逻辑门,与普通逻辑门不同,除了高电平和低电平两个输出状态外,三态门还具有第三种状态,称为高阻态。这种三态特性使三态门在复杂的数字系统中,尤其是总线通信和数据共享场景中,得到了广泛应用。

(1)三态门的基本工作原理

三态门具有 3 个输出状态:

①高电平(逻辑 1):输出高电压。

②低电平(逻辑 0):输出低电压。

③高阻态:此时三态门输出端与电路完全隔离,呈现为高阻抗状态,类似于断开连接。

三态门的关键特性是通过使能控制端来决定输出是否为高阻态。当使能端有效时,三态门输出常规的逻辑高电平或低电平;当使能端无效时,三态门进入高阻态,使其与电路的其他部分完全“断开”。

(2)三态门的电路结构

三态门的电路结构是在普通逻辑门的基础上,增加了一个控制输入端,也称为使能端。根据使能端的输入电平,三态门的输出状态可以是逻辑0、逻辑1或高阻态。

根据使能端的工作方式,三态门有两种常见的控制类型:

①低电平使能有效:当使能端为低电平时,三态门输出正常的逻辑高电平或低电平。当使能端为高电平时,三态门进入高阻态。

②高电平使能有效:当使能端为高电平时,三态门输出正常的逻辑高电平或低电平;当使能端为低电平时,三态门进入高阻态。

(3)三态门的工作模式

三态门可以工作在以下3种状态中:

①正常逻辑状态。当使能端有效时(三态门开启),三态门的输出就与普通逻辑门相同。根据输入信号,输出高电平或低电平。

②高阻态(禁用状态)。当使能端无效时(三态门关闭),三态门的输出处于高阻态。这时,三态门输出端与外部电路隔离,相当于没有输出。这一状态使得多个三态门可以共享一条数据线,而不会引起信号冲突。

(4)三态门的应用

三态门的最大特点是其高阻态,使得它在以下应用中发挥重要作用:

①总线系统:在总线结构的数字系统中,多台设备可能需要共享同一条数据总线。例如,多个微处理器、存储器或输入/输出设备可能都连接到同一条数据线上。为了防止多个设备同时向总线发送信号而产生冲突,三态门允许每个设备在需要时控制总线,而其他设备处于高阻态。

- 当某个设备需要写入数据时,其三态门的使能端被激活,允许数据通过并传输到总线。
- 当设备不需要传输数据时,三态门进入高阻态,使总线上的其他设备可以正常操作。

②双向数据传输:三态门还可用于实现双向数据传输。当使用三态门控制总线时,它们能够在同一条线上进行双向通信。在某些接口(如I^2C总线)中,三态门的高阻态允许数据线在不同设备之间无冲突地交换数据。

③中断信号处理:在中断处理系统中,多个设备可能会触发中断请求信号线。三态门的高阻态特性使得当某个设备发出中断请求时,其他设备可以保持高阻态,从而避免冲突。

④数据存储与读/写控制:三态门经常用于存储器的读/写控制。例如,在一个存储器系统中,三态门可以控制多个存储芯片是否向数据总线写入数据或保持高阻态,以防止数据总线冲突。

2.2.3 TTL集成芯片型号说明

国产数字集成电路除了本章介绍的TTL系列以外,还有CMOS、DTL、HTL等系列,下面简单介绍芯片型号编码的含义。如图2.10所示,以CT74LS00CJ型号为例,集成芯片型号编码说明如下:

①C表示中国制造。

②T表示TTL系列;H表示HTL系列;E表示ECL系列;C表示CMOS系列;M表示存储器。

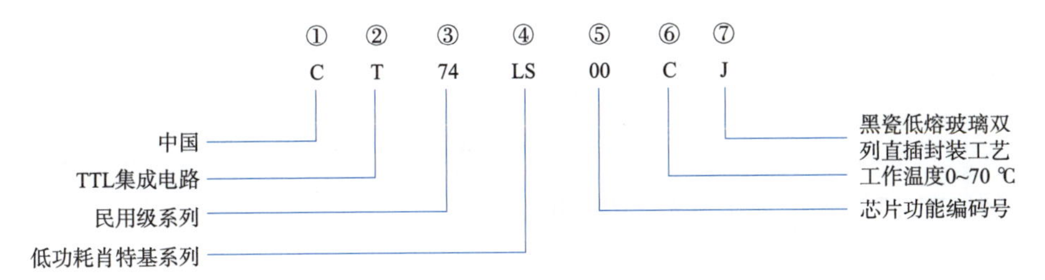

图 2.10　集成芯片型号编码说明

③74 表示民用、工业级系列;54 表示军用级系列。

④L 表示低功耗;H 表示高速;S 表示肖特基;LS 表示低功耗肖特基系列;AS 表示先进肖特基系列。

⑤00 表示功能编码。不同逻辑功能的芯片功能编码不同。

⑥表示芯片工作温度范围。C 表示 0 ~ 70 ℃;M 表示 -55 ℃ ~ 125 ℃。

⑦表示制造材料和封装工艺。D 表示多层陶瓷双列直插封装;J 表示黑瓷低熔玻璃双列直插封装;F 表示多层陶瓷扁平封装。

目前,市场上主流产品除了 TTL 系列集成电路外,还有 CMOS 集成电路。CMOS 系列集成电路具备功耗低、电源适用范围宽、输入阻抗高、抗干扰性强等优点,在实际工程中应用越来越广泛。在使用时,同功能编码型号的功能和对应 TTL 系列相同。

习　题

一、选择题

1. 下列(　　)电路的输出在输入全为 1 时输出为 0。

A. 与门　　B. 或门　　C. 非门　　D. 与非门

2. 如图 2.11 所示,某电路的输入波形如波形 A、B 所示,输出波形如 F 所示,则该电路实现的逻辑运算是(　　)。

A. 异或逻辑　　B. 同或逻辑　　C. 与非逻辑　　D. 或非逻辑

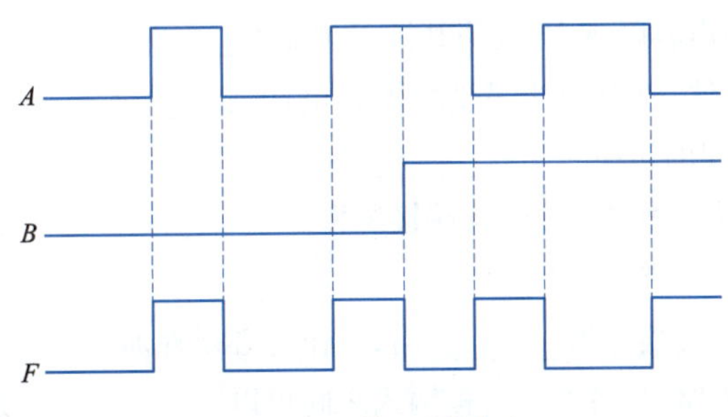

图 2.11　第 2 题图示

3. 如图 2.12 所示的逻辑电路的表达式为(　　)。

A. $F = A\overline{B} + \overline{A}B$　　B. $F = \overline{AB} + \overline{\overline{A}\,\overline{B}}$

C. $F = AB + \overline{A}\,\overline{B}$　　D. 以上各项都不是

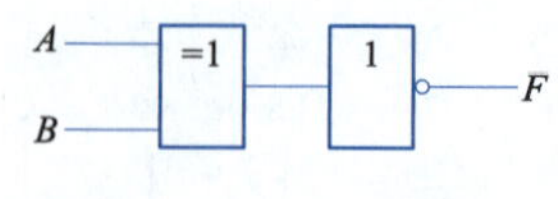

图 2.12 第 3 题图示

4. 下列 TTL 门电路中，能实现 $F=\overline{AB}$ 的电路是(   )。

A. 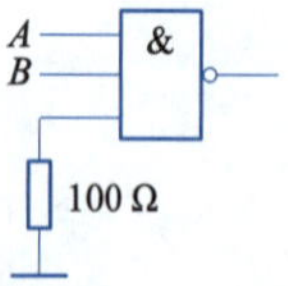 A B & 100 Ω

B. A B 1 F 2 kΩ

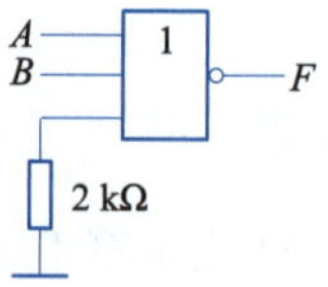

C. 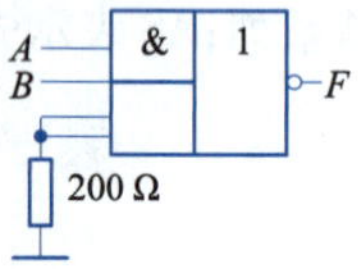 A B & 1 F 200 Ω

D. 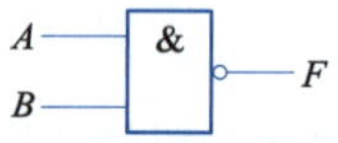 A B & F

5. 在不影响逻辑功能的情况下，TTL 与非门的多余端可(   )。

A. 接高电平　　B. 接低电平　　C. 悬空　　D. 接地

6. TTL 与非门多余输入端不可以(   )。

A. 接地　　B. 接电源　　C. 悬空　　D. 和其他输入端并联

7. (   )可以构成数据总线，在数字系统中得到广泛的应用。

A. OC 门　　B. ECL 门　　C. TTL 与非门　　D. 三态门

8. TTL 与非门多余输入端不可以(   )。

A. 接地　　B. 接电源　　C. 悬空　　D. 和其他输入端并联

9. 一个二输入端的门电路，当两个输入分别是 0、1 时，输出不是 1 的门电路是(   )。

A. 与门　　B. 或门　　C. 与非门　　D. 异或门

10. TTL 与非门的(   )反映了与非门的带负载能力。

A. 输出高电平　　B. 输出低电平　　C. 扇入系数　　D. 扇出系数

二、填空题

1. 门电路中最基本的逻辑门是________、________和________。

2. 晶体管在开关状态时，工作于________区和________区。

3. 对 TTL 门电路，噪声容限越大，说明其抗干扰能力________。

4. 一个理想开关元件，在接通状态时，接通电阻为________，在断开状态下，其电阻为________，断开与接通之间的转换时间为________s。

5. TTL 电路输入端悬空相当于该输入端接逻辑________。

6. 三态门可能输出状态有________、________、________。

7. 集电极开路门的英文缩写为________门，工作时必须外加________和________。

8. 多发射极结构的电路中，各个发射极输入之间可以完成________逻辑。

9. TTL 集成与非门的电路结构包括：________、________、________。

10. 输出端可以直接相连的门电路有________和________电路。

组合逻辑电路

引　言

组合逻辑电路广泛应用于各种电子系统中，如加法器、编码器、译码器等，是设计复杂数字系统（如计算机处理器）的基础。通过组合多个逻辑门（如与门、或门、非门等），可以实现多种复杂的逻辑功能。本章将详细讲解组合逻辑电路的基本概念、组合逻辑电路分析与设计方法，同时介绍几款经典的组合逻辑电路：加法器、编码器、译码器和数值比较器。

学习目标

- 了解：一些常见的组合逻辑电路，如加法器、编码器、译码器、多路选择器等，并掌握其工作原理及应用。
- 理解：理解组合逻辑电路的基本概念，区别组合逻辑电路与时序逻辑电路；掌握常用逻辑门（如与门、或门、非门、异或门等）的功能及其符号。
- 应用：学会使用 EDA 工具 Proteus 仿真软件进行设计；学会设计简单的组合逻辑电路，能够根据功能要求绘制逻辑图并写出相应的布尔表达式；学会使用布尔代数和卡诺图简化逻辑表达式，从而优化组合逻辑电路。
- 分析：能够分析和测试组合逻辑电路的输出和行为。
- 引导：正确看待个体与整体的关系；知道组合逻辑电路中单个门电路不能实现综合功能，只有所有门电路集合在一起才能完成相应的功能。要实现一定功能的逻辑电路，实现的方式有很多，例如可以用最简单的门电路实现，也可以用译码器实现。如果所用到的元器件个数及类型不同，就会进行比较，如什么样的实现方式所选用的元器件少，什么样的实现起来经济、方便，进而可以培养学生的节约意识，以及对仿真软件的使用，培养学生工程化能力、工匠精神。

3.1　组合逻辑电路概述

3.1.1　组合逻辑电路基本概念

组合逻辑电路是由逻辑门（如与门、或门、非门等）组成的电路，其输出信号仅由当前的输入信号决定，不依赖电路之前的状态或输入历史。这意味着，对于给定的输入组合，组合逻辑电路总是产生相同的输出。

图 3.1 所示为组合逻辑电路的结构框图，其中$X_0, X_1, \cdots, X_{n-1}$是输入的逻辑变量，$Y_0, Y_1, \cdots, Y_{m-1}$是输出的逻辑变量。组合逻辑电路的特点如下：输出和输入之间没有反馈延迟通路；电路中不存在存储记忆等效应。

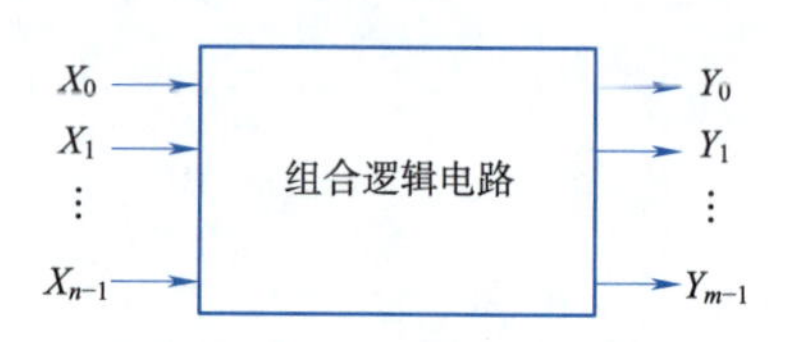

图 3.1　组合逻辑电路的结构框图

3.1.2　组合逻辑电路的工作原理

在组合逻辑电路中，输入信号可以是二进制的 0 和 1，输出信号也是二进制的 0 和 1。电路的输出状态与输入状态之间有明确的逻辑关系，这种关系通常可以用布尔代数表达式来描述。在组合逻辑电路中，逻辑门接收输入信号，根据逻辑门的功能对输入信号进行处理，并产生相应的输出信号。这些逻辑门可以按照特定的逻辑关系组合起来，实现更复杂的逻辑功能。由于电路的这种即时响应特性，组合逻辑电路通常用于执行简单的逻辑运算和决策。可以通过布尔代数表达、真值表和卡诺图来分析和设计。

3.1.3　组合逻辑电路特点

组合逻辑电路的特点如下：

①无记忆性：组合逻辑电路没有内部存储元件，如触发器或寄存器，因此它不具备记忆功能。

②确定性：对于同一输入，组合逻辑电路总是产生相同的输出，这使得它们在逻辑设计中非常可靠。

③单向性：电路中信号是单向传输的，不存在反馈电路，由于其结构简单，组合逻辑电路易于设计和分析，广泛应用于各种数字系统和设备中。

3.1.4　组合逻辑电路应用领域

组合逻辑电路在现代电子和计算机工程、医疗等领域有着广泛的应用。在新兴技术领域如物联网（IoT）、人工智能（AI）和机器学习（ML）中扮演着关键角色。以下是一些主要的应用领域简单举例。

①计算机系统中的算术逻辑单元（ALU）用组合逻辑电路实现基本的算术和逻辑运算。在控制单元中解码指令并生成控制信号以驱动其他部件。在存储器接口中进行地址解码用于生成内存芯片的地址信号，方便控制其他的输入/输出部件。

②医疗设备监护设备、诊断仪器：如 CT 扫描和 MRI 设备中的数据采集和处理。

- CT 扫描设备：CT（computed tomography）扫描设备利用 X 射线穿透人体，通过探测器捕捉不同组织对 X 射线的不同衰减程度，转化为电信号。这一过程中，数据采集系统需要快速且精确地获取大量探测器产生的信号。这些信号经过模数转换器（ADC）转变为数字信号后，会利用到组合逻辑电路进行初步的信号处理（如信号放大、滤波以及初步的数字化处理），以准备进入后续的复杂图像重建算法中。在此阶段，逻辑门电路、比较器、计数器等基本的组合逻辑电路元件起着重要作用。

- MRI 设备：MRI（magnetic resonance imaging）设备基于核磁共振原理，利用强大的磁场和无线电波使人体内的氢原子核发生共振，并通过接收这些原子核发出的信号来构建图像。数据采集系统在 MRI 中同样关键，它包含复杂的电子线路，用于接收 MR 信号并进行数字化。这些信号非常微弱,因此需要高度敏感的接收器和前端放大器,之后通过ADC转换为数字信号。在转换和初步处理阶段,组合逻辑电路用于控制信号流、同步各个部件的操作,以及执行基本的信号预处理任务。

③物联网(IoT)领域:物联网设备通常包括传感器、执行器和通信模块,这些设备需要高效、低功耗的组合逻辑电路来处理和传输数据。例如,传感器接口,该接口中组合逻辑电路用于处理来自各种传感器的信号,如温度、湿度、压力等,并将模拟信号转换为数字信号。数据预处理中,在发送数据到云端或中央服务器之前,组合逻辑电路可以执行数据的初步分析和过滤,减少不必要的数据传输。安全与认证中,为了保护数据传输安全,组合逻辑电路可以实现加密和解密算法,确保数据的机密性和完整性。在智能家居和工业自动化中,组合逻辑电路用于控制执行器,如开关、电机和阀门,实现自动化控制。

④人工智能(AI)领域:组合逻辑电路用于实现复杂的逻辑判断和决策制定。

- AI处理器:专门为AI应用设计的处理器,如谷歌的TPU(tensor processing unit),使用组合逻辑电路来加速神经网络的推理和训练。
- 逻辑决策模块:在自动驾驶汽车和机器人中,组合逻辑电路用于处理传感器数据,并根据预设的规则做出实时决策。
- 模式识别模块:组合逻辑电路可用于识别特定的模式或行为,如语音识别、图像识别等。

在这些新兴领域中,组合逻辑电路的设计和优化对于提高系统性能、降低功耗和成本至关重要。随着技术的进步,我们预计组合逻辑电路将继续在这些领域发挥更大的作用,推动物联网、AI和机器学习技术的发展和应用。

3.2 组合逻辑电路的分析

组合逻辑电路分析是指对特定的电路逻辑功能和行为进行评估和研究的过程,主要就是找出电路输出与输入之间的逻辑关系,确定电路具体的逻辑功能。这种分析确保电路在给定的输入条件下能够产生正确的输出,并且满足特定的性能要求。

3.2.1 组合逻辑电路分析目的

组合逻辑分析的目的如下:

①确保正确性:分析的首要目的是验证电路是否能够按照预期逻辑准确地处理输入信号并生成正确的输出。

②性能优化:通过分析,可以识别并改进电路设计中的瓶颈,以提高速度、降低功耗或减少所需资源。

③成本效益:分析有助于在设计阶段做出成本效益决策,例如选择更合适的逻辑门或优化电路结构以减少成本。

④故障诊断:在电路出现问题时,分析可以帮助快速定位故障原因,从而减少维修时间和成本。

3.2.2 组合逻辑电路分析方法

组合逻辑电路的分析是一个系统化的过程,旨在确保电路能够按照预期工作,主要是由已知

逻辑电路待求逻辑功能的过程。其分析步骤如下:

1. 从电路图的输入端到输出端逐级写出逻辑表达式

①步骤描述:分析的第一步是理解电路图的结构,从输入端开始,逐步跟踪信号的流向,直到输出端。在这一过程中,需要识别电路中使用的逻辑门,并根据逻辑门的类型和输入信号写出相应的逻辑表达式。

②关键点:

- 识别电路中的每个逻辑门及其功能(如 AND、OR、NOT 等)。
- 根据逻辑门的输入信号写出对应的逻辑表达式。
- 确保表达式正确反映了电路的逻辑关系。

2. 采用逻辑代数方法或者卡诺图方法对表达式进行化简得到最简表达式

①步骤描述:一旦得到了原始的逻辑表达式,下一步是使用逻辑代数规则或卡诺图来化简这些表达式,以获得最简形式。化简可以减少所需的逻辑门数量,从而降低成本和提高电路的速度。

②关键点:

- 应用布尔代数的基本规则,如幂等律、吸收律、分配律等,进行表达式化简。
- 使用卡诺图,特别是对于多变量的布尔函数,可以直观地识别并消除冗余项。
- 确保化简后的表达式在逻辑上等价于原始表达式。

3. 由最简表达式出发列出真值表

①步骤描述:化简后的逻辑表达式将作为创建真值表的基础。真值表是一种表格,列出了所有可能的输入组合及其对应的输出结果。

②关键点:

- 列出所有输入变量的可能值组合。
- 对于每种输入组合,根据最简逻辑表达式计算输出结果。
- 确保真值表完整且准确,覆盖所有可能的输入情况。

4. 根据真值表并结合电路图综合分析、研判电路所具有的逻辑功能

①步骤描述:最后一步是利用真值表和电路图来综合分析电路的功能,包括验证电路是否按照预期工作,以及是否存在任何潜在的问题,如冒险现象。

②关键点:

- 检查真值表中的输出结果是否符合电路设计的预期功能。
- 分析电路图和真值表,识别任何可能的逻辑错误或设计缺陷。
- 评估电路的性能,如信号传播时间,并确定是否满足规格。

通过遵循这些步骤,可以确保组合逻辑电路在分析设计和实现阶段的正确性和可靠性。此外,这种分析方法也为电路的测试和故障诊断提供了基础。

3.2.3 组合逻辑电路分析举例

例 3.1 分析图 3.2 所示电路的逻辑功能。

解: ①从电路图的输入端到输出端逐级写出逻辑表达式。

根据图3.2写出电路各级逻辑函数表达式。

$$
\begin{aligned}
&F_1=\overline{A\cdot B}\\
&F_2=F_1\cdot A=\overline{\overline{A\cdot B}\cdot A}\\
&F_3=F_1\cdot B=\overline{\overline{A\cdot B}\cdot B}\\
&F_4=F_2\cdot F_3=\overline{\overline{A\cdot B}\cdot A}\cdot\overline{\overline{A\cdot B}\cdot B}\\
&F=F_4=\overline{\overline{A\cdot B}\cdot A}\cdot\overline{\overline{A\cdot B}\cdot B}
\end{aligned}
\tag{3.1}
$$

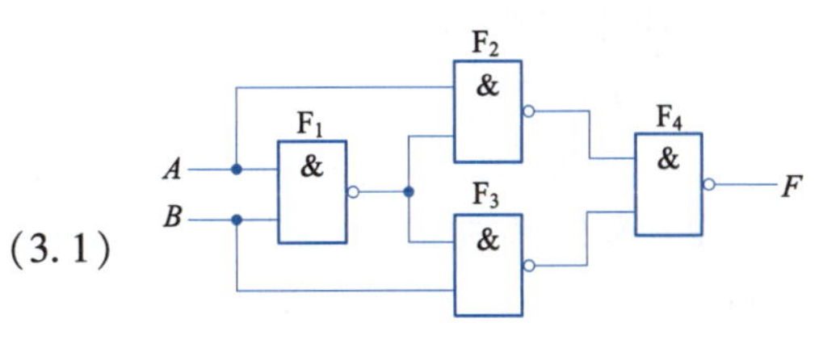

图3.2　组合逻辑电路分析举例

②对函数表达式进行化简得到最简表达式。

采用逻辑代数方法(反演律)对表达式进行化简得到:

$$
\begin{aligned}
F&=\overline{\overline{A\cdot B}\cdot A}\cdot\overline{\overline{A\cdot B}\cdot B}\\
&=(A\cdot B+\overline{A})\cdot(A\cdot B+\overline{B})\\
&=A\cdot B+\overline{A}\cdot\overline{B}
\end{aligned}
\tag{3.2}
$$

③列出输出函数的真值表。

根据最简表达式的输出函数,$F=A\cdot B+\overline{A}\cdot\overline{B}$列写真值表,见表3.1。

④研判电路所具有的逻辑功能。

根据真值表并结合电路图分析该组合逻辑电路的功能。通过表3.1可以发现,当输入的逻辑变量A和B取相同的值时,F的值为1;当输入的逻辑变量A和B取不同的值时,F的值为0。该电路的逻辑功能是前一章所学习的同或逻辑。此外,由分析可以知道该电路的设计方案并不是最简电路,根据化简后的输出函数,可以画出实现该功能的简化逻辑电路,如图3.3所示。

表3.1　输出函数真值表

A	B	F
0	0	1
0	1	0
1	0	0
1	1	1

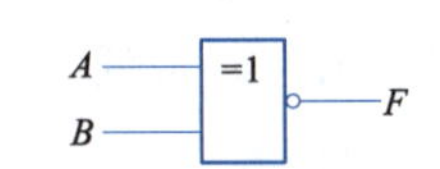

图3.3　例3.1的简化逻辑电路

一般该电路具有检查输入信号是否一致性的逻辑功能,通常称为“一致性电路”。例如,在一些可靠性要求高的系统中,数据传输过程中通常会进行奇偶校验,这是一种简单有效的错误检测方法。同或门可以方便地生成奇偶校验位,也可以用于接收端校验数据的正确性。所有数据位与预先计算的校验位通过一个同或门,如果数据无误,则输出为1(偶校验)或0(奇校验)。

3.3　组合逻辑电路的设计

组合逻辑电路的设计是指根据实际的逻辑功能需求利用基本的逻辑门(如AND、OR、NOT等)和逻辑代数原理构建电路。组合逻辑电路设计的过程就是组合逻辑电路分析的逆过程。设计电路一般要求是最优电路。最优电路是指在满足设计正确要求的前提下,实现性能最优化、成本最低化、可靠性最高的电路。这种电路设计是一个综合考虑多种因素的结果,需要在不同的设计目标之间找到平衡点。

设计过程中通常需要进行多轮迭代,以逐步优化电路并满足所有要求。实际设计时还需要考虑一些关键要求:

①最小化延迟:电路设计应尽量减少信号在电路中的传播时间,以提高整体的运算速度。

②面积效率:在集成电路设计中,应尽量减少占用的芯片面积,这有助于降低成本和提高集成度。

③可测试性:电路应设计得易于测试,以便于在生产和维护阶段快速准确地检测故障。

④可维护性:设计应便于维护和升级,包括易于识别的模块化结构和清晰的文档。

⑤可扩展性:电路设计应具备一定的灵活性,以适应未来可能的功能扩展或修改。

⑥可靠性:电路应能在规定的环境条件下稳定工作,具有容错能力或故障检测机制。

⑦信号完整性:确保信号在电路中的完整性,避免由于噪声、串扰或信号退化导致的错误。

⑧热设计:考虑电路的热效应,确保热量能够有效散发,避免过热影响电路性能。

⑨电磁兼容性:设计应符合电磁兼容性标准,减少电磁干扰对其他设备的影响。

⑩遵守规范:电路设计应遵守相关的行业标准和规范,确保兼容性和互操作性。

3.3.1 组合逻辑电路设计步骤

组合逻辑电路设计是数字电路设计的基础部分,其目的是根据特定的逻辑功能需求,设计出相应的电路。下面是组合逻辑设计的一般步骤,这个步骤适用于大多数标准的组合逻辑电路设计任务。

1. 分析设计要求,进行逻辑抽象

明确电路的具体功能要求,具体需要几个输入变量、几个输出变量,还需要对输入/输出变量进行状态赋值,包括输入变量、输出变量以及它们之间的逻辑关系。确定在什么条件下输出应该为高电平(通常表示为1)或低电平(通常表示为0)。

2. 列出逻辑真值表

根据设计要求,列出所有可能的输入组合及其对应的期望输出结果。它清晰地展示了所有输入变量与输出变量之间的关系。通常,输入变量的取值是以二进制数递增的形式排列。

3. 写出逻辑式

利用真值表,将每个输出列转换为逻辑表达式。这通常涉及AND(与)、OR(或)、NOT(非)、XOR(异或)等基本逻辑运算符。对于每个输出,会有一个逻辑函数表达式。

4. 逻辑代数化简

为了简化电路并降低成本、减少复杂度,需要对逻辑表达式进行化简。常用的方法包括使用分配律、合并律、摩根定律等逻辑代数规则,以及利用卡诺图进行直观的化简。卡诺图化简特别适合于找到逻辑函数的最简形式。

5. 画出逻辑图

化简后的逻辑表达式可以转换成逻辑电路图。图中包含与门(AND)、或门(OR)、非门(NOT)等基本逻辑门以及可能的同或门(XNOR)、异或门(XOR)等。根据化简后的表达式,选择合适的逻辑门连接起来,形成最终的电路图。

6. 验证设计

设计完成后,需要对电路进行功能验证,确保它符合最初的设计要求。这可以通过软件仿真、硬件原型测试等方式完成。如果发现设计不符合预期,需要回到前面的步骤进行调整。根据表达式画电路图涉及器件的选型问题,有时会根据实际器件的种类将逻辑表达式进行适当的变形处理。

3.3.2　组合逻辑电路设计举例

例 3.2　在举重比赛中有三位裁判负责判定选手的试举是否成功,按照少数服从多数的原则,用与非门设计一个三人的表决器电路。

解: ①分析设计要求,进行逻辑抽象。假设三个人的投票作为输入变量,分别用字母 A、B 和 C 表示参加表决的成员,表决的结果用函数 F 来表示。同时约定 A、B 和 C 的取值为 0 时表示投的是反对票;取值为 1 时表示投的是赞成票(不允许弃权)。F 的取值为 0 时表示决议不通过;取值为 1 时表示表决通过。

②列真值表。按照少数服从多数的原则可知,函数和变量的关系是当三个变量 A、B、C 中有两个或者两个以上的取值为 1 时,函数 F 的值为 1,其他的情况 F 的值为 0。因此,逻辑函数的真值表见表 3.2。

表 3.2　三人表决器真值表

A	B	C	F
0	0	0	0
0	0	1	0
0	1	0	0
0	1	1	1
1	0	0	0
1	0	1	1
1	1	0	1
1	1	1	1

③写逻辑表达式。根据真值表可以写出逻辑函数 F 的最小项的表达式为 $F(A,B,C)=\sum m(3,5,6,7)$。

④逻辑代数化简,求最简表达式并根据题目要求变换。根据最小项画出卡诺图,根据该卡诺图化简可以得到如下表达式:

$$F=A\cdot B+B\cdot C+A\cdot C \tag{3.3}$$

当前最简与或式不能满足题目要求,根据题目的要求,需要对逻辑函数进行变换,用与非门实现给定功能时,应该对所得的与或最简表达式两次取反(反演定律)来改写式(3.3):

$$F=\overline{\overline{A\cdot B+B\cdot C+A\cdot C}}=\overline{\overline{A\cdot B}\cdot\overline{B\cdot C}\cdot\overline{A\cdot C}} \tag{3.4}$$

⑤画电路图。根据式(3.4)可以画出相应的电路图,如图 3.4 所示。

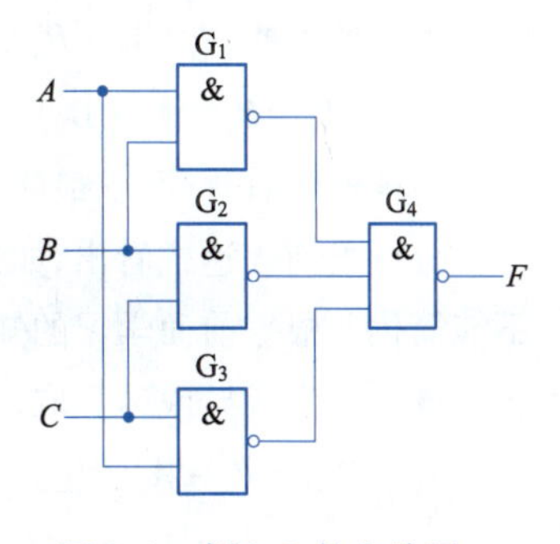

图 3.4　例 3.2 的电路图

⑥三人表决器电路原理图仿真。Proteus 是一款用于嵌入式单片机仿真的软件，一般用于软件程序和硬件电路的正确性进行仿真验证，现在用 Proteus 仿真，用发光二极管的状态来表示表决结果通过与否。当发光二极管点亮时表示表决结果通过，熄灭时表示表决结果不通过。三人 A、B、C 的表决情况用按钮来实现。其仿真电路如图 3.5 所示，两票反对，一票支持，整体表决不通过，发光二极管灯灭。

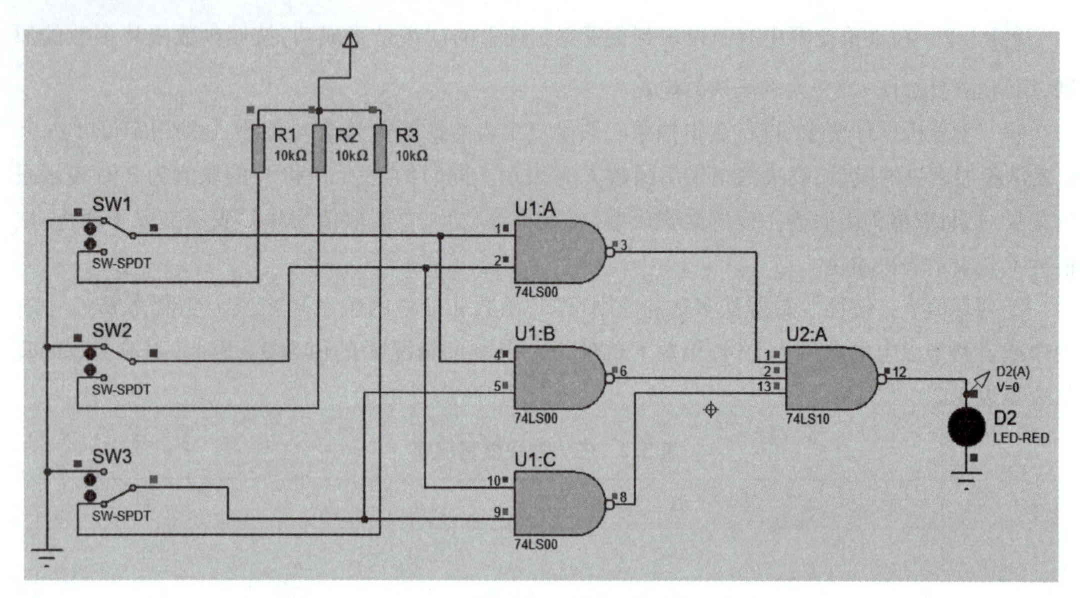

图 3.5　例 3.2 表决电路仿真图

视频
三变量表决电路设计

上面的例题中是给定问题的逻辑描述，采用的是真值表的方法获得逻辑表达式。真值表的优点是清晰明了，缺点是当变量较多时画图费时费力。有时需要根据具体的问题采用具体分析方法，根据对设计需求的理解直接写出表达式。

例 3.3　设计一个比较两个 4 位二进制数 $A=A_4A_3A_2A_1$、$B=B_4B_3B_2B_1$ 是否相等的电路。

解：(1)分析设计要求，进行逻辑抽象，写表达式。

根据题目要求设计输入 $A_4A_3A_2A_1$，$B_4B_3B_2B_1$ 有 8 个变量，还需要一个输出变量，假设输出结果变量为 E，当 $A=B$ 时，E 为 1，否则 E 为 0。如果 $A=B$，则必须同时要满足：

$A_4=B_4$，$A_3=B_3$，$A_2=B_2$，$A_1=B_1$，在二进制中要使其中 $A_4=B_4$ 成立只有两个同时为 0 或者同时为 1 两种可能，即$(\overline{A_4}\cdot\overline{B_4}+A_4\cdot B_4)$。因此，该输出的逻辑表达式可以描述为

$$E=(\overline{A_4}\cdot\overline{B_4}+A_4\cdot B_4)\cdot(\overline{A_3}\cdot\overline{B_3}+A_3\cdot B_3)\cdot(\overline{A_2}\cdot\overline{B_2}+A_2\cdot B_2)\cdot(\overline{A_1}\cdot\overline{B_1}+A_1\cdot B_1)$$

②逻辑代数化简，求最简表达式并根据题目要求变换。

分析当前表达式看出，如果将表达式全部展开为与或表达式，该函数有 16 个 8 变量的与项但不能简化。根据前面学习的知识，观察函数发现该函数是由 4 个同或运算和与构成。当然也可以将同或运算变成异或运算取反。所以 E 可以表示为：

$$\begin{aligned}E&=(\overline{A_4}\cdot\overline{B_4}+A_4\cdot B_4)\cdot(\overline{A_3}\cdot\overline{B_3}+A_3\cdot B_3)\cdot(\overline{A_2}\cdot\overline{B_2}+A_2\cdot B_2)\cdot(\overline{A_1}\cdot\overline{B_1}+A_1\cdot B_1)\\&=(A_4\odot B_4)\cdot(A_3\odot B_3)\cdot(A_2\odot B_2)\cdot(A_1\odot B_1)\\&=\overline{A_4\oplus B_4}\cdot\overline{A_3\oplus B_3}\cdot\overline{A_2\oplus B_2}\cdot\overline{A_1\oplus B_1}\end{aligned}$$

③画电路图。根据化简的表达式可以画出相应的电路图，如图 3.6 所示。

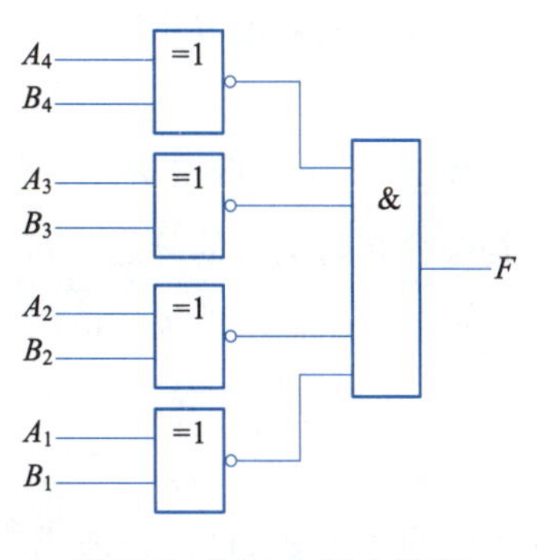

图 3.6　例 3.3 的电路图

思考题：

①设计一个比较组合逻辑电路，判断输入 4 位二进制数是否大于 9。

②如何设计一款用于举重比赛的裁判员表决器电路。举重比赛共有 3 位裁判，1 位主裁判，2 位副裁判。当主裁判和其中至少一位副裁判判定选手举重成功时，才算选手举重成功；否则判定举重不成功。

3.4　组合逻辑电路的竞争冒险现象

在组合逻辑电路中，竞争冒险现象是一种由于电路设计不当导致的问题，其中电路的输出可能依赖于信号通过电路的路径和速度，而不仅仅是当前的输入值。前面讨论的组合逻辑电路的分析和设计方法只研究输入和输出稳定状态间的关系，这些都是在理想的情况下实现的。假设所有的器件都是理想的，所有的信号都是准确没有延迟的，当输入信号发生变化时，其输入或输出信号的变化也是瞬间同时完成的。然而，实际的组合逻辑电路并非如此。所有的逻辑器件均不是理想器件；信号所经过的电路连线及逻辑门都存在延迟；电路中输入或输出信号的变化并非在瞬间同时完成，而是需要一个过渡时间。这种现象通常在以下情况下发生：

①竞争条件：当两个或多个信号以不同的时间到达某个逻辑门，而这些信号都足以影响输出状态时，就会产生竞争条件。这是信号到达的时差引起的。

②冒险：在竞争条件下，如果信号到达的顺序与预期不同，可能会导致输出在稳定值之间短暂摆动或产生错误的输出，这就是冒险。

3.4.1　竞争冒险现象的产生

为了更好地理解竞争冒险现象，通过图 3.7 所示电路分析竞争冒险现象是如何产生的。

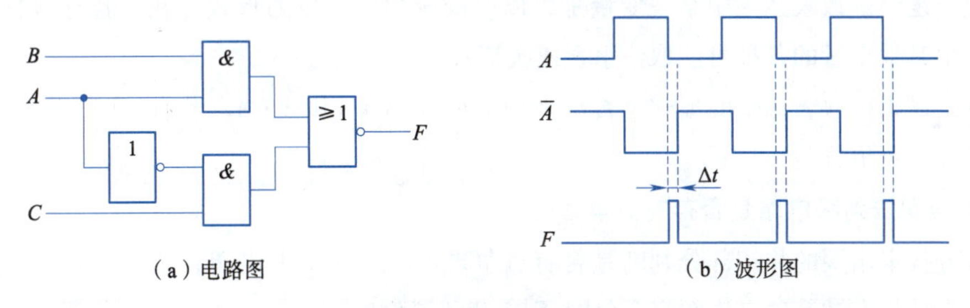

图 3.7　竞争冒险现象

图 3.7(a)所示电路是由与非门构成的组合电路，该电路有 3 个输入和 1 个输出，输出的逻辑表达式为：

$$F = \overline{AB + \overline{A}C}$$

假设输入变量 $B=C=1$，将 B、C 的值代入上述表达式，可以得到输出函数表达式为

$$F=\overline{A\cdot 1+\overline{A}\cdot 1}=\overline{A+\overline{A}}=0$$

也就是说，在理想条件下无论输入信号 A 的状态如何，输出端 F 恒为 0。然而，信号通过逻辑门均会存在时间上的延迟。对于非门而言，假设其输入端信号发生变化的一瞬间到输出端有一个稳定的更新输出所经历的时间为 Δt。当 $B=C=1$ 时，对于表达式 $F=\overline{A+\overline{A}}$观察图 3.7(a)所示电路，一方面信号 A 经过与门直接加载到后面或非门的一个输入端，另外一方面，信号 A 经过非门后变成$\overline{A}$再跟 C 经过与门后接入后面或非门的另外一个输入端。由于信号 A 经过非门会产生一个时间延迟 Δt，这样一来或非门的两个输入信号会产生一个时间差，具体如图 3.7(b)所示。在图 3.1(b)中，信号 A 是一个时钟信号，其初始值为 0。在图 3.7(b)的波形图中，当输入信号 A 由高电平变为低电平的一瞬间，非门输出的信号并不会立刻由低电平转换为高电平，而是有一个时间为 Δt 的延迟。通过观察可以看出，在 Δt 这一段时间差上，或非门所接入的信号 A 和$\overline{A}$均为低电平，那么或非门输出 F 为高电平，也就是每隔一个时钟周期就会产生一个时长为 Δt 的尖峰脉冲，即输出端 F 并不是恒为 0。以上就是一个典型的竞争冒险现象。

由此可见，图 3.7(b)波形图中在理论上不应该存在的、时长为 Δt 的尖峰脉冲的出现主要是由于电路中存在信号传输的延迟。

3.4.2 竞争冒险现象的判断

为了使所设计的电路具有更好的稳定性，需要判断一个电路是否存在竞争冒险现象。根据前面的分析判断可知，当某一逻辑门函数表达式中某个变量（如 A）同时以原变量和反变量的形式出现，且在一定条件下该逻辑函数简化成 $A+\overline{A}$或 $A\cdot\overline{A}$时，可以知道输入信号 A 和$\overline{A}$是通过两个不同的传输路径而来，那么在输入变量 A 的状态发生变化时，其输出端便有可能由于竞争而产生冒险。因此，具体判断电路是否存在竞争冒险现象的常用方法有代数法和卡诺图法。

1. 代数法判断电路是否存在竞争冒险

具体步骤如下：

①检查逻辑函数表达式中某一变量是否以原变量和反变量的形式存在。若有，则将逻辑函数表达式中其他变量的各种可能取值组合依次带入。

②观察逻辑函数表达式的形式是否出现如下形式：$A+\overline{A}$和 $A\cdot\overline{A}$。若有，则实现该表达式的逻辑电路存在竞争冒险。

2. 卡诺图法判断电路是否存在竞争冒险

通过寻找卡诺圈的相切部分判断是否有竞争现象。若两个卡诺圈相切，且相切部分所涉及的两个最小项没有被其他卡诺图完全包围，则有竞争冒险现象。

例 3.4 某组合逻辑电路的表达式为 $F=\overline{A}\overline{C}+AC+\overline{A}B$，判断该电路是否存在竞争冒险现象。

解： 代数法由表达式可知，逻辑变量 A 和 C 均以原变量和反变量的形式存在，因此需要分别对这两个逻辑变量进行分析。首先考察逻辑变量 A，此时需要将逻辑变量 B 和 C 的所有取值情况

依次带入表达式中，当 $BC=00$ 时，$F=\overline{A}$；$BC=01$ 时，$F=A$；$BC=10$ 时，$F=\overline{A}$；$BC=11$ 时，$F=A+\overline{A}$。当 $BC=11$ 时，逻辑变量 A 的变化可能会使电路发生竞争冒险现象。类似地，考察逻辑变量 C，当 $AB=00$ 时，$F=\overline{C}$；$AB=01$ 时，$F=1$；$AB=10$ 时，$F=C$；$AB=11$ 时，$F=C$。逻辑变量 C 的变化不会使电路发生竞争冒险现象。

根据逻辑电路的表达式画出卡诺图，并画出与函数表达式中各最小项对应的卡诺图，如图 3.8 所示。

观察图 3.8 所示可得两个实线的卡诺圈是“相切”的，即最小项 m_3 和 m_7 不被同一卡诺图所包围，这说明相应的电路可能产生竞争冒险。这个结论可以用代数法证明，将 $A=1$，$B=1$，C 发生跳变，代入题目逻辑电路的表达式得到表达式 $F=\overline{C}+C$，可以判断出来可能出现冒险。

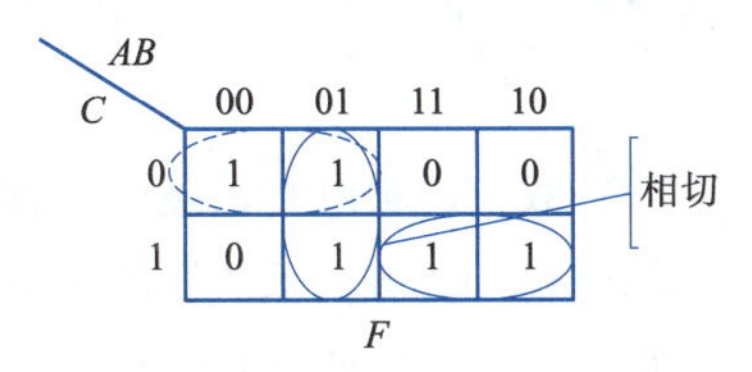

图 3.8　竞争冒险判断卡诺图

3.4.3　竞争冒险的消除策略

为了使组合逻辑电路稳定可靠地工作，可以采取以下措施消除竞争冒险现象。

1. 增加延迟

通过在关键路径上添加非门（也称为缓冲器或反相器），可以人为增加信号的传播延迟。通常采用 RC（电阻-电容）电路作为惯性延时环节。这样做的目的是使原本不同步的信号路径达到时间上的匹配，确保所有信号在到达输出之前都已稳定，这样可以规避竞争条件。具体实施时选择合适的缓冲器数量和类型至关重要，过多的缓冲器会增加整体延迟，而过少则可能无法完全消除冒险。通常，设计者会使用仿真软件来确定最优配置。

2. 引入脉冲选通

采用第一种方法需要增加器件，还有一种可行的方法是引入脉冲选通。这种方法是避开冒险而不是消除冒险。由于组合逻辑电路的竞争冒险现象往往产生在输入信号发生变化的过程中，因此可以对输出波形从时间上加以选择和控制，当输入信号稳定建立后，通过施加（或触发）选通脉冲对相应的逻辑门进行使能。实际上，本方法就是利用选通脉冲选择电路输出波形稳定的部分，人为地避开尖峰脉冲，最终实现逻辑功能的可靠输出。

3. 增加冗余逻辑

因为竞争冒险现象是由单个变量状态的改变引起的，所以可以采用增加冗余逻辑的方法予以解决。例如，假设某组合逻辑电路的逻辑表达式为 $F=AB+\overline{A}C$。在 $B=C=1$ 的条件下，A 的状态改变会使电路存在竞争冒险现象。根据第 1 章逻辑代数常用公式

$$F=AB+\overline{A}C=AB+\overline{A}C+BC \tag{3.5}$$

对于公式(3.5)，在增加了冗余项 BC 后，电路的逻辑功能并没有被改变，但是在 $B=C=1$ 的条件下，$F=A+\overline{A}+1=1$，也就是说无论 A 如何改变，F 的输出始终为 1。

有一点需要注意，上述例子中冗余项 BC 仅能改变 $B=C=1$ 条件下 $F=AB+\overline{A}C$ 的竞争冒险现象。如果 A 和 B 的取值同时由 10 变为 01 或者同时由 01 变为 10，这个增加的冗余项 BC 会存在竞争冒险现象。因此，用增加冗余逻辑的方法来消除竞争冒险现象，其适用范围是有限的。

当然冗余项的选择也可以通过卡诺图上增加多余的圈来实现。具体方法是将卡诺图中的相切部分去掉，用多余的卡诺圈将它们之间的相邻最小项圈起来，多余的卡诺圈对应的与项就是函数表达式的冗余项。如图3.9中虚线卡诺图部分所示，该卡诺图对应的与项 BC 就是冗余项。

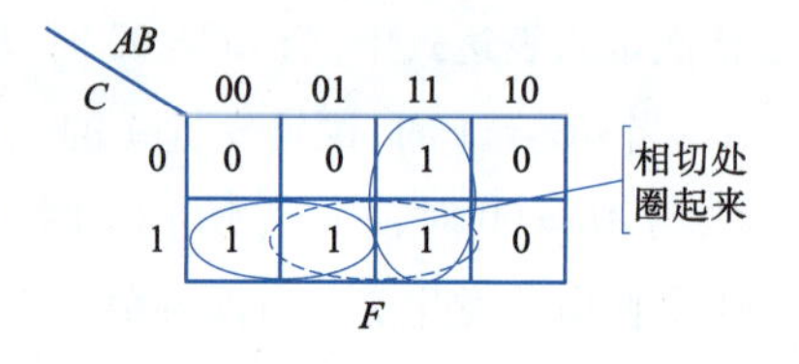

图3.9　卡诺图法冗余项

3.5　常见的组合逻辑电路器件

在数字逻辑电路领域，基础逻辑门如与门、或门、非门、异或门等，是构成数字系统基石的最小构建块。随着技术的发展和系统复杂性的增加，单独使用基本逻辑门设计大型电路变得低效且难以管理。因此，中规模集成电路(medium-scale integration, MSI)应运而生，它们将多个基本逻辑门以及其他更复杂的逻辑功能集成在一个芯片上，极大地简化了设计过程，提高了系统的可靠性和效率。本节探索和解析中规模组合逻辑电路的精髓，这是连接基础逻辑门知识与更高级别的大规模集成(LSI)及超大规模集成(VLSI)技术的桥梁。下面将逐步揭开中规模器件的面纱，揭示如何通过巧妙地集成基本逻辑功能，实现高效的信息处理和数据管理。

3.5.1　加法器

加法器是中规模组合逻辑器件中非常重要的一个类别，其核心功能是在二进制系统中实现数值的加法运算。加法器的设计和应用广泛存在于计算机的算术逻辑单元(ALU)、微处理器、数字信号处理器中。通用数字计算机系统中，执行算术运算的是CPU的算术逻辑单元。计算机系统中的所有算术运算都是由加法运算实现的。接下来重点按照组合电路设计的方法给出半加器和全加器的电路原理。加法器有多种类型，主要包括半加器、全加器、串行加法器、并行加法器、超前进位加法器。

1. 半加器

半加器定义：仅处理两个一位二进制数的加法，输出一个和(sum)和一个进位(carry)。根据前面的设计步骤设计半加器如下：

(1)进行逻辑抽象。对于半加器，其输入变量为加数和被加数，分别用字母 A 和 B 来表示。半加器的输出变量有两个：一个是本位和，另外一个是向高位的进位，分别用 S 和 C 来表示。

(2)列出逻辑真值表。根据半加器的运算规则可列出它的真值表，见表3.3。

表3.3　半加器逻辑真值表

A	B	S	C
0	0	0	0
0	1	1	0
1	0	1	0
1	1	0	1

(3)写出表达式并化简。观察真值表3.3,很容易发现输出变量S和输入变量A、B之间是“异或”逻辑关系,输出变量C和输入变量A、B之间是“与”逻辑关系。因此,有如下逻辑表达式:

$$\begin{cases} S = A \oplus B \\ C = A \cdot B \end{cases} \tag{3.6}$$

(4)画出逻辑图。根据式(3.6)可以画出半加器电路图,如图3.10(a)所示。

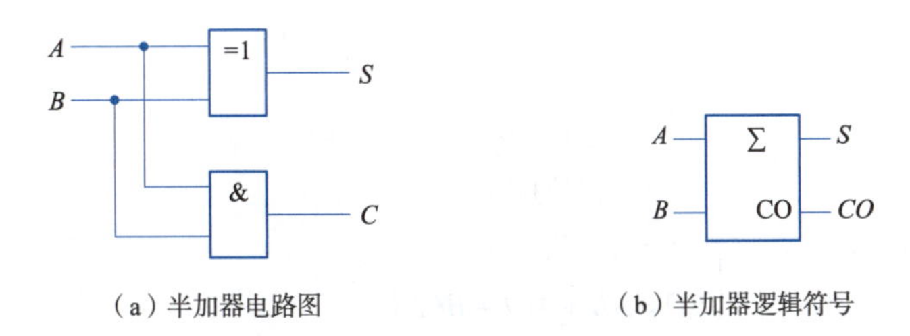

(a)半加器电路图　　(b)半加器逻辑符号

图3.10　半加器的电路图和逻辑符号

图3.10(b)所示为半加器的逻辑符号。从图3.10可以看到,半加器实际上是由1个异或门和1个与门构成,结构比较简单。要注意该电路没有考虑低位的进位。如果在半加器的基础上再考虑低位的进位,就变为全加器。

2. 全加器

全加器定义:可以处理3个1位二进制数的加法,包括两个加数和一个进位输入,输出一个和与一个进位。设计全加器步骤如下:

(1)进行逻辑抽象。对于全加器,假设输入变量为加数、被加数和低位的进位,分别用字母A、B和CI表示,输出变量一个是本位和用S表示,另外一个是向高位的进位用CO表示。

(2)列出逻辑真值表。根据全加器的运算规则其真值表见表3.4。

表3.4　全加器真值表

A	B	CI	S	CO
0	0	0	0	0
0	0	1	1	0
0	1	0	1	0
0	1	1	0	1
1	0	0	1	0
1	0	1	0	1
1	1	0	0	1
1	1	1	1	1

(3)写出表达式并化简。根据表3.4,采用卡诺图化简得到S和CO的表达式。图3.11(a)和图3.11(b)分别是本位和S的卡诺图和进位输出CO的卡诺图。

根据图3.11(a),发现图中每一个最小项都是孤立项,本位和S可以通过对所有的最小项求和得到。对于图3.10(b),通过3个相邻项的合并可以得到进位输出CO的最简表达式:

$$\begin{aligned} S &= \overline{A}\,\overline{B}CI + ABCI + \overline{A}B\overline{CI} + A\overline{B}\,\overline{CI} \\ &= (\overline{A}\,\overline{B} + AB)CI + (\overline{A}B + A\overline{B})\overline{CI} \end{aligned}$$

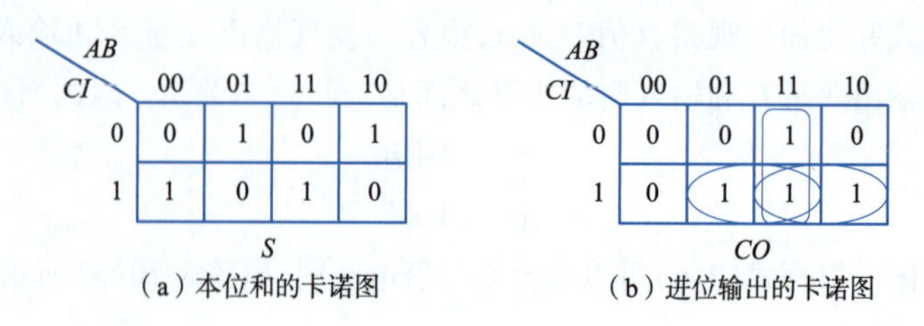

（a）本位和的卡诺图　（b）进位输出的卡诺图

图 3.11　全加器的卡诺图

$$=\overline{A\oplus B}\cdot CI+A\oplus B\cdot\overline{CI}$$

$$=A\oplus B\oplus CI$$

$$\begin{cases}S=A\oplus B\oplus CI\\CO=AB+ACI+BCI\end{cases}\tag{3.7}$$

根据式(3.7)可以画出全加器电路图，如图 3.12(a)所示。

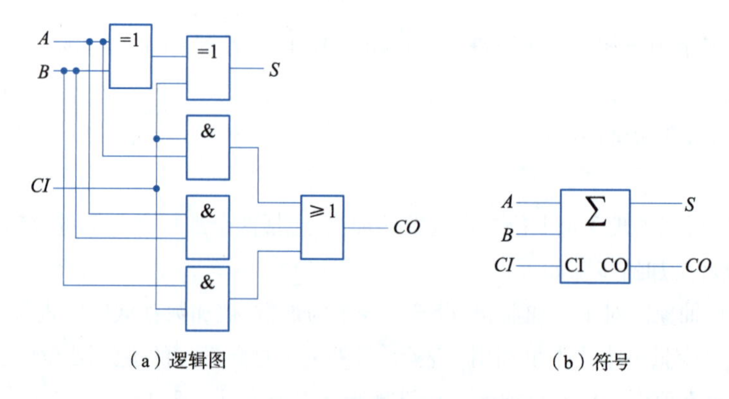

（a）逻辑图　（b）符号

图 3.12　全加器的电路原理图

图 3.12(b)所示为全加器的逻辑符号。以上采用组合逻辑电路设计的方法给出了全加器的电路原理图。实际上，全加器也可以由半加器来实现。

将进位输出 CO 的卡诺图[见图 3.12(b)]中的最小项列写出来并化简，会得到进位输出 CO 的另外一种表达式

$$\begin{aligned}CO&=AB\overline{CI}+\overline{A}BCI+ABCI+A\overline{B}CI\\&=AB+\overline{A}BCI+A\overline{B}CI\\&=AB+(A\oplus B)CI\end{aligned}\tag{3.8}$$

全加器转换后的表达式$\begin{cases}S=A\oplus B\oplus CI\\CO=AB+(A\oplus B)CI\end{cases}$

根据前面半加器表达式可以将求和 S 异或运算通过一个半加器来实现，该半加器的本位和输出端信号再与 CI 进行异或运算(由第二个半加器实现)。由式(3.8)可知，全加器的进位输出 CO 是将 A 和 B 通过第一个半加器所得到的本位和输出端信号与 CI 进行与运算(该与运算使用第二个半加器实现)，这两个半加器的进位输出信号经过或门便得到全加器的进位输出 CO。具体电路如图 3.13 所示。

3. 并行输入串行进位加法器

半加器和全加器只能实现 1 位二进制加法运算，如果要执行多位加法运算可以采用多个一位

加法器以级联的形式实现。通过串行逐位相加的方式实现多位数的加法的电路称为串行加法器。以4位串行加法器为例,该加法器由全加器级联构成,高位的“和”依赖于来自低位的进位输入。

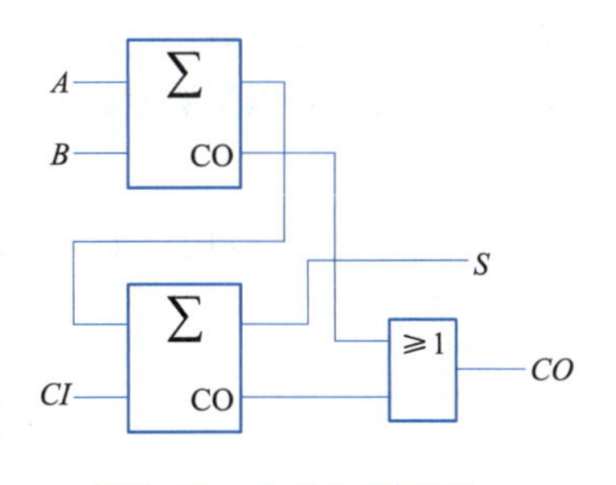

图 3.13 由半加器实现全加器电路原理图

从图3.14可以看出,只有当低位的加法运算结束后才能进行高位的加法运算,所以,最高位必须等到各低位全部相加完成并送来进位信号后才能产生运算结果。显然该方案速度较慢,而且位数越多越慢,但结构简单,适合对运算速度要求不高的场合。解决串行进位加法器运算速度慢的一个有效方案是超前进位加法器,该方案解决了由于进位信号逐级传递所耗费的时间。通过预测进位信号来提高加法运算的速度。超前进位加法器中每一位的进位只由加数和被加数决定,而无须依赖低位的进位。有关超前进位的概念与原理,这里不做详细介绍,感兴趣的读者可参考相关资料。下面重点了解一下超前进位加法器器件。

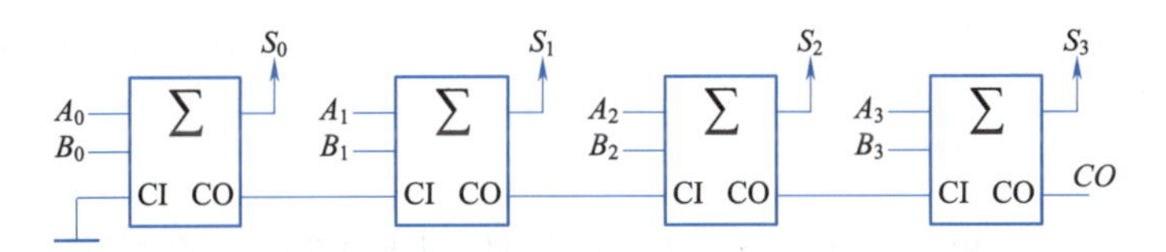

图 3.14 4位串行进位加法器电路原理图

4. 加法器典型芯片

常用的并行加法器器件有一款4位超前进位加法器芯片74LS283。

图3.15(a)所示为74LS283芯片的引脚图,该芯片是具有超前进位功能的4位二进制加法器。$A_0 \sim A_3$和$B_0 \sim B_3$分别是两组4位二进制加数输入端口,A_0和B_0分别为加数和被加数的最低位,A_3和B_3分别为加数和被加数的最高位;$S_0 \sim S_3$是求和输出端口;CO为最高位的进位输出,CI是进位输入,如果没有进位输入,CI引脚需要接低电平;GND和V_{CC}分别为接地和电源。为了讨论问题方便,在分析电路时往往使用图3.15(b)所示的逻辑图。

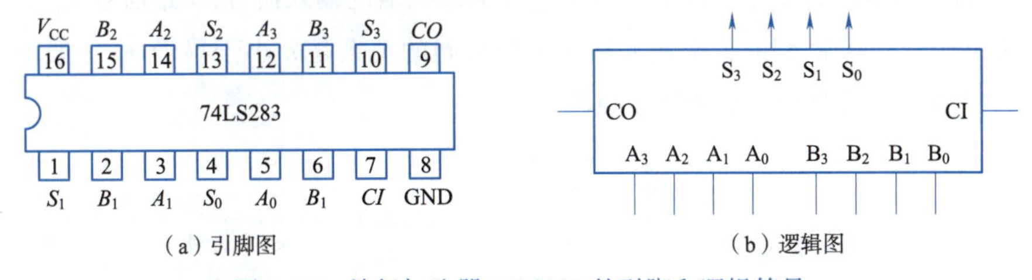

图 3.15 并行加法器74LS283的引脚和逻辑符号

5. 加法器芯片应用举例

例 3.5 使用并行加法器74LS283芯片和适当的逻辑门实现4位二进制并行减法器。

分析:计算机中二进制减法可以通过加法来间接实现,即对被减数加一个补码得到差。对于无符号二进制数,减去一个数等同于加上该数的二进制补码。对于4位二进制数,如果要减去一个数B,需要对B取反(每一位取反,即0变1,1变0)然后在最低位加1得到它的补码。设A和B

分别是 4 位二进制数，其中 $A=A_3A_2A_1A_0$ 为被减数，$B=B_3B_2B_1B_0$ 为减数，$D=D_3D_2D_1D_0$ 为两者相减的差。根据补码运算规则有

$$D_3D_2D_1D_0=A_3A_2A_1A_0+\overline{B_3}\,\overline{B_2}\,\overline{B_1}\,\overline{B_0}+1$$

由此可见，可以用一个 4 位并行加法器和 4 个非门实现该逻辑功能，74LS283 是一个 4 位并行加法器，有 4 个输入 A、B，以及一个进位输入(carry in, CI)。为了实现减法，需要对 74LS283 芯片引脚做如下处理：

①将被减数保持不变(连接到 A 输入)。

②将减数取反(每位取反)后连接到 B 输入。

③在进位输入 CI 处提供一个额外的 1，代表负数的补码中的 +1。

实现的逻辑电路如图 3.16 所示。

思考题：如何使用 74LS283 芯片和适当的逻辑门实现乘法运算 $Y=2X$ 的逻辑功能，其中 $X=X_3X_2X_1X_0$ 为 4 位二进制数？画出电路图。

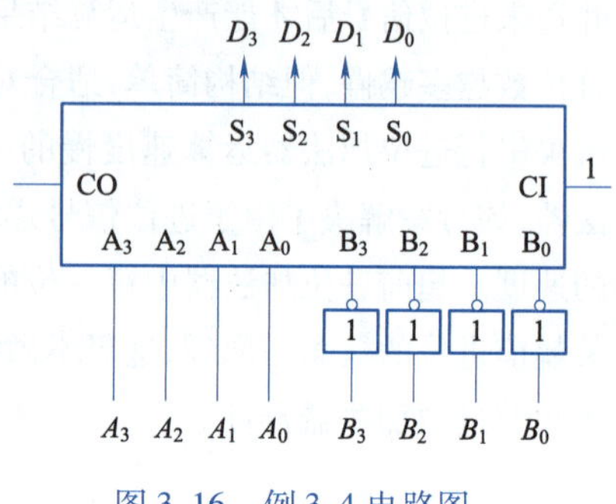

图 3.16 例 3.4 电路图

3.5.2 编码器

编码器是一种在数字电路设计中至关重要的组件，其基本功能是将特定形式的输入信号转换为另一种形式的输出信号，通常涉及将一组离散的输入信号编码为一个或多个二进制代码输出。编码过程本质上是一种信息的转换或压缩，使得数据更适合存储、传输或进一步处理。编码器广泛应用于计算机接口、通信系统、控制系统及数据处理等领域，是构建复杂数字系统的基础模块之一。

1. 编码器的基本概念

编码器是一种逻辑电路，用于将一个数字信号转换成另一种编码形式。常见的编码类型包括二进制编码、格雷码编码、BCD 编码等。具体的编码是将输入的若干路高低电平信号按照一定的规律进行编排并输出，使得每组输出代码具有特定的含义。一个典型的编码器如图 3.17 所示。在该图中，2^n 路不同的高低电平 $I_0,I_1,I_2,\cdots,I_{2^n-1}$ 作为编码器的输入信号，m 路信号 $Y_0,Y_1,\cdots,Y_{m-1}$ 作为编码输出信号。通常来讲，2^n 个输入和输出位数间的关系是 n 小于等于 m，一般情况是 $n=m$，个别类型的编码器除外(例如 BCD 编码器)。

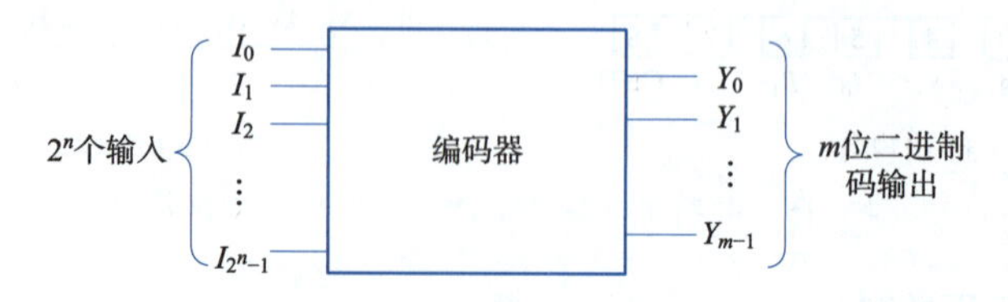

图 3.17 编码器框图

编码器可分为通用编码器和优先编码器两种类型。通用编码器是一种基本类型的编码器，其主要功能是将多个输入信号转换成对应的二进制代码输出。通用编码器通常没有优先级的概念，也就是说，当有多个输入信号同时有效时，通用编码器可能会给出错误的结果或者无法确定

输出。例如，一个具有8个输入端口的通用编码器会有3个输出端口，因为$2^3=8$。当其中一个输入端口接收到有效信号时（比如高电平），通用编码器会输出相应的二进制代码。如果同时有两个或更多的输入端口有效，则输出可能不确定。优先编码器是在通用编码器的基础上增加了一定的优先级机制。当有多个输入信号同时有效时，优先编码器会根据预先设置的优先级顺序选择其中一个信号进行编码，从而避免了通用编码器中出现的不确定性问题。从应用场景看，通用编码器适用于不需要考虑多个信号同时有效的情况，例如简单的数据压缩或编码任务。而优先编码器更适用于需要解决多个信号同时有效时的问题，例如在数字通信系统、计算机总线控制等方面。下面以最简单的编码器为例介绍一下通用编码器和优先编码器的基本原理。

2. 通用编码器

4线-2线通用编码器的功能是将4路高低电平用2位二进制信号进行编码输出。下面采用组合逻辑电路设计的方法设计4线-2线通用编码器。

输入变量有4个，分别用I_0、I_1、I_2和I_3来表示，这4个变量取值为1时表示该路信号是有效的，需要对其进行编码；取值为0时表示该路信号是无效的。需要注意的是，在同一时刻，只允许有一路信号输入是高电平，而其余三路信号输入的均为低电平。

编码输出信号是2位二进制数，用Y_0和Y_1来表示。当$Y_1Y_0=00$时，表示I_0端口是有效电平，其余端口是无效电平，用$Y_1Y_0=00$表示对I_0的编码输出。当I_1端口是有效电平，其余端口是无效电平时，用$Y_1Y_0=01$表示对I_1的编码输出。类似地，可以对其他两路信号进行编码。4线-2线通用编码器的真值表见表3.5。

表3.5　4线-2线通用编码器真值表

编码输入				编码输出	
I_0	I_1	I_2	I_3	Y_1	Y_0
1	0	0	0	0	0
0	1	0	0	0	1
0	0	1	0	1	0
0	0	0	1	1	1
其　他				×	×

从表3.6可以直接得到编码输出端Y_1和Y_0的逻辑表达式

$$Y_1=I_2+I_3 \tag{3.9}$$

$$Y_0=I_1+I_3 \tag{3.10}$$

图3.18所示为4线-2线通用编码器的电路原理图。

从图3.18可以看出，输入端信号I_0并没有真正接入电路中，那么该电路能够对该路信号进行编码吗？实际上，当I_0这一路信号是有效电平时，I_1、I_2和I_3均为0，根据式(3.9)和式(3.10)可知，$Y_1Y_0=00$，也就是说图3.17所示电路能够实现对I_0的编码。但需要注意，式(3.9)和式(3.10)还不足以描述表3.5。因为，在I_0、I_1、I_2和I_3均为0时，根据这两式，编码输出仍为$Y_1Y_0=00$。这表明I_0是无效电平时和I_0是有效电平时的编码输出一样，这就产生了矛盾。注意观察表3.5的最后一行，该行已明确说明，$I_0\sim I_3$是不允许同时为0的。因此，还需要一个约束条件：$I_0+I_1+I_2+I_3=1$。

如果图3.18所示电路在受到干扰时，会出现多个输入端口同时为高电平的情形，那么此时电路的编码输出还正确吗？答案是否定的。例如，当I_1和I_2同时为1时，根据式(3.9)和式(3.10)可知，$Y_1Y_0=11$，这是一个错误编码。因为$Y_1Y_0=11$表示的是对I_3这一路信号进行编码的结果。在实际的电路中，往往会出现输入端同时为1的情形，这时要想使编码不出现错乱，需要对输入端信号人为地赋予一个优先级，编码器只对优先级最高的那一路信号进行编码即可。

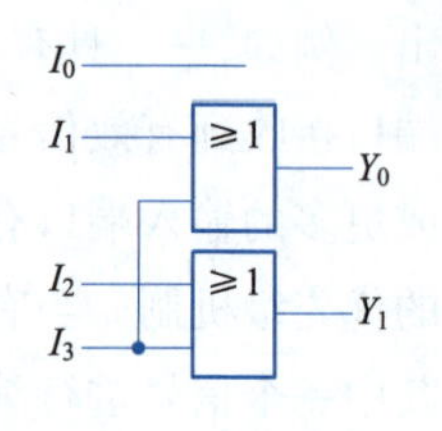

图3.18　4线-2线通用编码器电路图

3. 优先编码器

(1)4线-2线优先编码器

下面以4线-2线编码器为例介绍优先编码器的基本原理。首先确定优先编码的原则，即输入优先级的高低次序依次是I_3、I_2、I_1和I_0。优先编码器只对优先级最高的那个有效输入信号进行编码。例如，当I_1和I_2同时为1时，由于I_2的优先级高于I_1，因此编码器只对I_2进行编码，其编码输出为$Y_1Y_0=10$。类似情形不再一一举例，根据上述优先编码原则，有4线-2线优先编码器的真值表，见表3.6。

表3.6　4线-2线优先编码器真值表

编码输入				编码输出	
I_0	I_1	I_2	I_3	Y_1	Y_0
1	0	0	0	0	0
×	1	0	0	0	1
×	×	1	0	1	0
×	×	×	1	1	1

在表3.6中，符号“×”表示相应的输入变量取值为1或者0都可以。以表3.6最后一行为例，当I_3的取值为1时，无论I_2、I_1和I_0的取值是1还是0，编码器只会响应I_3端口的信号，编码输出结果为$Y_1Y_0=11$。根据表3.6可以得到Y_1和Y_0的卡诺图。注意，卡诺图中的符号“×”表示的是禁止态，即不允许输入端全部为0。图3.19所示为4线-2线优先编码器的卡诺图。

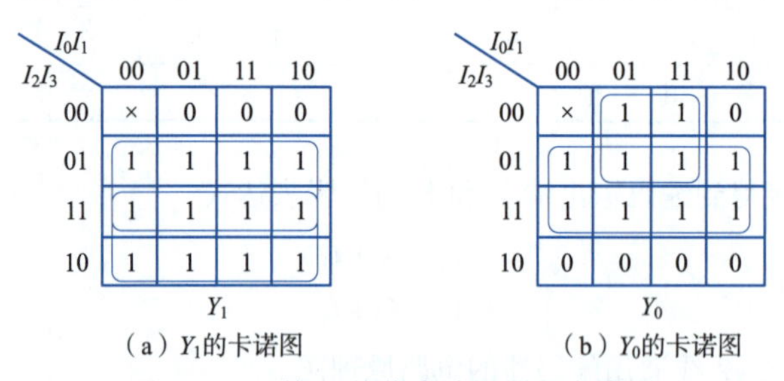

图3.19　4线-2线优先编码器的卡诺图

根据图3.19所示卡诺图，得到4线-2线优先编码器的逻辑表达式，其仿真图如图3.20(a)所示。

$$Y_1=I_2+I_3 \tag{3.11}$$

$$Y_0=I_1\overline{I_2}+I_3 \tag{3.12}$$

注意：编码器的输入端不允许同时为0，因此由式(3.11)和式(3.12)所描述的优先编码器还需要加一个约束条件(这里≜是“定义为”的符号)。

$$GS \triangleq I_0 + I_1 + I_2 + I_3 = 1 \tag{3.13}$$

根据式(3.11)~式(3.13)得到4线-2线优先编码器的电路原理图,如图3.20(b)所示。

图3.20中,端口 GS 代表编码器是否处于有效编码状态,当$GS=1$时,表示当前的编码输出是有效的;当 $GS=0$ 时,表示当前的编码输出是无效的。

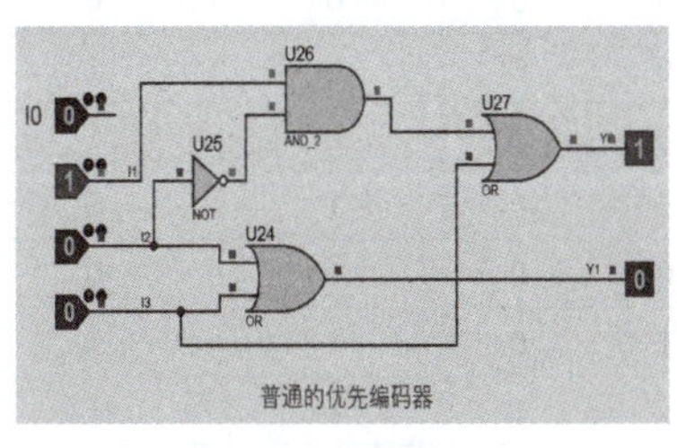

(a) 优先编码器仿真图

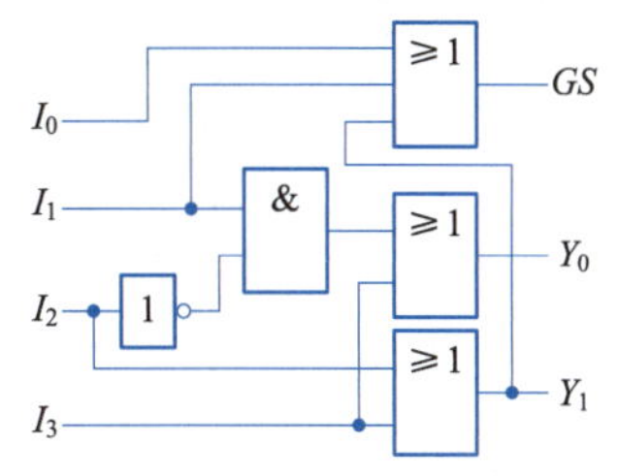

(b) 4线-2线优先编码器电路图

图 3.20　优先编码器仿真图和电路图

实际上,式(3.11)和式(3.12)还可以直接通过真值表获得,具体如下:在表3.6中,使 Y_1 取值为1的输入是 $I_0I_1I_2I_3 = \times\times10$ 和 $I_0I_1I_2I_3 = \times\times\times1$(见表3.6的最后两行)。对于 $I_0I_1I_2I_3 = \times\times10$,使 Y_1 取值为1用式子$Y_1 = I_2\overline{I_3}$来描述;对于 $I_0I_1I_2I_3 = \times\times\times1$,使 Y_1 取值为1用式子$Y_1 = I_3$来描述。因此,Y_1 的表达式为

$$Y_1 = I_2\overline{I_3} + I_3 = I_2 + I_3 \tag{3.14}$$

式(3.14)化简后的结果就是式(3.11)。类似地,使 Y_0 取值为1的输入是 $I_0I_1I_2I_3 = \times100$ 和 $I_0I_1I_2I_3 = \times\times\times1$(见表3.6的第2行和第4行)。对于 $I_0I_1I_2I_3 = \times100$,使 Y_0 取值为1是用式$Y_0 = I_1\overline{I_2}\,\overline{I_3}$来描述;对于 $I_0I_1I_2I_3 = \times\times\times1$,使 Y_1 取值为1是用式$Y_0 = I_3$来描述。因此,Y_1 的表达式为

$$Y_0 = I_1\overline{I_2}\,\overline{I_3} + I_3 = I_1\overline{I_2} + I_3 \tag{3.15}$$

式(3.14)和式(3.15)的化简反复用逻辑代数的公式 $A + \overline{A}B = A + B$。关于4线-2线编码器,因应用少,市场上芯片产品也很少,目前应用最为广泛的还是8线-3线编码器。

(2)8线-3线优先编码器

8线-3线优先编码器是一种数字逻辑电路,其主要功能是将8个输入信号中的有效信号转换成3位二进制代码输出。通常具有优先级功能,即当多个输入信号同时有效时,编码器会根据预设的优先级顺序对其中的一个信号进行编码。下面详细介绍8线-3线优先编码器的设计和工作原理以及两款典型的编码器芯片。

根据前面介绍的设计步骤分析:8线-3线优先编码器可以对输入的8路高低电平信号用3位二进制数据进行编码输出,因此输入变量有8个,分别用 $I_0, I_1, I_2, \cdots, I_7$表示,这8个变量取值为1时表示该路信号是有效的,需要对其进行编码;取值为0时表示该路信号是无效的。输入优先级的高低次序依次是 $I_7, I_6, \cdots, I_0$,即优先级最高的输入端口是 I_7,优先级最低的输入端口是 I_0。优先编码器只对优先级最高的那个有效输入信号进行编码。

编码输出信号是3位二进制数,用 Y_0、Y_1和 Y_2来表示。当 $Y_2Y_1Y_0 = 000$ 时,表示 I_0端口是有效电平,其余端口是无效电平,用 $Y_2Y_1Y_0 = 000$ 来表示对 I_0的编码输出。当 I_1端口是有效电平,其余端口是无效时,用 $Y_2Y_1Y_0 = 001$ 来表示对 I_1的编码输出。类似地,也可以对其他两路信号进行编码。表3.7所示8线-3线优先编码器的真值表。

表 3.7　8 线-3 线优先编码器真值表

编码输入								编码输出		
I_0	I_1	I_2	I_3	I_4	I_5	I_6	I_7	Y_2	Y_1	Y_0
1	0	0	0	0	0	0	0	0	0	0
×	1	0	0	0	0	0	0	0	0	1
×	×	1	0	0	0	0	0	0	1	0
×	×	×	1	0	0	0	0	0	1	1
×	×	×	×	1	0	0	0	1	0	0
×	×	×	×	×	1	0	0	1	0	1
×	×	×	×	×	×	1	0	1	1	0
×	×	×	×	×	×	×	1	1	1	1

从表 3.7 可以直接得到编码输出端 Y_0、Y_1 和 Y_2 的逻辑表达式。

$$\begin{aligned}
Y_0 &= I_1\overline{I_2}\,\overline{I_3}\,\overline{I_4}\,\overline{I_5}\,\overline{I_6}\,\overline{I_7} + I_3\overline{I_4}\,\overline{I_5}\,\overline{I_6}\,\overline{I_7} + I_5\overline{I_6}\,\overline{I_7} + I_7 \\
&= I_1\overline{I_2}\,\overline{I_3}\,\overline{I_4}\,\overline{I_5}\,\overline{I_6} + I_3\overline{I_4}\,\overline{I_5}\,\overline{I_6} + I_5\overline{I_6} + I_7 \\
&= I_1\overline{I_2}\,\overline{I_3}\,\overline{I_4}\,\overline{I_6} + I_3\overline{I_4}\,\overline{I_6} + I_5\overline{I_6} + I_7 \\
&= I_1\overline{I_2}\,\overline{I_4}\,\overline{I_6} + I_3\overline{I_4}\,\overline{I_6} + I_5\overline{I_6} + I_7
\end{aligned} \tag{3.16}$$

$$\begin{aligned}
Y_1 &= I_2\overline{I_3}\,\overline{I_4}\,\overline{I_5}\,\overline{I_6}\,\overline{I_7} + I_3\overline{I_4}\,\overline{I_5}\,\overline{I_6}\,\overline{I_7} + I_6\overline{I_7} + I_7 \\
&= I_2\overline{I_3}\,\overline{I_4}\,\overline{I_5}\,\overline{I_6} + I_3\overline{I_4}\,\overline{I_5}\,\overline{I_6} + I_6 + I_7 \\
&= I_2\overline{I_3}\,\overline{I_4}\,\overline{I_5} + I_3\overline{I_4}\,\overline{I_5} + I_6 + I_7 \\
&= I_2\overline{I_4}\,\overline{I_5} + I_3\overline{I_4}\,\overline{I_5} + I_6 + I_7
\end{aligned} \tag{3.17}$$

$$\begin{aligned}
Y_2 &= I_4\overline{I_5}\,\overline{I_6}\,\overline{I_7} + I_5\overline{I_6}\,\overline{I_7} + I_6\overline{I_7} + I_7 \\
&= I_4\overline{I_5}\,\overline{I_6} + I_5\overline{I_6} + I_6 + I_7 \\
&= I_4 + I_5 + I_6 + I_7
\end{aligned} \tag{3.18}$$

根据式(3.16)～式(3.18)可以画出 8 线-3 线优先编码器的电路原理图,此处省略。上面的输出是按照高电平方式输出,当然在设计编码输出的时候也可以用低电平方式编码,请思考如何实现。

(3)芯片举例

目前,在实际应用中用于将 8 个输入信号中的有效信号转换成 3 位二进制代码输出的芯片有很多,其中比较常见的两种是 CD4532 和 74LS148。下面分别介绍这两种芯片的特点和应用。图 3.21所示为 CD4532 芯片的引脚图。

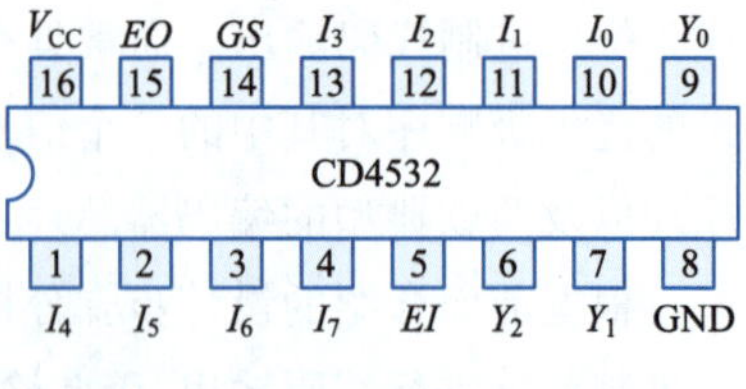

V_{CC} 16　EO 15　GS 14　I_3 13　I_2 12　I_1 11　I_0 10　Y_0 9

CD4532

I_4 1　I_5 2　I_6 3　I_7 4　EI 5　Y_2 6　Y_1 7　GND 8

图 3.21　CD4532 芯片引脚图

CD4532 芯片工作电压范围较宽,可以为 3～15 V,因此适用于多种不同的电源系统,同时,它具有较强的抗干扰能力。CD4532 芯片的 10～13 引脚和 1～4 引脚为编码输入端口,分别用字母 $I_0, I_1, I_2, \cdots, I_7$ 标识。芯片的 9、7 和 6 引脚为编码输出端口,分别用字母 Y_0、Y_1 和 Y_2 标识。芯片的 5 引脚为输入使能端口,用字母 EI 来标识,当该引脚接高电平时芯片才进行编码,当该引脚接低电平时芯片拒绝编码。芯片的 3 和 15 引脚是用于扩展编码的选通输出端口,分别用字母 GS 和 EO 标识。芯片的 8 引脚为接地端口,用 GND 标识;芯片的 16 引脚为电源端口,用字母 V_{CC} 来标识。有关该芯片的具体功能见表 3.8。

表 3.8　CD4532 芯片真值表

编码输入									编码输出				
EI	I_0	I_1	I_2	I_3	I_4	I_5	I_6	I_7	Y_2	Y_1	Y_0	EO	GS
0	×	×	×	×	×	×	×	×	0	0	0	0	0
1	0	0	0	0	0	0	0	0	0	0	0	1	0
1	1	0	0	0	0	0	0	0	0	0	0	0	1
1	×	1	0	0	0	0	0	0	0	0	1	0	1
1	×	×	1	0	0	0	0	0	0	1	0	0	1
1	×	×	×	1	0	0	0	0	0	1	1	0	1
1	×	×	×	×	1	0	0	0	1	0	0	0	1
1	×	×	×	×	×	1	0	0	1	0	1	0	1
1	×	×	×	×	×	×	1	0	1	1	0	0	1
1	×	×	×	×	×	×	×	1	1	1	1	0	1

CD4532 芯片的编码输入和输出引脚是高电平有效，而芯片 74LS148 的编码输入和输出引脚是低电平有效，如图 3.22 所示。对比图 3.21 和图 3.22，74LS148 芯片的引脚和 CD4532 芯片的对应引脚功能一致，唯一的区别是 74LS148 芯片的输入、输出以及控制端口均为低电平有效，在使用时需要注意。

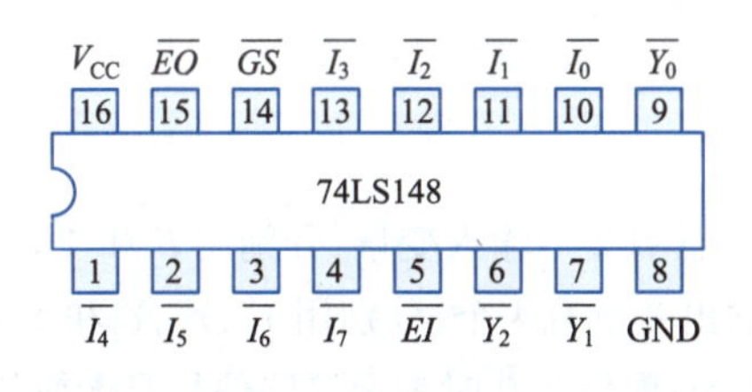

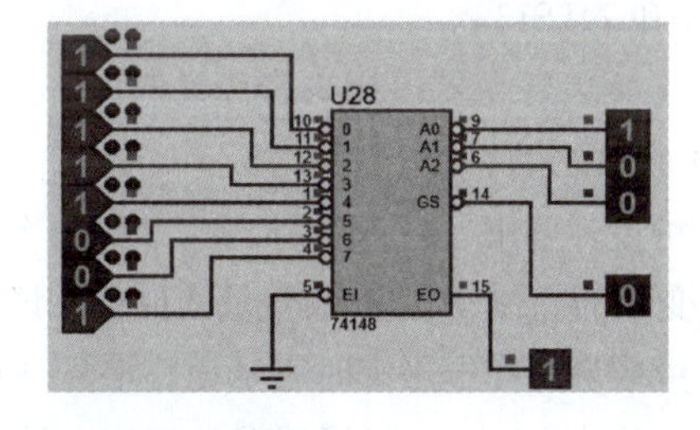

图 3.22　74LS148 芯片引脚图和仿真图

74LS148 真值表见表 3.9，由真值表可以看出，当$\overline{EI}$端口为高电平时，禁止编码，输出全部为高电平；当该端口为低电平时，允许编码。$\overline{I_7}$的优先级最高，其次是$\overline{I_6}$……优先级最低的是$\overline{I_0}$。当$\overline{I_0}$，$\overline{I_1}$，…，$\overline{I_7}$中某一编码输入端接低电平，而比它优先级高的编码输入端口都是高电平时，才对当前接入低电平的端口编码。例如，$\overline{I_4}=0$，$\overline{I_5}$、$\overline{I_6}$和$\overline{I_7}$都接高电平时，此时编码输出为$\overline{Y_2}\,\overline{Y_1}\,\overline{Y_0}=011$。注意，考虑到该芯片输出为低电平有效，此编码输出相当于$(4)_{10}=(100)_2$的反码。

表 3.9　74LS148 真值表

输入									输出				
$\overline{EI}$	$\overline{I_0}$	$\overline{I_1}$	$\overline{I_2}$	$\overline{I_3}$	$\overline{I_4}$	$\overline{I_5}$	$\overline{I_6}$	$\overline{I_7}$	$\overline{Y_2}$	$\overline{Y_1}$	$\overline{Y_0}$	$\overline{EO}$	$\overline{GS}$
1	×	×	×	×	×	×	×	×	1	1	1	1	1
0	1	1	1	1	1	1	1	1	1	1	1	0	1
0	×	×	×	×	×	×	×	0	0	0	0	1	0
0	×	×	×	×	×	×	0	1	0	0	1	1	0
0	×	×	×	×	×	0	1	1	0	1	0	1	0
0	×	×	×	×	0	1	1	1	0	1	1	1	0
0	×	×	×	0	1	1	1	1	1	0	0	1	0

续表

输 入									输 出				
$\overline{EI}$	$\overline{I_0}$	$\overline{I_1}$	$\overline{I_2}$	$\overline{I_3}$	$\overline{I_4}$	$\overline{I_5}$	$\overline{I_6}$	$\overline{I_7}$	$\overline{Y_2}$	$\overline{Y_1}$	$\overline{Y_0}$	$\overline{EO}$	$\overline{GS}$
0	×	×	0	1	1	1	1	1	1	0	1	1	0
0	×	0	1	1	1	1	1	1	1	1	0	1	0
0	0	1	1	1	1	1	1	1	1	1	1	1	0

74LS148 特点:具有较低的工作电压和功耗,适用于需要 5 V 电源的数字电路设计。同时,它的逻辑门延迟时间较短,响应速度快,其输入/输出端口是低电平有效。有关 74LS148 芯片的逻辑功能及具体应用可以查阅该芯片的器件手册。在实际的电路设计过程中,可以有针对性地选择高电平有效的 CD4532 芯片或者低电平有效的 74LS148 芯片。

3.5.3 译码器

译码器是将二进制代码转换成一组特定的输出信号的过程。因此,译码是编码的逆过程。它可用于地址译码、指令译码等多种场合。译码器的种类很多,常见的译码器有 2 线-4 线译码器、3 线-8 线译码器、二-十进制译码器(又称 BCD 码)和数字显示译码器。下面详细地用组合逻辑电路设计的方法了解一下译码器的工作原理,同时也介绍相关译码器芯片 74LS139 以及 74HCT238 和 74LS138。

1. 2 线-4 线译码器设计与芯片举例

(1)2 线-4 线译码器设计实现

①分析设计要求,进行逻辑抽象。2 线-4 线译码器有 2 个输入变量,分别用 B 和 A 表示,其中 B 为输入变量的高位,A 为输入变量的低位。译码输出变量有 4 个,分别用 Y_0、Y_1、Y_2 和 Y_3 来表示,这 4 个变量取值为高电平 1 时表示该路信号是有效的;取值为 0 时表示该路信号是无效的。

②列真值表。2 线-4 线译码器的真值表见表 3.10。

表 3.10 2 线-4 线译码器真值表

译码输入		译码输出			
B	A	Y_0	Y_1	Y_2	Y_3
0	0	1	0	0	0
0	1	0	1	0	0
1	0	0	0	1	0
1	1	0	0	0	1

③写逻辑表达式并化简。从表 3.10 可以看出,当 $BA=00$ 时,译码输出端 Y_0 端口是有效电平,其余端口是无效电平。当 $BA=01$ 时,译码输出端 Y_1 端口是有效电平,其余端口是无效电平。依此类推,这里不再一一阐述。通过该真值表可以很容易地得到译码输出的逻辑表达式:

$$\begin{cases} Y_0 = \overline{A}\,\overline{B} \\ Y_1 = A\overline{B} \\ Y_2 = \overline{A}B \\ Y_3 = AB \end{cases} \tag{3.19}$$

④画电路图。根据式(3.19)便可得到2线-4线译码器的电路图,如图3.23所示。

虽然根据组合逻辑设计的方法设计出译码器的电路图,但是此电路图仍有些不严谨,例如,当什么都不输入时还是有个默认的译码(默认低电平无效,则默认译码 Y_0),这在电路中显然是不合理的。因此,需要有个控制开关,参考前面介绍的编码器芯片,如CD4532有使能端口,用于控制芯片是否对输入的信号进行编码。对于图3.23所示的译码器也可以加入使能端口 S,用于控制其是否进行译码。具体要求是:当使能端口 S 接高电平时,译码器进行译码;当使能端口 S 接低电平时,电路拒绝译码。根据这一要求,列出如下真值表,见表3.11。

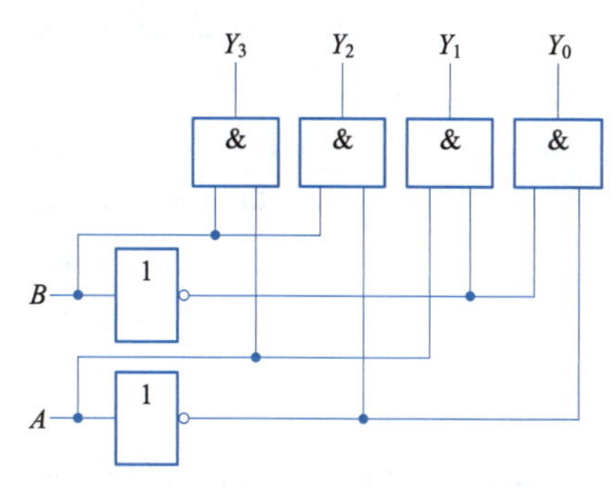

图 3.23　2 线-4 线译码器的电路图

表 3.11　具有使能端口的 2 线-4 线译码器真值表

译码输入			译码输出			
S	B	A	Y_0	Y_1	Y_2	Y_3
0	×	×	0	0	0	0
1	0	0	1	0	0	0
1	0	1	0	1	0	0
1	1	0	0	0	1	0
1	1	1	0	0	0	1

在表3.11中,当使能端口 S 接低电平时,无论译码输入端口 B 和 A 的状态如何,译码器输出 Y_0、Y_1、Y_2 和 Y_3 全部为0,也就是拒绝译码。当 S 接高电平时,译码电路才响应输入端口的数据,执行译码操作。

$$\begin{cases} Y_0 = S\overline{A}\,\overline{B} \\ Y_1 = SA\overline{B} \\ Y_2 = S\overline{A}B \\ Y_3 = SAB \end{cases} \tag{3.20}$$

具体电路如图3.24所示。

思考题:图3.24所示电路的使能端口 S 是高电平有效,如何更改电路,使得 S 端口为低电平有效,即当 S 接高电平时,译码器拒绝译码,当 S 接低电平时,电路进行译码?采用组合逻辑电路设计的方法设计该电路。

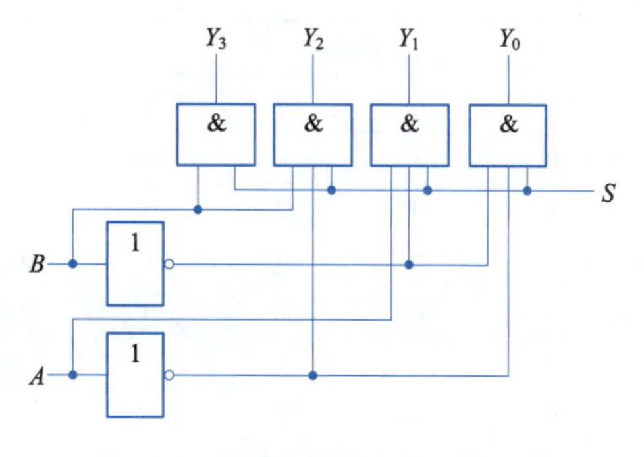

图 3.24　具有使能端口的 2 线-4 线译码器的电路原理图

(2)2线-4线译码器芯片举例

2线-4线译码器常见的芯片型号为74HC139,该芯片包含2个2线-4线译码器。图3.25所示为该芯片的引脚图和逻辑图。

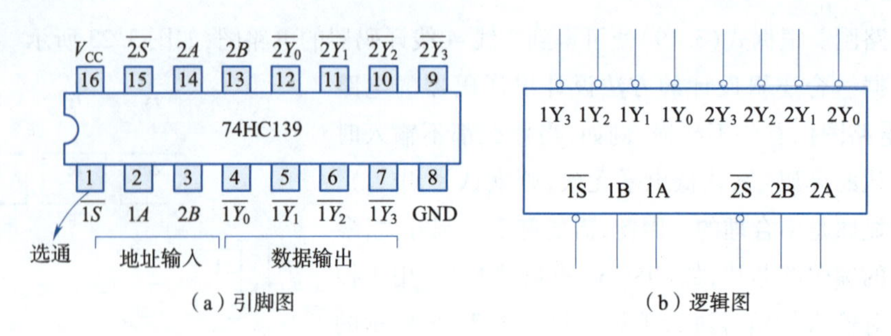

图 3.25　74HC139 芯片

需要注意的是,74HC139 芯片有 16 个引脚。实际上,该芯片内部集成了 2 个独立的 2 线-4 线译码器,其中芯片的 1 ~7 引脚对应第一个译码器。在第一个译码器中,芯片的 1 引脚为使能端口,该使能端口是低电平有效;芯片的 2 和 3 引脚是译码输入端口;芯片的 4 ~7 引脚是译码输出端口。芯片的 9 ~15 引脚对应第二个译码器。

前面所介绍的 2 线-4 线译码器的输出端口均为低电平有效,也就是电路的设计采用了所谓的“负逻辑系统”,即用 0 或者低电平代表逻辑真有效。不是所有的芯片是这样,有的芯片(如芯片 CD4555)其译码输出端口是高电平有效,该设计采用了“正逻辑系统”,即用 1 或者高电平来代表逻辑真,具体信息可以参考相关的芯片手册。

2. 3 线-8 线译码器

顾名思义,该译码器将 3 位二进制输入信号转换成 8 个唯一的输出信号。这种译码器通常用于地址译码、多路选择器,以及其他需要将二进制代码转换为多个输出信号的应用场景中。下面按照设计的方法学习 3 线-8 线译码器的基本原理并介绍两款译码器芯片。

(1)3 线-8 线译码器设计实现

①分析设计要求,进行逻辑抽象。3 线-8 线译码器有 3 个输入变量,分别用 A、B 和 C 表示,其中 C 为输入变量的最高位,A 为输入变量的最低位。译码输出变量有 8 个,分别用 $Y_0, Y_1, \cdots, Y_7$ 表示,当某一变量取值为 1 时表示该路信号是有效的;取值为 0 时表示该路信号是无效的。当使能端口 S 接高电平时,译码器进行译码;当使能端口 S 接低电平时,电路拒绝译码。

②列真值表。根据抽象功能描述,该译码器真值表的详细功能参见表 3.12。

表 3.12　3 线-8 线译码器真值表

译码输入				译码输出							
S	C	B	A	Y_0	Y_1	Y_2	Y_3	Y_4	Y_5	Y_6	Y_7
0	×	×	×	0	0	0	0	0	0	0	0
1	0	0	0	1	0	0	0	0	0	0	0
1	0	0	1	0	1	0	0	0	0	0	0
1	0	1	0	0	0	1	0	0	0	0	0
1	0	1	1	0	0	0	1	0	0	0	0
1	1	0	0	0	0	0	0	1	0	0	0
1	1	0	1	0	0	0	0	0	1	0	0
1	1	1	0	0	0	0	0	0	1	1	0
1	1	1	1	0	0	0	0	0	0	0	1

③写逻辑表达式并化简。从表 3.3 可以看出，当 $S=0$ 时，$Y_0,Y_1,\cdots,Y_7$输出全部为 0，译码器处于拒绝译码状态。当 $S=1$ 时，译码器开始译码，译码输出的逻辑表达式为：

$$\begin{cases}Y_0=\overline{A}\,\overline{B}\,\overline{C}\cdot S\\ Y_1=A\overline{B}\,\overline{C}\cdot S\\ Y_2=\overline{A}B\overline{C}\cdot S\\ Y_3=AB\overline{C}\cdot S\\ Y_4=\overline{A}\,\overline{B}C\cdot S\\ Y_5=A\overline{B}C\cdot S\\ Y_6=\overline{A}BC\cdot S\\ Y_7=ABC\cdot S\end{cases} \Rightarrow \begin{cases}Y_0=m_0\\ Y_1=m_1\\ Y_2=m_2\\ Y_3=m_3\\ Y_4=m_4\\ Y_5=m_5\\ Y_6=m_6\\ Y_7=m_7\end{cases} \tag{3.21}$$

从式(3.21)可以看出，当 $S=1$ 时，每一个译码输出实际上是 3 个变量 A、B 和 C 的最小项。由此可以得出译码器高电平输出有效的结论为$Y_i=m_i$。

④画电路图。由式(3.23)可得到 3 线-8 线译码器的电路原理图，如图 3.26 所示。

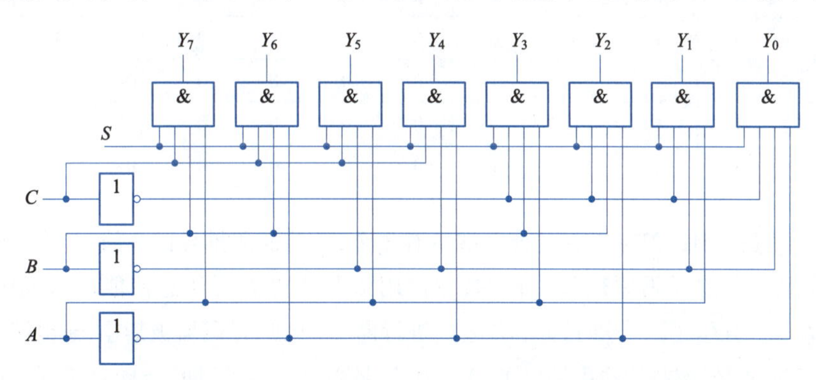

图 3.26　3 线-8 线译码器的电路原理图

思考题：表 3.12 所示真值表中如果是输出低电平有效，如何更改电路？输出公式是什么？采用组合逻辑电路设计的方法设计该电路。

(2)3 线-8 线译码器芯片举例

译码输出为高电平有效的 3 线-8 线译码器芯片型号为 74HCT238，图 3.27 所示为该芯片的引脚图和逻辑图。

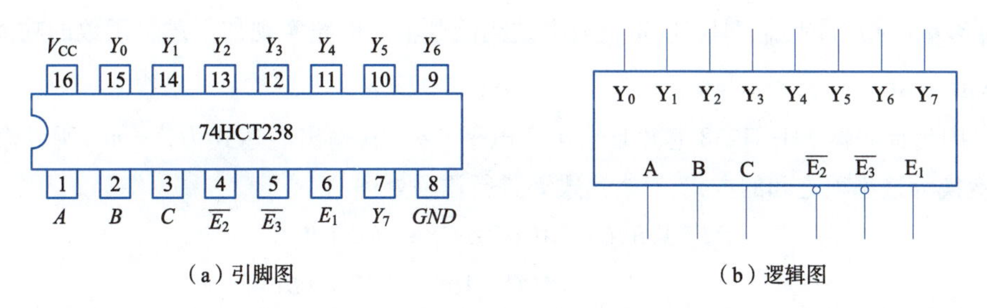

(a) 引脚图　　(b) 逻辑图

图 3.27　3 线-8 线译码器 74HCT238

图 3.27(a)中,74HCT238 芯片的1、2 和3 引脚是译码输入端口,芯片的15、13、…、9 和7 引脚是芯片的译码输出端口。芯片的4、5 和6 引脚为译码使能端口,分别用$\overline{E_2}$、$\overline{E_3}$和E_1来标识,用于控制该芯片是否进行译码。芯片的8 引脚为接地端口,用 *GND* 来标识;芯片的16 引脚为电源端口,用 V_{CC}来标识。74HCT238 芯片的具体功能见表 3.13。

表 3.13　74HCT238 真值表

输入						译码输出							
E_1	$\overline{E_2}$	$\overline{E_3}$	C	B	A	Y_0	Y_1	Y_2	Y_3	Y_4	Y_5	Y_6	Y_7
×	×	1	×	×	×	0	0	0	0	0	0	0	0
×	1	×	×	×	×	0	0	0	0	0	0	0	0
0	×	×	×	×	×	0	0	0	0	0	0	0	0
1	0	0	0	0	0	1	0	0	0	0	0	0	0
1	0	0	0	0	1	0	1	0	0	0	0	0	0
1	0	0	0	1	0	0	0	1	0	0	0	0	0
1	0	0	0	1	1	0	0	0	1	0	0	0	0
1	0	0	1	0	0	0	0	0	0	1	0	0	0
1	0	0	1	0	1	0	0	0	0	0	1	0	0
1	0	0	1	1	0	0	0	0	0	0	1	1	0
1	0	0	1	1	1	0	0	0	0	0	0	0	1

需要注意的是,74HCT238 芯片的使能端口有3 个,而前面所推导的3 线-8 线译码器只有一个使能端口,但二者的译码原理是一样的,在使用该芯片时需要注意使能端口的配置。根据表 3.13,当 $E_1=1$ 且$\overline{E_2}+\overline{E_3}=0$ 时,该芯片才能进行译码;否则,译码器被禁止,输出端全部为低电平。注意在使能情况,该芯片输出端口 $Y_0,Y_1,\cdots,Y_7$是高电平有效,即$Y_i=m_i$。有关 74HCT238 芯片更多原理性的内容介绍请参考该芯片的器件手册。

还有一种型号为 74LS138 的3 线-8 线译码器,其外围引脚与 74HCT238 芯片的引脚是兼容的(引脚功能一致),唯一的区别是 74LS138 芯片译码输出是低电平有效。在具体的电路设计过程中可以根据实际需求有针对性地选择合适型号的芯片。

思考题:图 3.27 所示的3 线-8 线译码器并没有使能端口,如何在此电路的基础上,利用适当的逻辑门再增加一个使能端口来完善该译码器?

例 3.6　试用译码器 74HCT238 芯片和适当的逻辑门电路实现如下逻辑函数的功能:$F(A,B,C)=AB+\overline{A}C$。

解:因为译码器 74HCT238 芯片是输出高电平有效,其输出表达式为$Y_i=m_i$,所以需要将 F 表达式变换为最小项之和的方式,对表达式 F 进行添项处理。

$$\begin{aligned}F(A,B,C)&=AB(C+\overline{C})+\overline{A}(B+\overline{B})C\\&=ABC+AB\overline{C}+\overline{A}BC+\overline{A}\overline{B}C\\&=m_7+m_6+m_3+m_1\\&=Y_7+Y_6+Y_3+Y_1\end{aligned}$$

3 线-8 线译码器每一个译码输出实际上是 3 个变量 A、B 和 C 的最小项，因此逻辑函数 $F(A,\ B,\ C)=AB+\overline{A}C$ 可以使用 74HCT238 芯片的译码输出端信号 Y_1、Y_3、Y_6 和 Y_7，将这 3 个输出信号经过一个 3 输入或门便实现了逻辑函数 F 的功能。具体电路如图 3.28 所示。

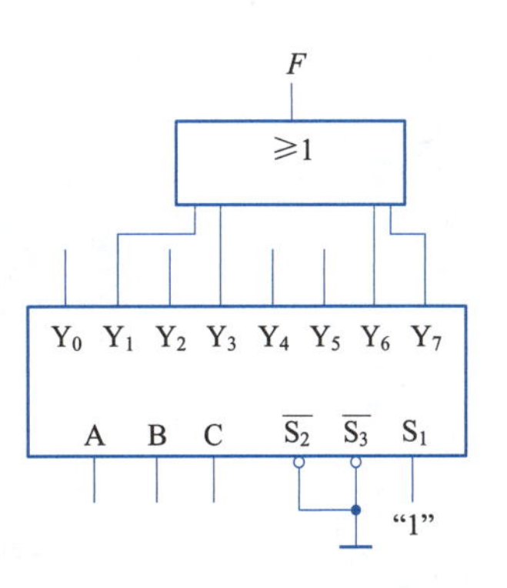

图 3.28　例 3.6 的电路图

思考题：对于例 3.6，可知利用高电平输出有效的译码器和或门实现对应的逻辑函数，思考能否用利用高电平输出有效的译码器和或非门实现 F 函数呢？

例 3.7　试用译码器 74LS138 芯片和适当的逻辑门电路实现如下逻辑函数的功能 $F(A,\ B,\ C)=\overline{A}B+A\overline{B}\,\overline{C}$。

解：因为译码器 74LS138 芯片是输出低电平有效，其对应的输出表达式为$\overline{Y_i}=\overline{m_i}$，所以想办法将 F 表达式变换为最小项之和的方式，然后变换成最小项的非再与非的形式，所以对表达式 F 进行添项处理。

视频　译码器实现表决电路

视频　译码器实现的四种方法

$$
\begin{aligned}
F(A,B,C)&=\overline{A}B(C+\overline{C})+A\overline{B}\,\overline{C}\\
&=\overline{A}BC+\overline{A}B\overline{C}+A\overline{B}\,\overline{C}\\
&=m_2+m_3+m_4\\
&=\overline{\overline{m_2+m_3+m_4}}\\
&=\overline{\overline{m_2}\cdot\overline{m_3}\cdot\overline{m_4}}\\
&=\overline{\overline{Y_2}\cdot\overline{Y_3}\cdot\overline{Y_4}}
\end{aligned}
$$

根据上面的变换，将函数的变量 A、B、C 分别与译码器的输入 A、B、C 相连，并令译码器使能端使能，输出信号$\overline{Y_2}$、$\overline{Y_3}$、$\overline{Y_4}$与非门的输入相连，即可实现给定函数 F 的功能。具体逻辑电路如图 3.29 所示。

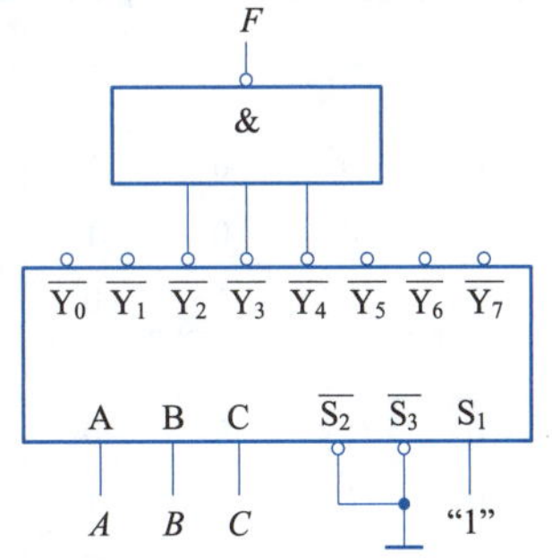

图 3.29　例 3.7 的电路图

思考题：对于例 3.7，可知利用低电平输出有效的译码器和与非门实现对应的逻辑函数，思考能否利用低电平输出有效的译码器和与门实现 F 函数？

前面的组合逻辑电路设计 3.3 节的例 3.2 中描述三人的表决器电路。现在可以用 74LS138 芯片译码器来实现。具体的实现过程在此不详细列出，仅列出用 Proteus 仿真软件画出的仿真图，如图 3.30 所示。通过软件仿真验证逻辑的正确性，学生可以仿真实验现象：当电路板焊接完成后，通上 +5 V 电源，分别同时按下按钮 S1、S2，S2、S3，S1、S3 或 S1、S2、S3，观察到发光二极管均能点亮，且当分别只按下 S1、S2、S3 三个按钮中的任意一个时，观察到此时发光二极管均不能点亮。通过上述实验现象结果分析判断此电路的逻辑功能正确。

（3）二-十进制译码器芯片举例

二-十进制译码器的功能是将 BCD 编码的十进制数翻译成十路不同的高低电平输出。由于该译码器的译码输入端是 4 位 BCD 编码的二进制数，译码输出是十路不同的高低电平，因此二-十进制译码器又称为 4 线-10 线译码器。典型的 4 线-10 线译码器芯片有 CD4028 和 74LS42。本节主要介绍 CD4028 芯片，该芯片的引脚图如图 3.31 所示。

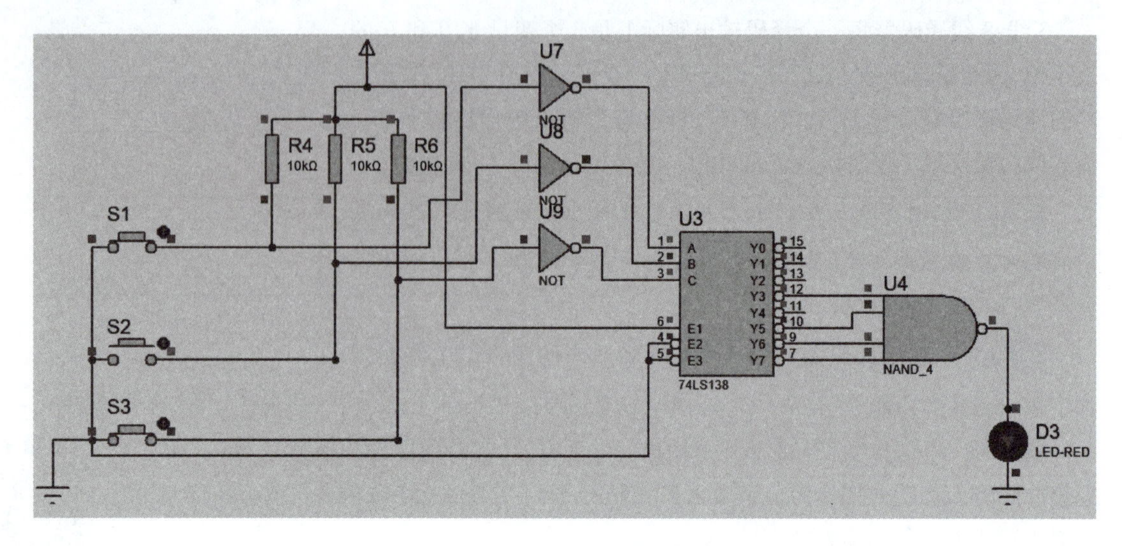

图 3.30　例 3.2 中译码器实现三人表决电路

CD4028 芯片的 10、11、12 和 13 引脚是译码输入端口，10 引脚是最低位，13 引脚是最高位。1 ~ 7、9、14 和 15 引脚是译码输出端口。该芯片没有使能控制端口，只要接入电源，会实时地将输入端口数据译码输出。表 3.14 所示为该芯片的真值表，可以看出，CD4028 芯片的译码输出端是高电平有效。

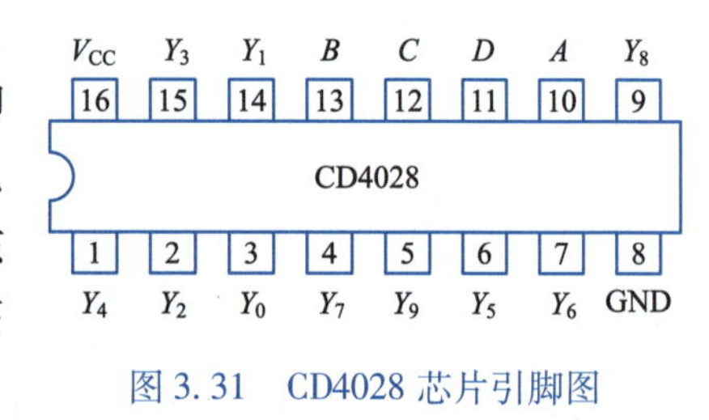

图 3.31　CD4028 芯片引脚图

表 3.14　CD4028 芯片真值表

输入				输出										
D	C	B	A	Y_0	Y_1	Y_2	Y_3	Y_4	Y_5	Y_6	Y_7	Y_8	Y_9	状态
0	0	0	0	1	0	0	0	0	0	0	0	0	0	有效译码输出
0	0	0	1	0	1	0	0	0	0	0	0	0	0	
0	0	1	0	0	0	1	0	0	0	0	0	0	0	
0	0	1	1	0	0	0	1	0	0	0	0	0	0	
0	1	0	0	0	0	0	0	1	0	0	0	0	0	
0	1	0	1	0	0	0	0	0	1	0	0	0	0	
0	1	1	0	0	0	0	0	0	0	1	0	0	0	
0	1	1	1	0	0	0	0	0	0	0	1	0	0	
1	0	0	0	0	0	0	0	0	0	0	0	1	0	
1	0	0	1	0	0	0	0	0	0	0	0	0	1	
1	0	1	0	0	0	0	0	0	0	0	0	0	0	无效状态
1	0	1	1	0	0	0	0	0	0	0	0	0	0	
1	1	0	0	0	0	0	0	0	0	0	0	0	0	
1	1	0	1	0	0	0	0	0	0	0	0	0	0	
1	1	1	0	0	0	0	0	0	0	0	0	0	0	
1	1	1	1	0	0	0	0	0	0	0	0	0	0	

在表 3.14 中，当译码输入的 4 位二进制数的范围是 1010 ~ 1111 时，CD4028 芯片拒绝译码，此时译码输出端口 $Y_0, Y_1, \cdots, Y_9$ 输出全部为 0。同样能够实现 4 线-10 线译码器的芯片还有 74LS42，但 74LS42 的译码输出均是低电平有效。此外，74LS42 的引脚与 CD4028 的引脚并不兼容，在使用时需要注意。有关 74LS42 芯片更多的内容可参考该芯片的器件手册。

3.5.4　显示译码器

显示译码器是一种专门用于将数字或字符的二进制代码转换为特定格式的输出信号，以便驱动显示器（如 LED 显示器或 LCD 显示器）显示相应数字或字符的数字逻辑电路。显示译码器通常用于数字钟表、计算器、仪表盘等各种显示设备中。目前，使用比较广泛的数值显示器件是七段数码管，简称数码管。数码管示意图如图 3.32 所示。

（a）实物图

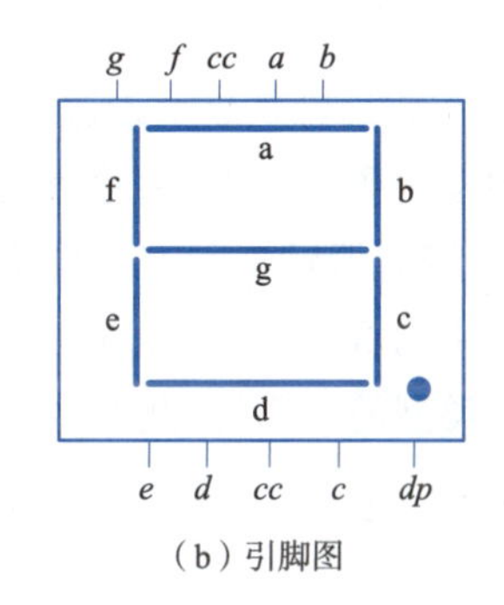

（b）引脚图

（c）字形图

图 3.32　数码管示意图

图 3.32 给出了数码管的实物图、段位分布图和字形图。从数码管的实物图可以看出，数码管是由七段发光的“线段”构成，在数码管的右下角有个“小数点”。实际上，这 7 个段位和一个“小数点”内部各有 1 个发光二极管，当给某些“线段”加上一定的驱动电压时，这些段位就会发光并显示出相应的十进制数码。对于一些大尺寸的数码管，其每 1 个段位内部是由若干个 LED 以串联或者串并组合的形式连接。图 3.32(a) 为实物图，图 3.32(b) 为引脚图，一位数码管共有 10 个引脚，分上下两排，每排 5 个引脚。这 10 个引脚中，有 8 个引脚分别接数码管的 7 个段位和 1 个“小数点”（dp，用于控制小数点的亮灭），剩余 2 个引脚是公共端口 cc（common cathode，公共阴极）或 an（common anode，公共阳极）。至于每个引脚具体连接的是哪个段位，不同的数码管生产厂家所定义的引脚图可能有所不同，在使用过程中需要注意。

图 3.32(b) 是数码管的段位分布图，每一个“线段”用不同的字母标识。数码管最上面横向的那个“线段”用字母 a 来标识，然后按照顺时针方向依次将经过的段位用字母 b、c、d、e 和 f 来标识，中间的横向段位用字母 g 来标识。当给这些段位接入相应的驱动电压时，数码管发光的段位就构成了一个具体的数字，如图 3.32(c) 所示。

数码管有共阴极和共阳极之分。所谓共阴极数码管是指其每一个段位内部的发光二极管的阴极全部连接在一起并作为公共端口。在使用时，共阴极数码管的公共端口接低电平，当某一个段位接入高电平时，这个段位就会发光。而共阳极数码管是指其每一个段位内部的发光二极管的阳极全部连接在一起作为公共端口。共阳极数码管在使用时，其公共端口接高电平，当某一个段位接入低电平时，这个段位就会发光。数码管电路如图 3.33 所示。

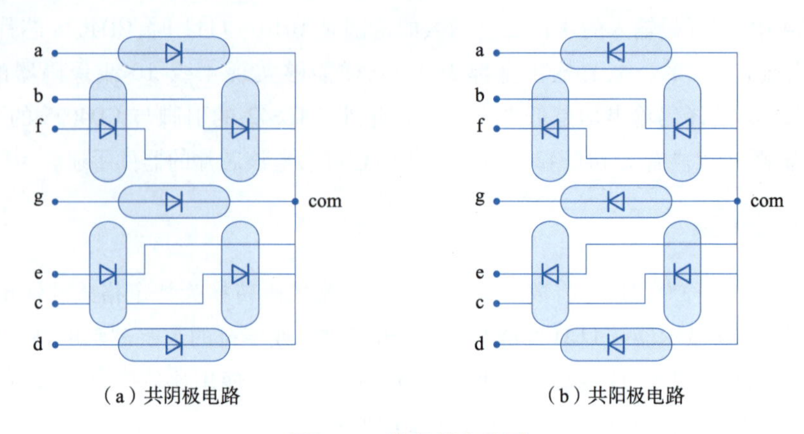

图 3.33　数码管电路图

数字电路是用二进制数来表示数值，而数码管是显示十进制数的器件。因此，需要一个能够将 BCD 编码的二进制数转换为能够驱动数码管的器件，这就是显示译码器。由于数码管有共阳极和共阴极之分，因此需要注意显示译码器输出的有效电平。如果要驱动共阴极类型的数码管，此时要求显示译码器的译码输出为高电平有效，典型的芯片型号有 7448、74LS48、74LS248 和 CD4511。如果要驱动共阳极类型的数码管，此时要求显示译码器的译码输出为低电平有效，典型的芯片型号有 7447、74LS47 和 74LS247。本节将介绍 74LS48 和 CD4543 这两款芯片。

1. 显示译码器设计实现

(1)分析设计要求，进行逻辑抽象

实现输出为高电平有效的显示译码器。实际显示译码器是一款 4 线-7 线译码器，即输入的是 4 位 8421BCD 编码的二进制信号，这 4 个输入变量分别用 D、C、B 和 A 来表示，D 是最高位，A 是最低位。显示译码器有 7 个输出端口，用 Y_a、Y_b、Y_c、Y_d、Y_e、Y_f和 Y_g来表示，这 7 个端口分别接数码管的 7 个段位。具体而言，显示译码器的 Y_a端口接数码管 a 段位所对应的引脚；Y_b端口接数码管 b 段位所对应的引脚；依此类推，Y_g端口接数码管 g 段位所对应的引脚。显示译码器的输入/输出关系可以用图 3.34 来表示。

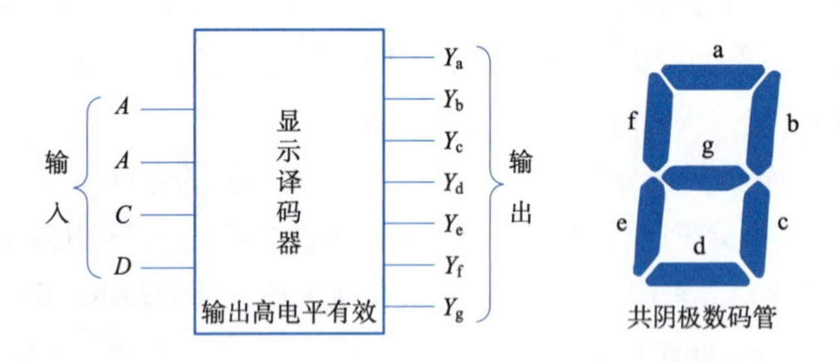

图 3.34　显示译码器输入/输出关系

(2)列真值表

根据图 3.34 和图 3.32(c)所示的字形图，如果要想使共阴极数码管显示数字 1，那么数码管的 b 和 c 段位应该接入高电平，其余段位接低电平。也就是说，显示译码器的输出为 $Y_aY_bY_cY_dY_eY_fY_g=0110000$。如果要想使共阴极数码管显示数字 2，那么数码管的 a、b、g、e 和 d 段位应该接入高电平，其余段位接低电平，即显示译码器的输出为 $Y_a Y_b Y_c Y_d Y_e Y_f Y_g = 1101101$。依此类推，对于其他字符可以得到如下真值表 3.15，若输入二进制数是 1010 ~ 1111，显示译码器拒绝译码。

表 3.15　显示译码器真值表

输　入				输　出							
D	C	B	A	Y_a	Y_b	Y_c	Y_d	Y_e	Y_f	Y_g	显示
0	0	0	0	1	1	1	1	1	1	0	0
0	0	0	1	0	1	1	0	0	0	0	1
0	0	1	0	1	1	0	1	1	0	1	2
0	0	1	1	1	1	1	1	0	0	1	3
0	1	0	0	0	1	1	0	0	1	1	4
0	1	0	1	1	0	1	1	0	1	1	5
0	1	1	0	1	0	1	1	1	1	1	6
0	1	1	1	1	1	1	0	0	0	0	7
1	0	0	0	1	1	1	1	1	1	1	8
1	0	0	1	1	1	1	1	0	1	1	9
1	0	1	0	×	×	×	×	×	×	×	拒绝译码
1	0	1	1	×	×	×	×	×	×	×	
1	1	0	0	×	×	×	×	×	×	×	
1	1	0	1	×	×	×	×	×	×	×	
1	1	1	0	×	×	×	×	×	×	×	
1	1	1	1	×	×	×	×	×	×	×	

（3）写逻辑表达式并化简

需要注意的是，在表 3.15 中，显示译码器输入端的有效输入数据是 0000 ~ 1001 这 10 个 BCD 编码数据。4 位二进制数一共有 16 个状态，当输入的数据是 1010 ~ 1111 时，显示译码器拒绝译码。接下来采用卡诺图得到译码输出 $Y_a \sim Y_g$ 的逻辑表达式。这里只给出 Y_a、Y_b 和 Y_c 的卡诺图，如图 3.35 所示。

根据卡诺图，得到如下逻辑表达式：

$$\begin{cases} Y_a = B + D + CD + \overline{A}\,\overline{C} \\ Y_b = \overline{A} + \overline{C} + AB \\ Y_c = A + \overline{B} + C \\ Y_d = D + \overline{A}\,\overline{C} + \overline{A}B + B\overline{C} + A\overline{B}C \\ Y_e = \overline{A}\,\overline{C} + \overline{A}B \\ Y_f = D + \overline{A}\,\overline{B} + \overline{B}C + \overline{A}C \\ Y_g = D + \overline{A}B + \overline{B}C + B\overline{C} \end{cases} \tag{3.22}$$

（4）画电路图

根据式（3.22）画出显示译码器的电路图，如图 3.36 所示。

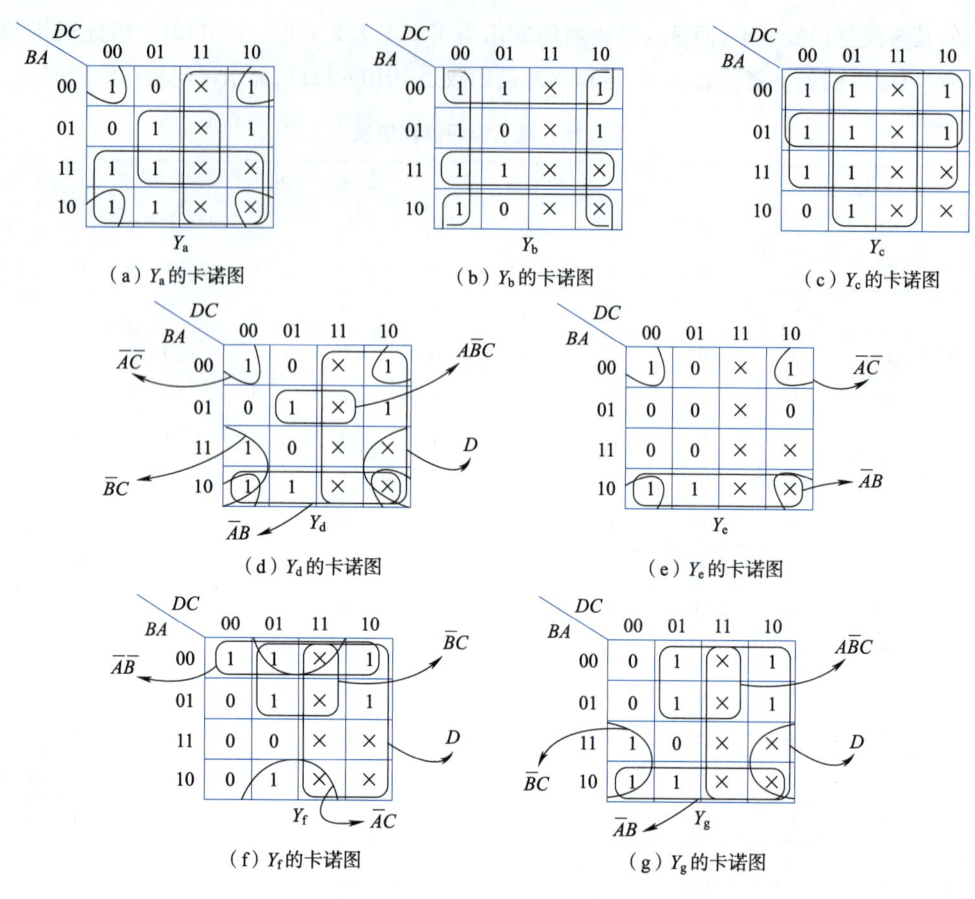

图 3.35 显示译码器的卡诺图

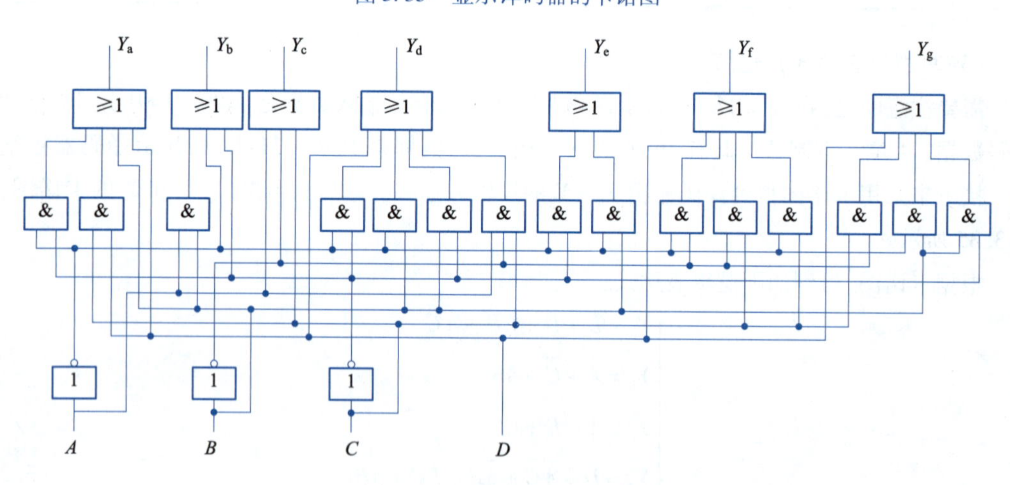

图 3.36 显示译码器电路图

图 3.36 只是一个理论层面上的显示译码器电路图，实际的显示译码器芯片还会有一些控制端口。

(5)仿真电路图

用 Proteus 仿真软件仿真验证显示译码器的正确性，学习电路的测试验证方法。采用一片译码器 7448 控制一个数码管显示相应的字形，共阴极数码管验证如图 3.37 所示。

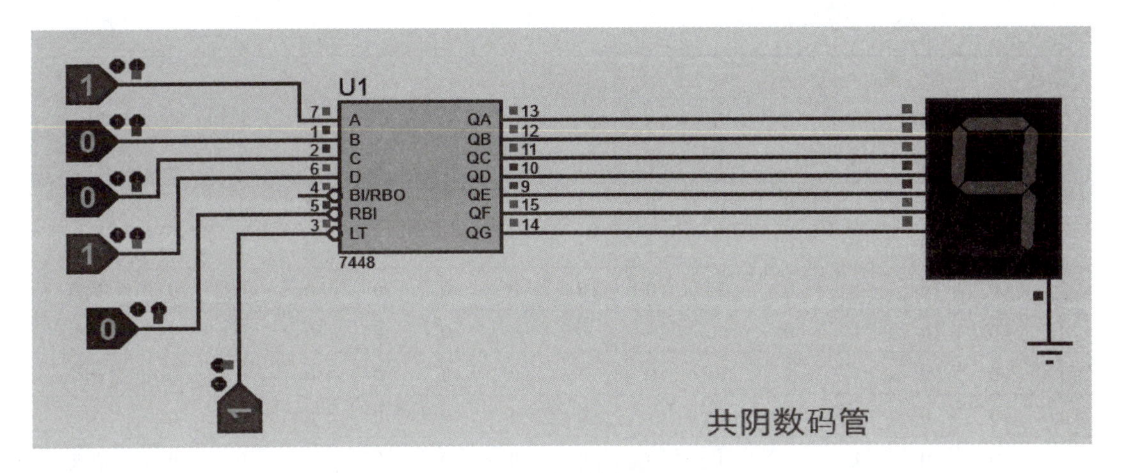

图3.37　数码管仿真图

2. 显示译码器芯片举例

当前使用最为广泛的显示译码器是CD4543，一方面是其价格便宜，更重要的是其功能更加丰富，不但可以驱动共阴极数码管，还可以驱动共阳极数码管。图3.38所示为该芯片的引脚图。

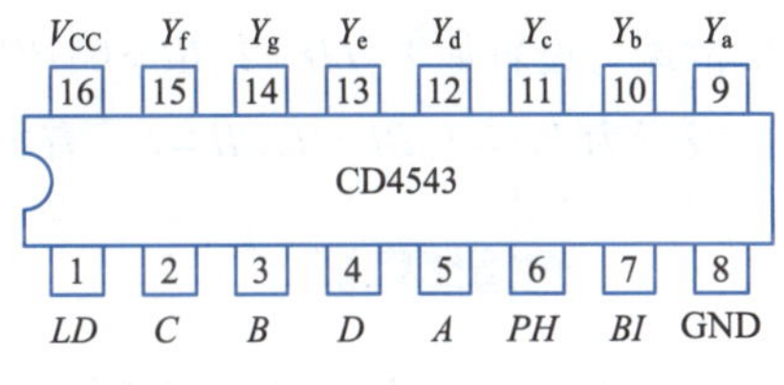

图3.38　CD4543芯片引脚图

CD4543芯片不但可以驱动共阴（阳）极类型的数码管，还可以驱动LCD类型的数码管。现结合该芯片的引脚图（见图3.38）和真值表（表3.16）分析其功能。A、B、C和D为BCD码输入端口，A为最低位，D为最高位。Y_a，Y_b，…，Y_f为译码输出端口，用于连接数码管。LD为数据锁存端口，当$LD=0$时，会锁定并输出上一次数码管所显示的内容。正常使用显示译码功能时，该引脚须接高电平。BI为消隐控制端口，当$BI=1$且$PH=0$时，译码输出端Y_a，Y_b，…，Y_f全部输出低电平，实现消隐功能（相对于共阴极数码管而言）。PH是器件类型选择端口，若要驱动共阴极LED数码管，PH接低电平；若要驱动共阳极LED数码管，PH接高电平；若要驱动LCD数码管，该端口接方波。具体功能详见表3.16。

表3.16　CD4543真值表

输　入							输　出							
LD	BI	PH	D	C	B	A	Y_a	Y_b	Y_c	Y_d	Y_e	Y_f	Y_g	显示
×	1	0	×	×	×	×	0	0	0	0	0	0	0	消隐
1	0	0	0	0	0	0	1	1	1	1	1	1	0	0
1	0	0	0	0	0	1	0	1	1	0	0	0	0	1
1	0	0	0	0	1	0	1	1	0	1	1	0	1	2
1	0	0	0	0	1	1	1	1	1	1	0	0	1	3
1	0	0	0	1	0	0	0	1	1	0	0	1	1	4
1	0	0	0	1	0	1	1	0	1	1	0	1	1	5
1	0	0	0	1	1	0	0	0	1	1	1	1	1	6

续表

输入							输出							
LD	*BI*	*PH*	*D*	*C*	*B*	*A*	Y_a	Y_b	Y_c	Y_d	Y_e	Y_f	Y_g	显示
1	0	0	0	1	1	1	1	1	1	0	0	0	0	7
1	0	0	1	0	0	0	1	1	1	1	1	1	1	8
1	0	0	1	0	0	1	1	1	1	0	0	1	1	9
1	0	0	1	0	1	0	0	0	0	0	0	0	0	闪烁
1	0	0	1	0	1	1	0	0	0	0	0	0	0	闪烁
1	0	0	1	1	0	0	0	0	0	0	0	0	0	闪烁
1	0	0	1	1	0	1	0	0	0	0	0	0	0	闪烁
1	0	0	1	1	1	0	0	0	0	0	0	0	0	闪烁
1	0	0	1	1	1	1	0	0	0	0	0	0	0	闪烁
0	0	0	×	×	×	×	取决于前面 $LD=1$ 时的 BCD 编码							锁定

表 3.16 是驱动共阴极类型数码管的真值表，由该表可知，若要执行正常的显示译码功能，相应的端口设置如下：$LD=1,BI=0,PH=0$。如果使用该芯片来驱动共阳极类型的数码管，相应端口设置为 $LD=1,BI=0,PH=1$。有关 CD4543 芯片更多的内容可参考该芯片的器件手册。

3.5.5 数值比较器

数值比较器用于比较两个相同位数的二进制数的大小或者判断它们是否相等。这种比较器广泛应用于各种数字系统中，如计算机、微处理器、计算器等。下面通过设计一位数值比较器电路了解一下基本原理。

1. 一位数值比较器设计实现

(1)分析设计要求，进行逻辑抽象

该电路比较两个二进制数的大小，用 A 和 B 来表示这两个二进制数的输入，3 个输出端作为比较的结果用 F 来表示。具体来说，当 $A>B$ 时，$F_{(A>B)}=1$；当 $A<B$ 时，$F_{(A<B)}=1$；当 $A=B$ 时，$F_{(A=B)}=1$。

(2)列真值表

根据抽象及功能要求，其真值表见表 3.17。

表 3.17 数值比较器真值表

A	B	$F_{(A>B)}$	$F_{(A<B)}$	$F_{(A=B)}$
0	0	0	0	1
0	1	0	1	0
1	0	1	0	0
1	1	0	0	1

(3)写逻辑表达式并化简

根据表 3.17 可以很容易得到如下逻辑表达式：

$$\begin{cases} F_{(A>B)} = A\overline{B} = A\overline{B} + A\overline{A} = A(\overline{A} + \overline{B}) = A\overline{AB} \\ F_{(A<B)} = \overline{A}B = \overline{A}B + B\overline{B} = B(\overline{A} + \overline{B}) = B\overline{AB} \\ F_{(A=B)} = AB + \overline{A}\,\overline{B} = \overline{\overline{AB}} + \overline{A+B} = \overline{\overline{AB}(A+B)} = \overline{A\overline{AB} + B\overline{AB}} \end{cases} \tag{3.23}$$

(4)画电路图

由式(3.23)可得到 1 位数值比较器的电路图,如图 3.39 所示。

一位数值比较器只能对两个一位二进制数进行比较。而实用的比较器一般是多位的。通常的方法是用一位比较器先将高位比较,如果高位相等,则比较低位,最后输出逻辑的结果。下面以二位为例讨论这种数值比较器的工作原理。这次不按照组合逻辑常规设计方法,采用方法如下。

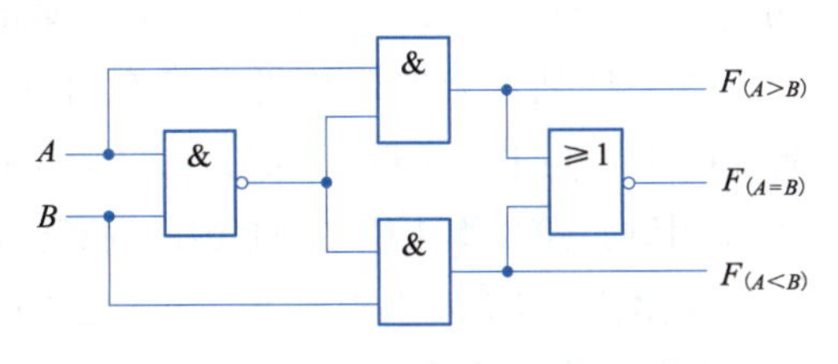

图 3.39　数值比较器电路图

2. 二位数值比较器设计实现

假设二位比较数值分别 A_1A_0 和 B_1B_0,比较的结果$F_{(A=B)}$等于用 E 表示,$F_{(A>B)}$大于用 L 表示,小于$F_{(A<B)}$小于用 R 表示,根据功能描述来判断,其步骤如下:

①判断 A_1A_0 是否等于 B_1B_0。若 $A_1 = B_1$ 且 $A_0 = B_0$,则 $E = 1$,即 $A_1A_0 = B_1B_0$。可以使用同或门来判断(A_1)和(B_1)是否相等,以及(A_0)和(B_0)是否相等。如果两个同或门的输出均为 1,则说明($A_1 = B_1$)且($A_0 = B_0$),此时($E = 1$)。

②判断 A_1A_0 大于 B_1B_0 否。若 $A_1 > B_1$,或者 $A_1 = B_1$ 而 $A_0 > B_0$,则 $L = 1$,即 $A_1A_0 > B_1B_0$。该逻辑用这个表达式 $A_1 \cdot \overline{B_1} + (A_1 \odot B_1) \cdot (A_0 \cdot \overline{B_0})$这里包含了两部分逻辑:($A_1 > B_1$),即($A_1 = 1$)且($B_1 = 0$)。其次($A_1 = B_1$)且($A_0 > B_0$),即($A_1 = B_1$)且($A_0 = 1$)且($B_0 = 0$)。

③如果以上①,②都不成立,则必然是 $R = 1$,即 $A_1A_0 < B_1B_0$。

根据上述①,②,③便可得两个二进制数比较器的一组函数表达式:

$$E = (A_1 \odot B_1) \cdot (A_0 \odot B_0)$$

$$L = A_1 \cdot \overline{B_1} + (A_1 \odot B_1) \cdot (A_0 \cdot \overline{B_0})$$

$$R = \overline{E} \cdot \overline{L}$$

根据表达式便可设计出逻辑图如图 3.40 所示。

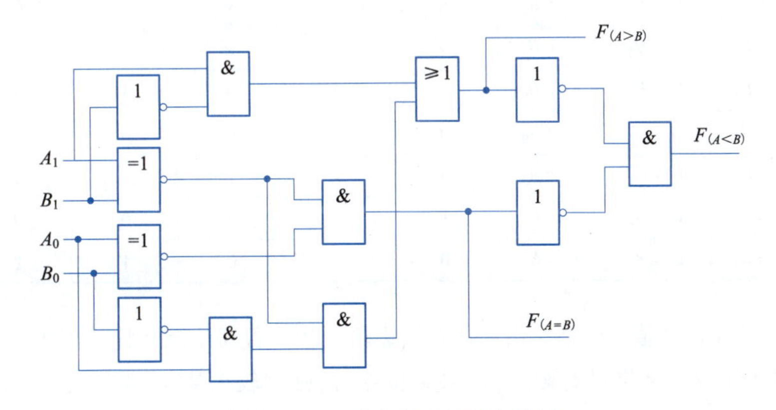

图 3.40　二值数值比较器电路图

目前常用的数值比较器芯片有74LS85和CD4585，这两款芯片都是4位数值比较器芯片。另外，还有8位数值比较器芯片74LS686。本节主要介绍74LS85芯片，图3.41所示为该芯片的引脚图。

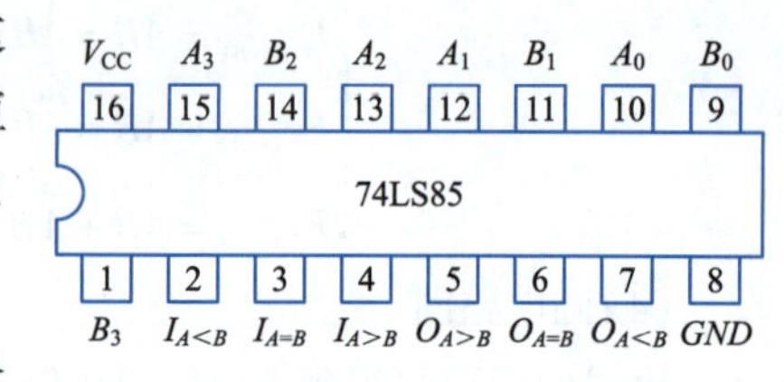

图3.41　74LS85芯片引脚图

思考题：对于上面的例子用两个一位数值比较器来构成一个两位数值比较器该如何设计电路图？

图3.41所示为74LS85芯片示意图及引脚标识文字。V_{CC}(16引脚)：电源正极，通常接+5 V。A_3(15引脚)：第一组4位二进制数的最高位输入(A_3)。B_3(1引脚)：第二组4位二进制数的最高位输入(B_3)。A_2(13引脚)：第一组4位二进制数的次高位输入(A_2)。B_2(14引脚)：第二组4位二进制数的次高位输入(B_2)。A_1(12引脚)：第一组4位二进制数的次低位输入(A_1)。B_1(11引脚)：第二组4位二进制数的次低位输入(B_1)。A_0(10引脚)：第一组4位二进制数的最低位输入(A_0)。B_0(9引脚)：第二组4位二进制数的最低位输入(B_0)。$I(A<B)$(2引脚)：级联比较输入端，用于从上一级传递$A<B$的状态。$I(A=B)$(3引脚)：级联比较输入端，用于从上一级传递$A=B$的状态。$I(A>B)$(4引脚)：级联比较输入端，用于从上一级传递$A>B$的状态。$O(A>B)$(5引脚)：比较结果输出，当$A>B$时输出高电平。$O(A=B)$(6引脚)：比较结果输出，当$A=B$时输出高电平。$O(A<B)$(7引脚)：比较结果输出，当$A<B$时输出高电平。GND(8引脚)：接地端。该芯片的真值表见表3.18。

表3.18　74LS85芯片真值表

比较输入				级联输入			比较输出		
A_3、B_3	A_2、B_2	A_1、B_1	A_0、B_0	$I_{A>B}$	$I_{A<B}$	$I_{A=B}$	$O_{A>B}$	$O_{A<B}$	$O_{A=B}$
$A_3>B_3$	×	×	×	×	×	×	1	0	0
$A_3<B_3$	×	×	×	×	×	×	0	1	0
$A_3=B_3$	$A_2>B_2$	×	×	×	×	×	1	0	0
$A_3=B_3$	$A_2<B_2$	×	×	×	×	×	0	1	0
$A_3=B_3$	$A_2=B_2$	$A_1>B_1$	×	×	×	×	1	0	0
$A_3=B_3$	$A_2=B_2$	$A_1<B_1$	×	×	×	×	0	1	0
$A_3=B_3$	$A_2=B_2$	$A_1=B_1$	$A_0>B_0$	×	×	×	1	0	0
$A_3=B_3$	$A_2=B_2$	$A_1=B_1$	$A_0<B_0$	×	×	×	0	1	0
$A_3=B_3$	$A_2=B_2$	$A_1=B_1$	$A_0=B_0$	1	0	0	1	0	0
$A_3=B_3$	$A_2=B_2$	$A_1=B_1$	$A_0=B_0$	0	1	0	0	1	0
$A_3=B_3$	$A_2=B_2$	$A_1=B_1$	$A_0=B_0$	×	×	1	0	0	1
$A_3=B_3$	$A_2=B_2$	$A_1=B_1$	$A_0=B_0$	1	1	0	0	0	0
$A_3=B_3$	$A_2=B_2$	$A_1=B_1$	$A_0=B_0$	0	0	0	1	1	0

根据表3.18，4位数值比较器是由高位开始逐位比较。若高位能够比较出大小，则低于该位的各位大小对于比较的结果没有影响；如果高位相等，则比较次高位；类似地，一直比较到最低位。如果4位的比较结果都相等，此时需要考虑级联输入的信号。有关74LS85芯片的电路原理图以及更多相关内容可参考该芯片的器件手册。

习　题

一、选择题

1. 下列(　　)电路是组合逻辑电路。

A. 计数器　B. 寄存器　C. 译码器　D. 移位寄存器

2. 组合逻辑电路的输出仅取决于(　　)。

A. 过去的输入　B. 过去的输出　C. 当前的输入　D. 内部存储状态

3. 下列(　　)不是组合逻辑电路的组成部分。

A. 与门　B. 或门　C. 触发器　D. 非门

4. 若编码器需要对50个数据进行编码,则该编码器输出的二进制代码位数为(　　)。

A. 5　B. 6　C. 7　D. 8

5. 将8线-3线编码器扩展为16线-4线编码器,需要(　　)片74LS38编码器。

A. 2　B. 3　C. 4　D. 8

6. 以下不是组合逻辑电路消除竞争冒险的方法是(　　)。

A. 修改逻辑　B. 接入滤波电容　C. 引入选通脉冲　D. 加缓冲电路

7. 全加器与半器的区别是(　　)。

A. 全加器、半加器都要考虑低位来的进位

B. 半加器要考虑低位来的进位,全加器则不需要考虑

C. 全加器、半加器都不用考虑低位来的进位

D. 全加器要考虑低位来的进位,半加器则不需要考虑

8. 74LS138的使能端S_1、$\overline{S_2}$、$\overline{S_3}$取值为(　　)时,芯片处于工作状态。

A. 100　B. 011　C. 101　D. 010

9. 下列(　　)方法不是用来简化组合逻辑电路的。

A. 卡诺图　B. 布尔代数　C. 真值表　D. 状态机

10. 将4位BCD码的十组代码翻译成0～9十个对应的输出信号的电路,称为(　　)译码器。

A. 2线-4线　B. 4线-2线　C. 10线-4线　D. 4线-10线

二、填空题

1. 一位加法器按照功能不同可分为半加器和________。
2. 半加器的求和输出端S和输入端A、B的逻辑关系是________。
3. 在组合逻辑电路中,输出的任何变化都是由于________的变化。
4. 当多个门电路的输出同时驱动一个负载时,可能会出现________现象。
5. 当输入信号改变状态时,输出端可能出现虚假过度干扰脉冲的现象称为________。
6. 5变量输入译码器,其译码输出信号最多应有________个。
7. 优先编码器74LS38的选通输入端接________电平时,编码器才能正常工作。
8. 一个基本的逻辑门,当所有输入均为0时,输出为1,这个逻辑门是________。

9. 如果一个译码器有 n 个输入，则它最多可以产生________个不同的输出信号。

10. 共阳极 LED 数码管应由输出有效电平为________的译码器来驱动。

三、分析设计题

1. 分析图 3.42 所示的逻辑电路的功能，列出真值表。

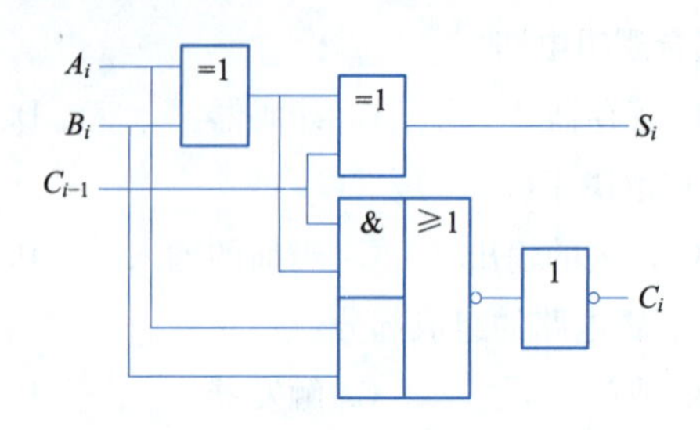

图 3.42　逻辑电路图

2. 有 A、B、C 三个输入信号，如果三个输入信号均为 0 或其中一个为 1 时，输出信号 $Y=1$；其余情况下，输出 $Y=0$，设计该电路。

3. 设计一个组合逻辑电路，用于判断输入的四位二进制数是否大于 9。

4. 设计一个四舍五入电路。该电路输入为 1 位十进制的 8421 码，当其值大于或等于 5 时，输出 F 的值为 1，否则 F 的值为 0。

5. 设计一个判断一位十进制数能被 3 整除的电路，要求十进数用 8421BCD 码表示。

6. 设计一个三变量的奇偶校验电路，即当输入变量 A、B、C 中有偶数个 1 时，其输出为 1；否则输出为 0。

7. 试用 74LS138 和适当的门电路实现逻辑函数 $Z=F(A,B,C)=\sum m(0,2,4,5,6,7,8)$。

8. 试用 74HCT238 芯片和适当的门电路实现逻辑函数：$L=AB+BC$。

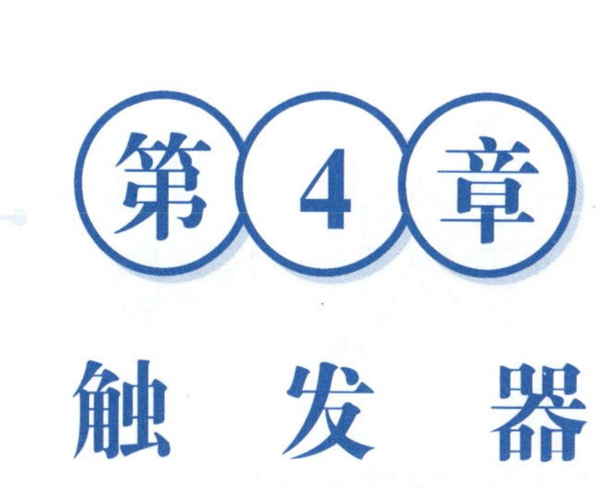

第4章 触发器

引　言

在前两个章节分别介绍了逻辑门电路和组合逻辑电路，它们的共同特点是电路输出的状态仅取决于当前时刻的输入状态，而与电路以前的状态无关，即电路没有记忆功能。然而，在很多数字电路中，不但需要对数字信号进行算术和逻辑运算，还需要将这些数字信号及其运算的中间结果临时保存起来，便于后续逻辑运算使用，最终实现各种复杂的逻辑运算和逻辑控制。因此，电路中需要一个存储数据的装置。本章介绍最基本的存储记忆部件——触发器。触发器是一种具有记忆功能的逻辑部件，具有两个稳定的输出状态(0 态和 1 态)，在外界输入信号的激励下，其输出状态会发生改变。一个触发器能够存储一位二进制数。触发器具有存储二进制信息，实现信号的同步、传输和处理等功能。

根据生产生活需要，迄今为止人们研制出了许多种触发器。触发器按照其电路结构的不同可分为基本 RS 触发器、同步触发器、主从触发器和边沿触发器。根据逻辑功能的不同，可分为 RS 触发器、D 触发器、JK 触发器、T 触发器和 T′触发器。按照其触发方式的不同，又可分为边沿触发器、电平触发器和脉冲触发器。本章主要介绍各类触发器的基本概念、不同类型触发器的电路结构、逻辑功能及其描述方法、触发器类型的转换和相应芯片的使用。

学习目标

- 掌握触发器的基本概念。
- 理解触发器的 5 种描述方式。
- 掌握基本 RS 触发器、同步类触发器及主从触发器逻辑功能及电路分析。
- 了解边沿触发器的逻辑功能。
- 理解并掌握触发器的类型转换。
- 理解集成电路发展之路创新精神及提高触发器电路设计能力，勇于探索未知领域。

4.1　基本触发器

4.1.1　双稳态电路

图4.1 所示为一个双稳态电路，由两个反相器 G_1 和 G_2 交叉连接构成。若 $Q=1$，则 $\overline{Q}=0$，$\overline{Q}$ 反

馈到 G_1 的输入端,使得 G_1 和 G_2 的输出保持不变,电路处于稳定状态。若 $Q=0$,则 $\overline{Q}=1$,$\overline{Q}$ 反馈到 G_1 的输入端,使得 G_1 和 G_2 的输出保持不变,电路处于另一种稳定状态。可见,该电路有两个稳定的状态,通常称为双稳态电路(bistate elements)。因为没有控制信号输入,所以无法确定电路在通上电时处于哪一种状态,也无法在运行中控制或改变它的状态,输出信号不稳定。

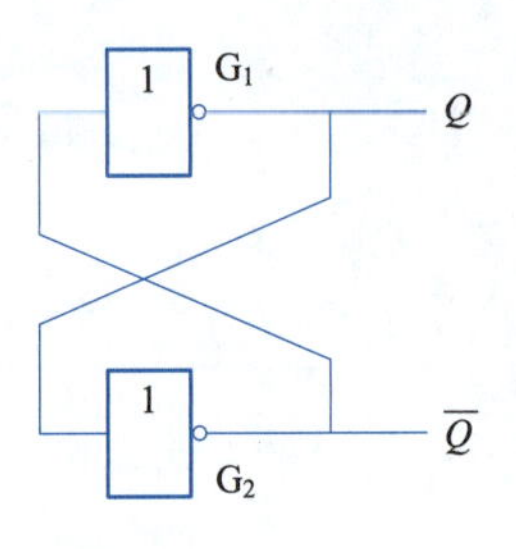

图 4.1　双稳态电路

4.1.2　触发器的概念

在数字系统中,不仅要对二进制信号进行算术运算和逻辑运算,还要把运算的结果存储起来,这就需要具有记忆功能的逻辑单元电路。触发器就是一种具有记忆功能、能够存储二进制信息的双稳态电路。为了实现记忆 1 位二值数码的功能,触发器必须具有以下两个基本特征:

①具有两个能自行保持的稳定状态,用来表示逻辑状态 Q 和 $\overline{Q}$,或二进制数 0 和 1。

②在不同输入信号的作用下,触发器可以被置成 1 状态或 0 状态。

触发器具有两个稳定的状态,即逻辑状态 0 和逻辑状态 1,并且能够保持这两个状态不变。因此,触发器有两个输出端,并且在稳定状态时两个输出端的状态是互补的,分别用 Q 和 $\overline{Q}$ 表示。当 $Q=1$ 和 $\overline{Q}=0$ 时,称触发器处于 1 态;当 $Q=0$ 和 $\overline{Q}=1$ 时,称触发器处于 0 态。需要注意的是,在触发器的定义中,Q 和 $\overline{Q}$ 端口的输出是互补的,不允许 Q 和 $\overline{Q}$ 端口的输出都是 1 或者输出都是 0 这种情况发生。

在触发激励信号的作用下,可以将触发器设置为 1 态或 0 态。具体而言,当触发信号为有效状态时,触发器将发生状态翻转,即触发器从一种状态转换为另外一种新的稳定状态(例如,从 1 态转换为 0 态,或者从 0 态转换为 1 态);当触发信号为无效状态或者输入信号消失时,触发器能够保持当前状态不变,也就是具备记忆功能。触发器在输入信号变化前的状态称为现态,用 Q^n 表示;触发器在输入信号变化后的状态称为次态,用 Q^{n+1} 表示。触发器次态输出 Q^{n+1} 与现态 Q^n 和输入信号之间的逻辑关系,是贯穿本章始终的基本问题。如何获得、描述和理解这种逻辑关系,是本章学习的中心任务。

触发器具有一个或者多个输入端和一个时钟控制端(基本触发器除外),这些端口用于控制触发器的状态。触发器的一般逻辑符号如图 4.2 所示,S 和 R 为同步输入端口,cp 为时钟输入端口,SET 和 CLR 为异步输入端口,分别为异步置位端口和异步清零端口(又称为复位端口,也可以用 $RESET$ 来标识)。同步输入端口是指相应端口除了为有效电平外,还需要等待时钟信号的配合才能够使触发器状态发生变化。而异步输入端的工作无须等待时钟信号状态或边沿触发,它们可以在任何时刻改变输入信号从而改变触发器的输出状态。当 SET 端口为有效电平时,触发器处于置位状态,Q 端口输出 1,相当于触发器存储1;当 CLR 端口为有效电平时,触发器处于复位状态,Q 端口输出 0,相当于触发器存储 0。当 SET 和 CLR 端口均为无效电平时,触发器的输出状态在 S、R 和 cp 端口输入信号的作用下发生相应的变化。在接下来介绍的基本 RS 触发器中,其输入端口只有 S 和 R,没有时钟端口以及异步输入端口 SET 和 CLR。图 4.2 中,Q 和 $\overline{Q}$ 端口为一对互补输出端口,通常将 Q 端口的状

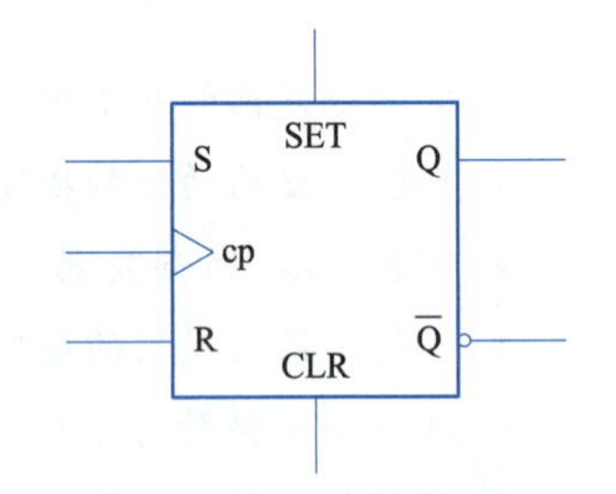

图 4.2　触发器的一般逻辑符号

态作为整个触发器的状态。

4.1.3 基本 RS 触发器

触发器通常由逻辑门和反馈回路组成，为了方便理解触发器，本小节以基本 RS 触发器为例介绍其电路结构、工作原理、逻辑功能及功能描述方法。

基本 RS 触发器是各种触发器中电路结构最简单的一种，也是构成其他类型触发器电路的基本组成部分。为了弥补双稳态电路的不足，基本 RS 触发器在双稳态电路上增加了两个控制信号输入端，从而实现通过外部信号来改变电路状态的目的。基本 RS 触发器具有两种电路结构形式：一种是由与非门构成的基本 RS 触发器，其逻辑电路及逻辑符号如图 4.3 所示；另一种是由或非门构成的基本 RS 触发器，其逻辑电路及逻辑符号如图 4.4 所示。

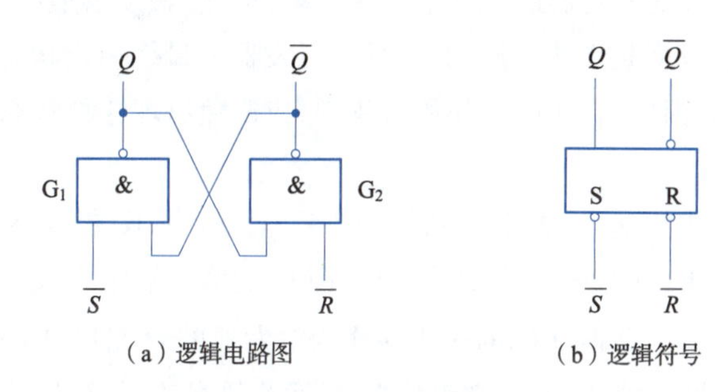

（a）逻辑电路图　　（b）逻辑符号

图 4.3　由与非门构成的基本 RS 触发器

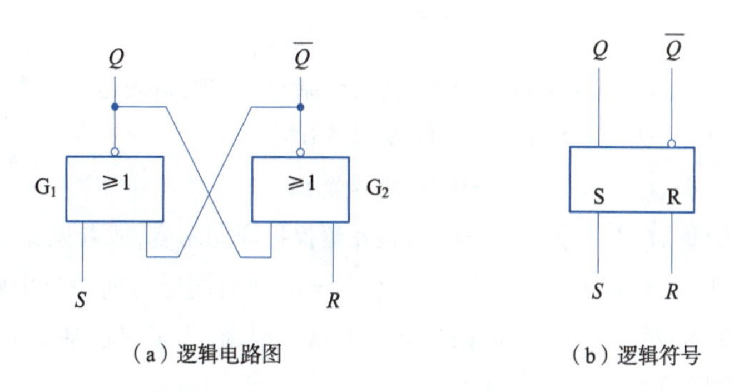

（a）逻辑电路图　　（b）逻辑符号

图 4.4　由或非门构成的基本 RS 触发器

首先介绍由与非门构成的基本 RS 触发器。在图 4.3(a)中，G_1和 G_2为两个与非门，和反馈线一起构成了基本 RS 触发器。与非门 G_1的输出端作为整个触发器的 Q 端口，同时该端口通过反馈线连接到与非门 G_2的输入端。类似地，与非门 G_2的输出端作为整个触发器的 $\overline{Q}$ 端口，同时该端口通过反馈线连接到与非门 G_1的输入端。基本 RS 触发器只有两个输入端：$\overline{S}$ 和 $\overline{R}$ 端口，字母上的“非”运算符号表示该端口是低电平有效[在对应的逻辑符号中，输入端口处用小圆圈来表示低电平有效，如图 4.3(b)所示]。$\overline{S}$(set)端口为置位端口，又称其为置 1 端口；$\overline{R}$(reset)端口为复位端口，又称其为置 0 端口。

如图 4.3(a)所示，基本 RS 触发器中使用两根反馈线将 G_1 和 G_2两个与非门的输出与输入端进行交叉互联，根据与非门的逻辑关系，逻辑表达式如下：

$$Q^{n+1} = \overline{\overline{Q^n}\ \overline{S}},\quad \overline{Q^{n+1}} = \overline{Q^n\ \overline{R}} \tag{4.1}$$

两个输入变量($\overline{S}$和$\overline{R}$)有4种可能的输入组合,结合上述逻辑表达式分别进行讨论:

①当$\overline{R}=0,\overline{S}=1$时,$Q^{n+1}=0,\overline{Q^{n+1}}=1$,触发器置0。

②当$\overline{R}=1,\overline{S}=0$时,$Q^{n+1}=1,\overline{Q^{n+1}}=0$,触发器置1。

③当$\overline{R}=1,\overline{S}=1$时,$Q^{n+1}=Q^n,\overline{Q^{n+1}}=\overline{Q^n}$,触发器保持原态不变,或者说具有记忆功能。

④当$\overline{R}=0,\overline{S}=0$时,根据表达式,$Q^{n+1}=1,\overline{Q^{n+1}}=1$,这与前一节中触发器的定义相矛盾,破坏了触发器$Q$和$\overline{Q}$端口的输出应该是互补的这一要求。此外,当$\overline{S}$和$\overline{R}$端口的低电平同时撤销(即由低电平转换为高电平),两个与非门G_1和G_2的输出均要由1向0转换,出现了竞争现象,两个与非门的输出变为0的快慢程度则这取决于两个与非门$\overline{S}$和$\overline{R}$端口的低电平信号消失得快慢(或者说取决于两个与非门的延迟时间)。具体而言,若与非门G_1的$\overline{S}$端口低电平消失速度高于G_2的$\overline{R}$端口,则触发器最终将稳定在0态;反之,触发器最终将稳定在1态。由于低电平信号消失的快慢程度是无法预测的,这导致触发器的最终稳定状态将是不确定的,可能是1态,也可能是0态。因此,在实际的使用过程中,应避免出现这种状态,即$\overline{S}$和$\overline{R}$端口避免同接入低电平。

对应的在由或非门成的基本RS触发器[见图4.4(a)]中,G_1和G_2为两个或非门,和一对反馈线一起构成了基本RS触发器。类似地,或非门G_1的输出端作为触发器的Q端口,同时反馈给与或非门G_2的输入端,或非门G_2的输出端作为触发器的$\overline{Q}$端口,同时反馈给与或门G_1的输入端。S和R端口为输入端,字母上方没有“非”运算符号表示该端口是高电平有效。逻辑表达式如下:

$$Q^{n+1}=\overline{\overline{Q^n}+R},\overline{Q^{n+1}}=\overline{Q^n+S} \tag{4.2}$$

两个输入变量(S和R)有4种可能的输入组合,结合上述逻辑表达式分别进行讨论:

①当$R=1,S=0$时,$Q^{n+1}=0,\overline{Q^{n+1}}=1$,触发器置0。

②当$R=0,S=1$时,$Q^{n+1}=1$、$\overline{Q^{n+1}}=0$,触发器置1。

③当$R=0,S=0$时,$Q^{n+1}=Q^n$、$\overline{Q^{n+1}}=\overline{Q^n}$,触发器保持原态不变,或者说具有记忆功能。

④当$R=1,S=1$时,根据表达式,$Q^{n+1}=0$、$\overline{Q^{n+1}}=0$,此时同样与前一节中触发器的定义相矛盾,破坏了触发器Q和$\overline{Q}$端口的输出应该是互补的这一要求,为了保证基本RS触发器能正常工作,不能出现S和R同时为1。

总结基本RS触发器有以下几个特点:

①具有两个稳定状态,可分别用来表示二进制数的0和1。

②在外信号作用下,两个稳定状态可相互转换,外信号消失后,已转换的状态可长期保留,因此,触发器可用来长期保存二进制信息。

③状态转换时刻和方向同受输入信号R、S控制,为异步时序电路。

④电路结构简单,是构成各种同步触发器的基本电路,输出信号受输入信号直接控制,抗干扰能力差。

4.1.4 触发器工程应用

在实际的工程应用中,RS触发器作为基础的数字逻辑电路,具有广泛的应用范围。虽然直接以“RS触发器”命名的专用芯片产品相对较少,但许多逻辑门电路芯片(如与非门、或非门等)可以用来设计 RS 触发器。以下是一些可能用于实现 RS 触发器的具体芯片介绍：

1. 74LS00 芯片

特点:74LS00 是一个包含 4 个二端输入与非门的逻辑芯片,常用于数字电路的设计中。由于 RS 触发器可以通过两个与非门实现,因此 74LS00 芯片是设计 RS 触发器的一个常用选择。

应用:在 Logisim 等仿真软件上,可以利用 74LS00 芯片中的两个与非门来构建 RS 触发器电路。通过合理配置与非门的输入和输出,可以实现 RS 触发器的置位、复位和保持功能。

2. 74LS279 芯片

特点:虽然 74LS279 芯片通常被用作 JK 触发器或 D 触发器,但在某些情况下,它也可以配置为 RS 触发器。不过,这种应用相对较少见,且需要特定的配置方法。

应用:在 Multisim 等仿真软件中,RS 触发器有时会用 74LS279 芯片来表示,但这并不是 74LS279 芯片的主要用途。

3. CD4011 或 CD4001 芯片

特点:CD4011 和 CD4001 是包含多个与非门(或者或非门,具体取决于型号)的 CMOS 逻辑芯片。这些芯片也可以用来设计 RS 触发器,但通常不是最直接的选择,因为需要更多的配置和连接。

应用:通过连接芯片中的特定门电路,可以实现 RS 触发器的功能。但这种方法相对于直接使用 74LS00 等专用逻辑门芯片来说更为复杂。

4. 其他逻辑门芯片

除了上述提到的芯片外,还有许多其他逻辑门芯片(如 74HC 系列、74AC 系列等)也可以用来设计 RS 触发器。这些芯片通常包含多种逻辑门电路(如与非门、或非门、异或门等),可以根据需要选择合适的门电路来构建 RS 触发器。

在实际的工程应用中,RS 触发器通常是通过组合逻辑门电路来实现的,而不是直接使用专门的 RS 触发器芯片。因此,在选择芯片时,应优先考虑包含所需逻辑门电路的芯片,并根据具体的设计要求进行配置和连接。此外,随着电子技术的不断发展,新的芯片产品不断涌现,因此在设计时应关注最新的芯片技术和产品动态。

4.1.5 触发器逻辑功能描述

触发器的电路结构和种类繁多,在数字电路中,需要将各种各样的触发器按其能够实现的逻辑功能进行分类,并用统一的方法对触发器逻辑功能进行描述,从而方便人们学习研究交流。触发器的逻辑功能描述方式主要有特性表、特性方程、状态转移图、激励表和波形图 5 种,本小节将以与非门构成的基本 RS 触发器为例,介绍特性表、特性方程、状态转移图、激励表和波形图逻辑功能描述的具体表示。

1. 特性表

触发器的特性表是一种用表格形式表示触发器现态 Q^n、次态 Q^{n+1} 以及输入信号之间关系的工具,列出了触发器的所有可能输入组合以及对应的输出状态。特性表直观、易读,能够清晰地展示触发器的逻辑功能。将基本 RS 触发器的输入信号所有可能组合以及输入信号对应的现态和次态变化列举出来,表 4.1 所示为由与非门构成的基本 RS 触发器的特性表。

表 4.1　基本 RS 触发器特性表

输入信号		现　态	次　态	功能描述
$\overline{R}$	$\overline{S}$	Q^n	Q^{n+1}	
0	1	0	0	置 0
0	1	1	0	
1	0	0	1	置 1
1	0	1	1	
1	1	0	0	保持
1	1	1	1	
0	0	0	×	不确定 禁止态
0	0	1	×	

注:表中的“×”表示状态不确定。

把基本 RS 触发器的输入信号和现态当成输入变量,而次态当成输出变量,特性表也可以理解为真值表。表 4.1 可以简化为见表 4.2 的真值表。

表 4.2　基本 RS 触发器的简化真值表

$\overline{R}$	$\overline{S}$	Q^{n+1}
0	1	0
1	0	1
1	1	Q^n
0	0	×

2. 特性方程

特性方程是描述触发器次态与现态及输入信号之间关系的逻辑表达式。特性方程可以精确地表示触发器的逻辑功能,便于进行理论分析和计算。基本 RS 触发器的特性方程是将输入信号 $\overline{R}$ 和 $\overline{S}$ 以及现态 Q^n 作为输入变量,次态 Q^{n+1} 作为输出变量,找出输入变量与输出变量的逻辑表达式。通过将表 4.1 所示的真值表作卡诺图化简来求得这三个逻辑变量的逻辑表达式,如图 4.5 所示。

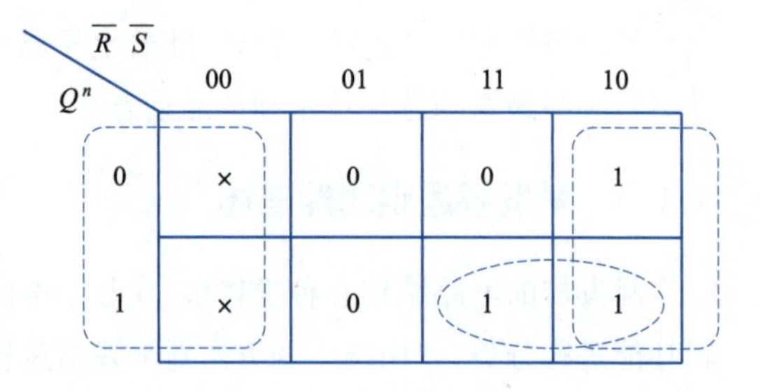

图 4.5　基本 RS 触发器次态卡诺图

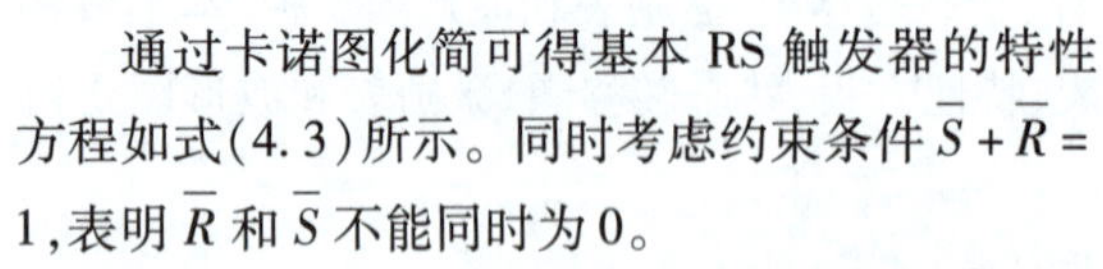

通过卡诺图化简可得基本 RS 触发器的特性方程如式(4.3)所示。同时考虑约束条件 $\overline{S}+\overline{R}=1$,表明 $\overline{R}$ 和 $\overline{S}$ 不能同时为 0。

$$\begin{cases} Q^{n+1}=\overline{\overline{S}}+\overline{R}\,Q^n=S+\overline{R}\,Q^n \\ \overline{S}+\overline{R}=1 \end{cases} \tag{4.3}$$

3. 状态转移图

状态转换图是一种用图形方式表示触发器状态转换过程的工具。它展示了触发器在不同输入信号作用下的状态变化路径。状态转换图能够直观地展示触发器的动态行为，便于理解和分析触发器的逻辑功能。通过表4.1可以将基本RS触发器的状态转移图作出来，如图4.6所示，在该图中，圆圈表示触发器状态2个可能状态，即状态0和状态1。带箭头的线段表示在输入信号的作用下状态转移的方向，箭头离开的状态为现态，箭头指向的状态为次态，箭头上标注了触发器状态转移的条件。x表示0或1任意取值。

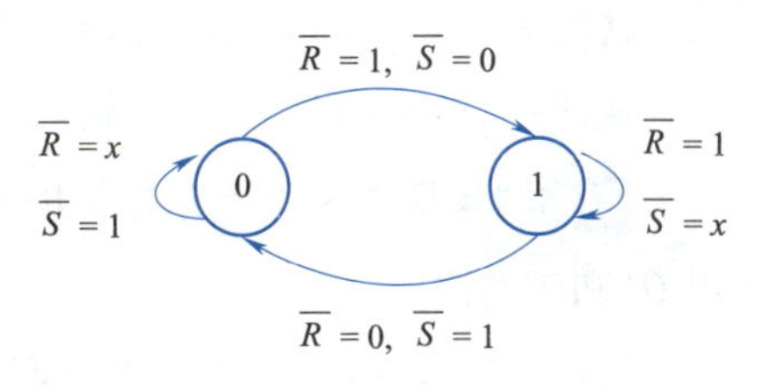

图4.6　基本RS触发器的状态转移图

由图4.6可知：

①当触发器现态 $Q^n=0$ 时，在输入信号 $\overline{R}=1$、$\overline{S}=0$ 的条件下，触发器转移到次态 $Q^{n+1}=1$。

②当触发器现态 $Q^n=1$ 时，在输入信号 $\overline{R}=1$，$\overline{S}=x$（即 $\overline{S}=0$ 或 $\overline{S}=1$）的条件下，触发器维持现态不变。

③当触发器现态 $Q^n=1$ 时，在输入信号 $\overline{R}=0$，$\overline{S}=1$ 的条件下，触发器转移到次态 $Q^{n+1}=0$。

④当触发器现态 $Q^n=0$ 时，在输入信号 $\overline{R}=x$，$\overline{S}=1$ 的条件下，触发器维持现态不变。

4. 激励表

激励表又称驱动表，是一种用表格形式表示触发器在状态转移时所需要的输入条件的工具。触发器的激励表给出了由现态 Q^n 迁移到次态 Q^{n+1}时对输入信号的要求，侧重于展示满足状态翻转所需的输入条件。根据图4.6可以将图中每一个箭头线转为表格中的一行，从而生成基本RS触发器的激励表，见表4.3。

表4.3　基本RS触发器的激励表

状态转移		激励输入	
$Q^n \to Q^{n+1}$		$\overline{R}$	$\overline{S}$
0	0	x	1
0	1	1	0
1	0	0	1
1	1	1	x

5. 波形图

波形图又称时序图，是描述触发器输入信号和输出信号随时间变化关系的图形。波形图展示了在时钟脉冲作用下，触发器输入信号和输出信号的波形变化，能够直观地展示触发器的时序特性，对理解触发器的动作原理和设计时序逻辑电路具有重要意义。图4.7所示为基本RS触发器的波形图，它清晰地反映出输入、输出信号间的状态转移关系，通过波形图可以直观地分析出触发器的特性和工作状态。

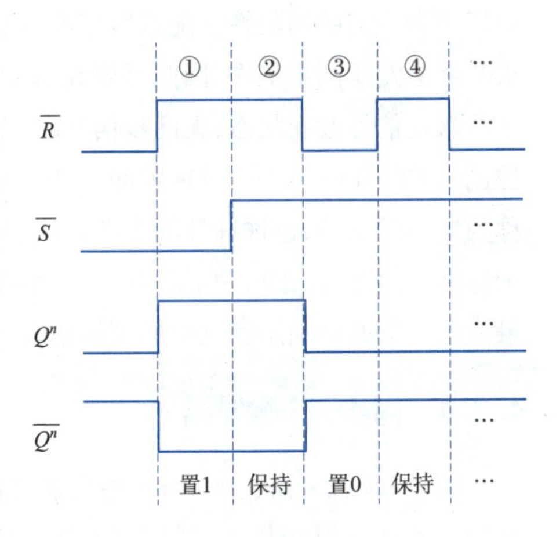

图4.7　基本RS触发器的波形图

从图4.7中的①可以看出：在输入信号 $\overline{R}=1$，$\overline{S}=0$ 的条件下，触发器置1。

从图4.7中②可以看出：在输入信号 $\overline{R}=1$，$\overline{S}=1$ 的

条件下，触发器维持原态不变。

从图 4.7 中③可以看出：在输入信号 $\overline{R}=0$，$\overline{S}=1$ 的条件下，触发器置 0。

从图 4.7 中④可以看出：在输入信号 $\overline{R}=1$，$\overline{S}=1$ 的条件下，触发器维持原态不变。

例 4.1 图 4.8 所示为基本 RS 触发器 $\overline{R}$、$\overline{S}$ 的波形，设初始状态 Q^n 为 0，试画出触发器的输出 Q^n 和$\overline{Q^n}$的波形。

解： 参照表 4.2 中每个 $\overline{R}$ 和 $\overline{S}$ 的状态即可画出对应的 Q^n 和$\overline{Q^n}$的输出波形，如图 4.8 所示，其中虚线部分表示状态不确定。

本小节主要介绍由与非门构成的基本 RS 触发器的 5 种逻辑功能描述方式及其具体表示，特性表、特性方程、状态转移图、激励表和波形图逻辑功能描述其表达形式和侧重点虽然不同，但本质上是相辅相成并且可以互相转换的。

根据上述对基本 RS 触发器工作原理的分析可知，基本 RS 触发器的输出状态直接由输入信号控制，如果没有外加触发信号的作用，基本 RS 触发器将保持状态不变，即具有记忆能力。在外加触发信号发生变化时，基本 RS 触发器输出端才有可能发生相应的状态转换。因此，基本 RS 触发器也称为直接置位/复位触发器，或 RS 锁存器。

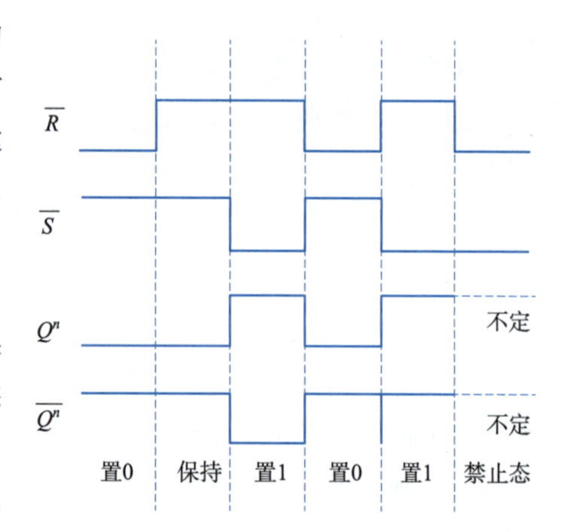

图 4.8 例 4.1 相关基本 RS 触发器波形图

思考题： 基于或非门的基本 RS 触发器的上述 5 种逻辑功能描述方式如何来表？请尝试做出对应的表格和图，并分析它和与非门基本 RS 触发器的异同。

4.2 同步触发器

基本 RS 触发器不仅抗干扰能力差，而且不能实现多个触发器的协同工作，在实际数字系统应用中有一定的局限性。随着数字电路技术的发展和对更高集成度、更可靠电路的需求，常常要求某些触发器同步工作，因此需要在触发器中引入同步信号，使触发器只有在同步信号到达时，才按触发信号改变状态；无同步信号时，触发器保持原状态不变。通常在触发器中增加一个时钟控制端 CP(clock pulse，时钟脉冲)，用时钟脉冲作为同步信号，这种受到时钟脉冲控制的触发器称为同步触发器，也称钟控触发器。同步触发器按触发方式不同可分为电平触发器、边沿触发器和脉冲触发器；按逻辑功能不同可分为同步 RS 触发器、同步 D 触发器、同步 JK 触发器和同步 T 触发器。下面将利用触发器的逻辑描述方式逐一介绍各类同步触发器。

4.2.1 同步 RS 触发器

同步 RS 触发器在基本 RS 触发器电路的基础上增加了触发控制导引电路，增加时钟信号脉冲输入端口 *cp* 从而构成了同步 RS 触发器。只有当 *cp* 端口的信号为有效电平时，触发器才能按照基本 RS 触发器的逻辑功能来响应 $\overline{R}$ 端口和 $\overline{S}$ 端口的输入信号。同步 RS 触发器的逻辑电路和逻辑符号如图4.9所示。

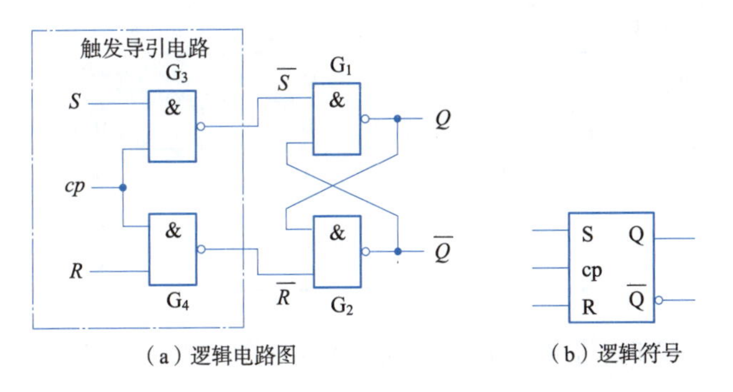

图4.9 同步RS触发器的逻辑电路图和逻辑符号

在图4.9(a)中，与非门G_1和G_2构成了基本RS触发器，G_3和G_4构成了触发控制导引电路，G_3的输出信号和G_4的输出信号接入由G_1和G_2所构成的基本RS触发器中，并作为基本RS触发器的$\overline{S}$端口和$\overline{R}$端口信号。与非门G_1和G_2的输出状态作为整个同步RS触发器的输出状态。根据图4.9(a)，与非门G_3和G_4的输出方程如下：

$$\overline{S}=\overline{S\cdot cp},\quad \overline{R}=\overline{R\cdot cp} \tag{4.4}$$

图4.9(b)是同步RS触发器的逻辑符号，注意S端口和R端口的有效电平与上一节所介绍的基本RS触发器的有效电平正好相反，由与非门构成的同步RS触发器高电平为有效触发信号。

当$cp=0$时，与非门G_3和G_4被封锁，此时无论S端口和R端口的信号状态如何，G_3和G_4的输出均为1，即$\overline{S}=1$，$\overline{R}=1$。根据基本RS触发器的真值表，由G_1和G_2所构成的基本RS触发器维持现态不变，即同步RS触发器维持现态不变。

当$cp=1$时，与非门G_3和G_4被打开，S端口和R端口信号通过G_3和G_4传递给由G_1和G_2所构成的基本RS触发器的输入端，同步RS触发器的逻辑状态取决于S端口和R端口的输入信号以及电路以前的状态。此时，同步RS触发器的逻辑功能与基本RS触发器逻辑功能类似，具体功能见表4.4。从表4.4可见，同步RS触发器具有以下逻辑功能：当$cp=0$时，输入信号R和S对触发器状态无影响；当$cp=1$时，触发器具有置1、置0和保持不变的功能；当$cp=1$且$S=1$和$R=1$时，$\overline{S}=0$、$\overline{R}=0$，这导致由G_1和G_2所构成的基本RS触发器处于不确定状态，也就是说$S=1$和$R=1$是同步RS触发器的禁止态。因此，同步RS触发器的输入端应遵守如下约束条件：$R\cdot S=0$。

表4.4 同步RS触发器特性表

输入信号			现态	次态	功能描述
cp	R	S	Q^n	Q^{n+1}	
0	×	×	0	0	保持
0	×	×	1	1	
1	0	0	0	0	保持
1	0	0	1	1	
1	0	1	0	1	置1
1	0	1	1	1	

续表

输入信号			现态	次态	功能描述
cp	R	S	Q^n	Q^{n+1}	
1	1	0	0	0	置 0
1	1	0	1	0	
1	1	1	0	×	不确定
1	1	1	1	×	禁止态

根据表 4.4，当 $cp=1$ 时，将 R、S 和 Q^n 看成输入变量，Q^{n+1} 看成输出变量作卡诺图，如图 4.10 所示。

根据此卡诺图化简得到同步 RS 触发器的特性方程如下：

$$\begin{cases} Q^{n+1}=S+\overline{R}\ Q^n \\ R\cdot S=0 \end{cases} \tag{4.5}$$

同步 RS 触发器的状态转移图同样可以根据表 4.4 作出，将触发器的两种状态（0 和 1 态）作圆，表中现态和次态两列的状态切换关系转为箭头线，现态为起点，次态为箭头，现态指向次态，并将状态切换所需的 R 和 S 输入信号条件标在箭头上，即可作出同步 RS 触发器状态转移图。图 4.11 所示为当 $cp=1$ 时的同步 RS 触发器状态转移图。

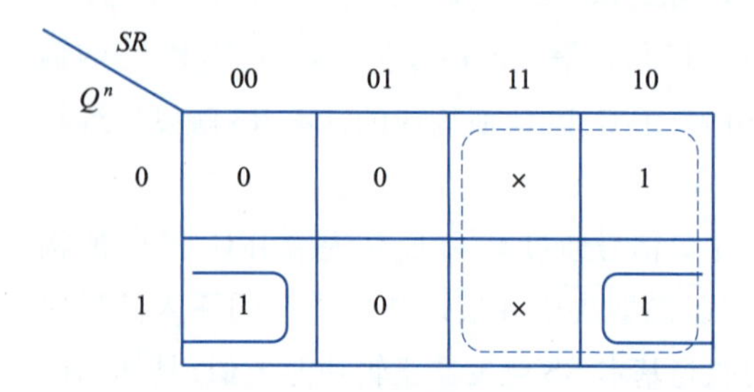

图 4.10　同步 RS 触发器次态卡诺图

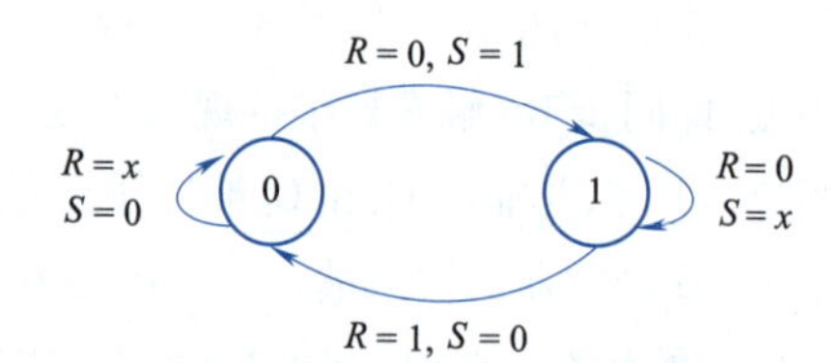

图 4.11　同步 RS 触发器的状态转移图

类似地，将图 4.11 中的现态次态状态切换关系及所需 R、S 输入信号条件对应列成表格即可作出同步 RS 触发器的激励表。表 4.5 所示为当 $cp=1$ 时，同步 RS 触发器的激励表。

表 4.5　同步 RS 触发器激励表

状态转移		激励输入	
$Q^n \to Q^{n+1}$		R	S
0	0	x	0
0	1	0	1
1	0	1	0
1	1	0	x

例 4.2　已知同步 RS 触发器的输入信号波形如图 4.12 所示，试画出 Q 和 $\overline{Q}$ 端的电压波形图。设触发器的初始状态为 $Q=0$。

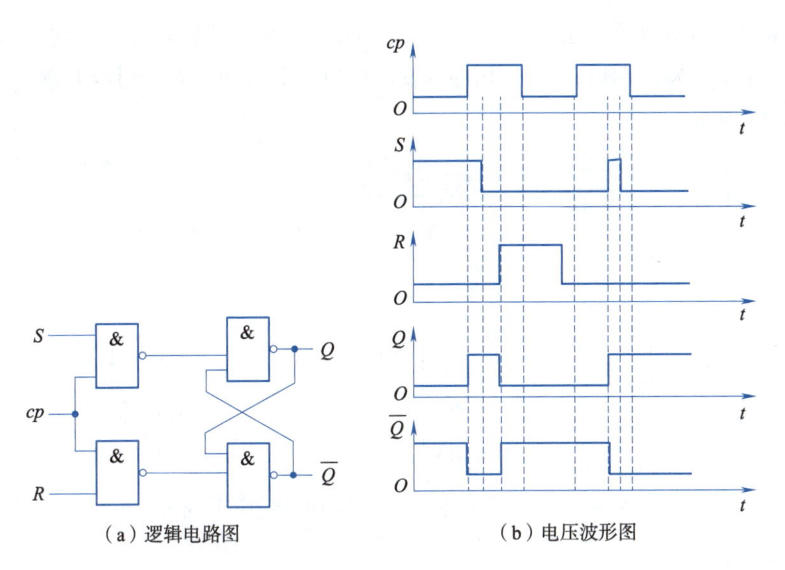

图 4.12　例 4.2 各信号波形图

解：由给定的输入电压波形可见，在第一个 cp 信号高电平期间 $S=1,R=0$，由于同步 RS 触发器高电平有效，则触发器输出信号 $Q=1,\overline{Q}=0$。随后输入变成了 $S=R=0$，因而输出状态保持不变。最后输入信号又变为 $S=0,R=1$，将输出置成 $Q=0,\overline{Q}=1$，故 cp 回到低电平以后触发器状态保持在 $Q=0,\overline{Q}=1$ 的状态。在第二个 cp 信号高电平期间，一开始 $S=R=0$，则触发器状态保持不变，但由于在此期间 S 端一个干扰脉冲，因而触发器被置成了 $Q=1,\overline{Q}=0$。

在使用同步 RS 触发器的过程中，有时还需要在 cp 信号到来之前将触发器预先设置成指定的状态，为此在实用的同步 RS 触发器电路上往往还设置有专门的异步置位输入端和异步复位输入端，具体电路结构如图 4.13 所示。

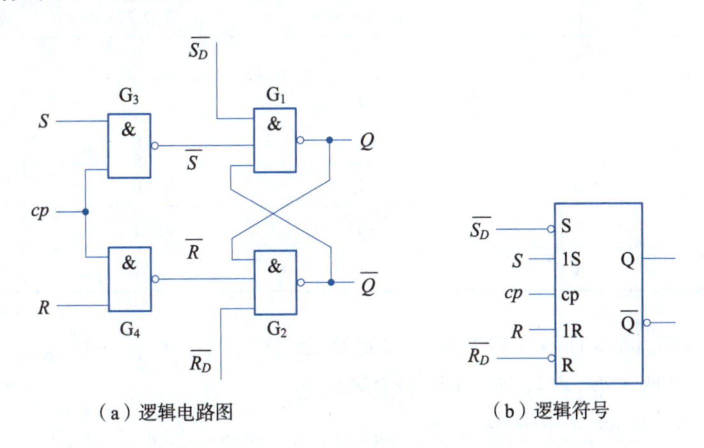

图 4.13　带异步置位和异步复位的同步 RS 触发器

4.2.2　同步 D 触发器

无论是同步 RS 触发器还是前面所介绍的基本 RS 触发器，R 和 S 都要满足约束条件，触发器的输入信号都有限制。同步 RS 触发器的 R、S 输入端口不能同时为 1，否则触发器输出状态不定。为了避免同步 RS 触发器同时为 1 的情况出现，在 R 和 S 之间连接一个非

门，强行让原来的 R 和 S 互反。这样，除了时控控制端之外，触发器就只有一个输入信号 S 端，取消 R 端口，并改称 S 端口为 D 端口，这种结构的触发器称为同步 D 触发器。同步 D 触发器的电路和逻辑符号如图 4.14 所示。

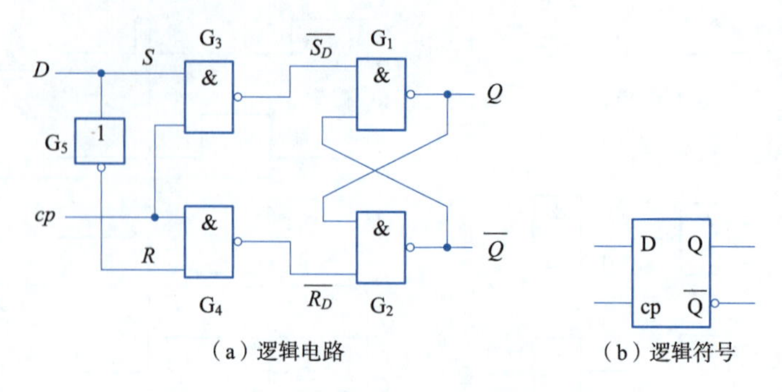

图 4.14　同步 D 触发器的逻辑电路和逻辑符号

由图 4.14 可见：

①当 $cp=0$ 时，由 G_1、G_2 组成的基本 RS 触发器的状态保持不变。

②当 $cp=1$ 时，$S=D, R=\overline{D}$，RS 触发器的状态将发生转移。

③把 $S=D, R=\overline{D}$ 代入同步 RS 触发器的特性方程，可得同步 D 触发器的特性方程如下：

$$Q^{n+1}=S+\overline{R}Q^n=D+\overline{\overline{D}}Q^n=D \tag{4.6}$$

由于 S、R 始终互补，因此约束条件始终满足。根据以上分析可得同步 D 触发器的特性表，见表 4.6。

表 4.6　同步 D 触发器特性表

输入信号		现　态	次　态	功能描述
cp	D	Q^n	Q^{n+1}	
0	×	0	0	保持
0	×	1	1	
1	0	0	0	置 0
1	0	1	0	
1	1	0	1	置 1
1	1	1	1	

根据表 4.6 可知，同步 D 触发器的逻辑功能为：当 cp 为 0 时，触发器保持不变；当 cp 为 1 时，触发器状态与输入信号 D 相同。因此，常把它称为数据锁存器或延迟触发器。

由表 4.6 还可以画出同步 D 触发器的状态转移图，如图 4.15 所示。

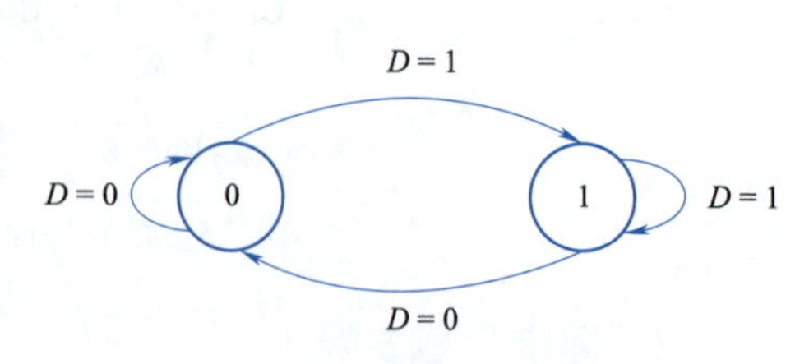

图 4.15　同步 D 触发器状态转移图

例 4.3　已知同步 D 触发器的 cp 和 D 的波形如图 4.16 所示，试画出 Q 和 $\overline{Q}$ 端的电压波形。设触发器初始状态为 $Q=0$。

解： 根据同步 D 触发器 $cp=1$ 期间，输出状态 Q 与输入信号 D 保持一致；当 $cp=0$ 时，输出信号 Q 保持不变的逻辑作出 Q 和 $\overline{Q}$ 端的电压波形如图 4.16 所示。图 4.16 中可以看到，在第二个 $CP=1$ 期间，随着输入信号 D 的多次翻转，带来 Q 和 $\overline{Q}$ 信号也发生多次翻转。

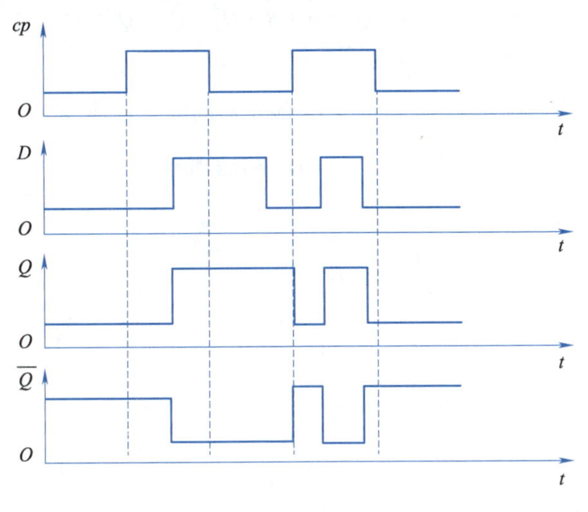

图 4.16　例 4.3 波形图

思考题： 思考如何搭建基于或非门的同步 D 触发器，尝试作出其 5 种逻辑描述方式，分析其逻辑功能。

4.2.3　同步 JK 触发器

由于同步 RS 触发器的约束条件，当 R 和 S 同时为 1 会出现不确定状态，除同步 D 触发器可消除约束条件外，还有一种方法是将触发器的互补输出端 Q 和 $\overline{Q}$ 分别反馈到门 G3 和 G4 的输入端，从而避免了不定状态的出现，这种电路称为同步 JK 触发器。同步 JK 触发器的逻辑电路和逻辑符号如图 4.17 所示，其中 J 和 K 为信号输入端。

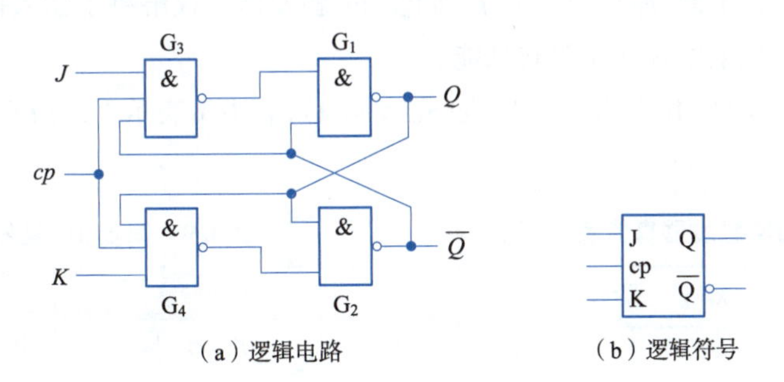

（a）逻辑电路　　（b）逻辑符号

图 4.17　同步 JK 触发器的逻辑电路和逻辑符号

假设与非门 G_3 和 G_4 的输出分别为 Q_3 和 Q_4，根据图 4.17 所示电路，则可列出 $cp=1$ 条件下与非门 G_3 和 G_4 的输出方程如下：

$$\begin{cases} Q_3=\overline{J\cdot cp\cdot \overline{Q^n}}=\overline{J\cdot \overline{Q^n}} \\ Q_4=\overline{K\cdot cp\cdot Q^n}=\overline{K\cdot Q^n} \end{cases} \tag{4.7}$$

根据图 4.17，G_3的输出信号 Q_3接入由 G_1和 G_2所构成的基本 RS 触发器的 $\overline{S}$ 端口，即 Q_3接相当于 $\overline{S}$。类似地，G_4的输出信号 Q_4接入到 $\overline{R}$ 端口，即 Q_4接相当于 $\overline{R}$。将 Q_3和 Q_4带入到基本 RS 触发器的特性方程，最后化简得到同步 JK 触发器的特性方程如下：

$$Q^{n+1} = S + \overline{R} \cdot Q^n = \overline{\overline{S}} + \overline{R} \cdot Q^n = \overline{Q_3} + Q_4 \cdot Q^n$$
$$= J \cdot \overline{Q^n} + \overline{K \cdot Q^n} \cdot Q^n = J \cdot \overline{Q^n} + \overline{K} \cdot Q^n \tag{4.8}$$

根据式(4.8)可以列出图 4.17 所示同步 JK 触发器的特性表，见表 4.7。

表 4.7　同步 JK 触发器特性表

输入信号			现　态	次　态	功能描述
cp	J	K	Q^n	Q^{n+1}	
0	×	×	0	0	保持
0	×	×	1	1	
1	0	0	0	0	保持
1	0	0	1	1	
1	0	1	0	0	置 0
1	0	1	1	0	
1	1	0	0	1	置 1
1	1	0	1	1	
1	1	1	0	1	翻转
1	1	1	1	0	

从表 4.7 可以看出，$cp=1$ 时，对于 J 端口和 K 端口每一个确定的输入状态，同步 JK 触发器的输出是一个确定的状态。为了便于后续分析问题方便，对表 4.7 进行化简并只考虑 $cp=1$ 时触发器的状态，得到简化版的同步 JK 触发器真值表，见表 4.8。

总结同步 JK 触发器输入信号与次态的逻辑关系：当 $cp=1$ 时，若 J、K 全 0，则状态保持；J、K 全 1，则状态翻转；J、K 不同，那么 Q^{n+1} 同 J。同步 JK 触发器不仅解决了输入信号有约束的问题，同时较同步 D 触发器相比，还多了翻转功能。

根据表 4.7 可得同步 JK 触发器激励表（见表 4.9），表中 x 表示 1 态或 0 态。状态转移图如图 4.18 所示。

表 4.8　同步 JK 触发器真值表（简化）

J	K	Q^{n+1}
0	0	Q^n
0	1	0
1	0	1
1	1	$\overline{Q^n}$

表 4.9　同步 JK 触发器的激励表

状态转移		激励输入	
$Q^n \to Q^{n+1}$		J	K
0	0	0	x
0	1	1	x
1	0	x	1
1	1	x	0

例 4.4　已知同步 JK 触发器的 cp 和 J、K 的波形如图 4.19 所示，试画出 Q 和 $\overline{Q}$ 端的电压波

形。设触发器初始状态为 $Q=0$。

解： 根据表 4.7 可知，同步 JK 触发器的状态没有不确定的情况，当 $cp=1$ 期间，触发器的状态由 J、K 决定；$cp=0$ 时，触发器的状态维持 $cp=0$ 以前的状态不变。Q 和 $\overline{Q}$ 的电压波形如图 4.19 所示。

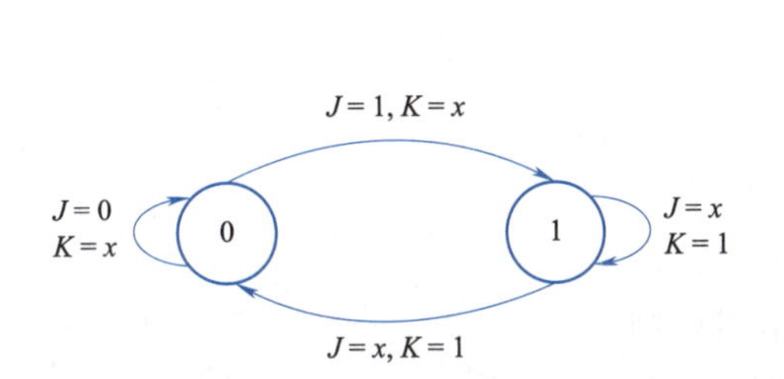

图 4.18 同步 JK 触发器的状态转移图

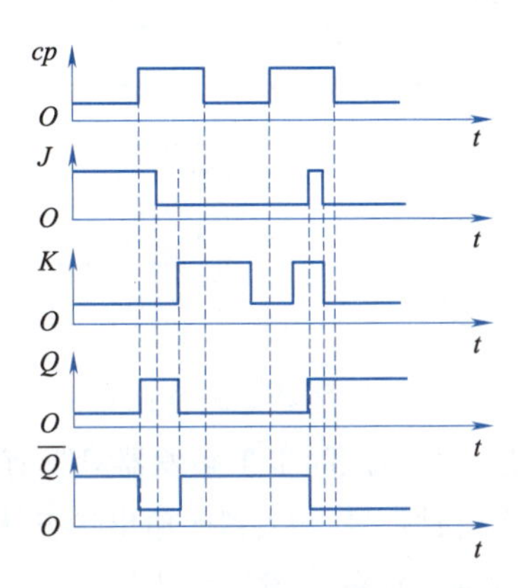

图 4.19 例 4.4 波形图

通过以上分析可知，同步 JK 触发器可以解决同步 RS 触发器使用时 R、S 之间的约束限制，因为在 $cp=1$ 期间同步 JK 触发器的状态是随着输入信号 J 和 K 的变化而变化的，所以在一个 $cp=1$ 期间，随着 J 和 K 的多次翻转，可能会带来 Q 和 $\overline{Q}$ 信号的多次翻转。

4.2.4 同步 T 及 T′触发器

实际应用过程中，有时需要只具有翻转功能的触发器，因此对同步 JK 触发器进行了改进，使其只具有翻转和保持功能。具体做法是将电路的 J 端口和 K 端口连接在一起，并用 T 来命名新的端口，逻辑电路和逻辑符号如图 4.20 所示。当输入端口 $T=1$ 时，每来一个时钟信号，触发器的状态就翻转一次；若 $T=0$ 时，触发器维持原态不变。这就是同步 T 触发器。同步 T 触发器在设计电路时，能够灵活地实现状态的切换和控制，广泛应用于需要精确时钟同步和状态变换的系统中，如计数器、寄存器及各种复杂逻辑设计中。

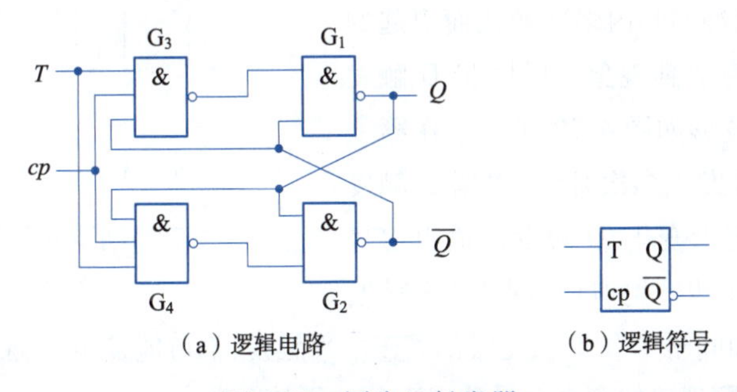

（a）逻辑电路　　（b）逻辑符号

图 4.20 同步 T 触发器

根据同步 T 触发器的电路结构可知，将 $J=K=T$ 带入同步 JK 触发器的特性方程中即可推出同步 T 触发器的特性方程，具体如下：

$$Q^{n+1}=J\cdot\overline{Q^n}+\overline{K}\cdot Q^n=T\cdot\overline{Q^n}+\overline{T}\cdot Q^n=T\oplus Q^n \tag{4.9}$$

根据式(4.9)可以列出图4.20所示同步T触发器的特性表,见表4.10。

表4.10 同步T触发器特性表

输入信号		现态	次态	功能描述
cp	T	Q^n	Q^{n+1}	
0	×	×	Q^n	保持
1	0	0	0	保持
1	0	1	1	
1	1	0	1	翻转
1	1	1	0	

同步T触发器的状态转移图如图4.21所示。

若进一步限定同步T触发器只具有翻转功能,即每来一个时钟信号,触发器的输出状态就翻转一次,则把实现这种功能的触发器称为同步T′触发器。实际上,将同步T触发器的T端口接高电平即$T=1$,它就退化为同步T′触发器,同步T′触发器是同步T触发器的一种特例。由式(4.9)可得到同步T′触发器特性方程,具体如下:

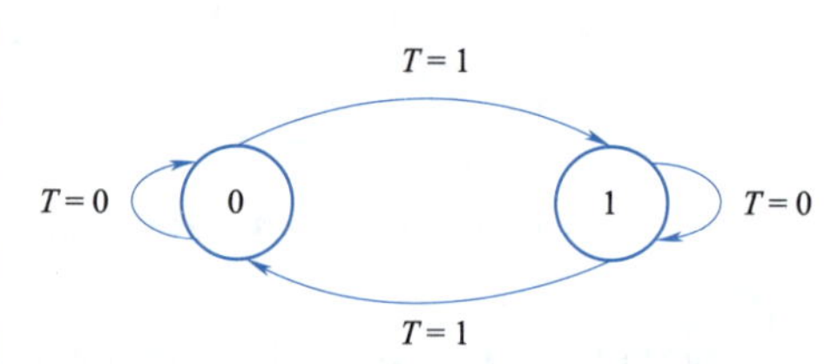

图4.21 同步T触发器的状态转移图

$$Q^{n+1}=T\cdot\overline{Q^n}+\overline{T}\cdot Q^n=1\cdot\overline{Q^n}+0\cdot Q^n=\overline{Q^n} \tag{4.10}$$

思考题:列出同步T′触发器的真值表和激励表,画出它们的状态转移图。

4.2.5 同步类触发器的空翻现象

同步类触发器的空翻现象是指在同步触发器的工作过程中,当时钟脉冲cp处于高电平期间(即$cp=1$),其触发引导门都是开放的,如果输入信号在这段时间内多次发生变化,触发器的输出状态也会相应地发生多次翻转的现象。这种由于输入信号在一次cp脉冲期间内多次变化而引起的触发器多次翻转,称为空翻现象。以同步D触发器为例,其空翻现象波形如图4.22所示。在第一个$cp=1$期间,D信号发生多次翻转,根据D触发器的输入、输出信号逻辑变化,D触发器输出信号Q^n也随之发生多次翻转。类似地,同步RS触发器、同步JK触发器、和同步T和T′触发器都属于电平触发,都可能发生空翻现象。

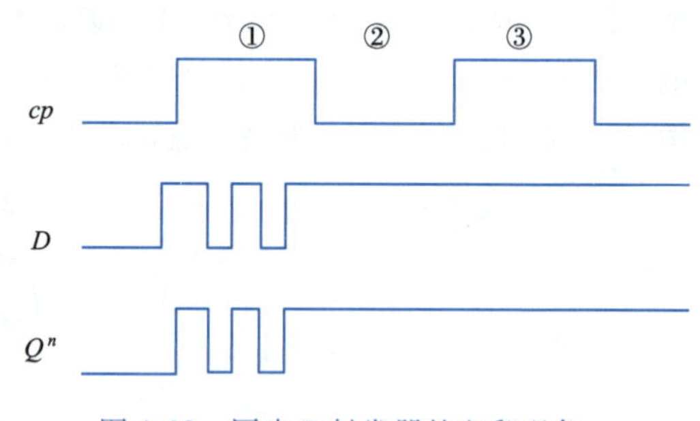

图4.22 同步D触发器的空翻现象

同步类触发器空翻现象的存在会导致以下几方面的问题:

①稳定性问题:触发器的输出状态不稳定,无法准确反映输入信号的变化情况,从而影响整个数字电路的稳定性和可靠性。

②应用受限:由于空翻现象的存在,同步触发器在某些需要稳定输出状态场合(如移位寄存器和计数器)中的应用受到限制,这些时序逻辑电路要求在一个时钟周期里输出状态只允许改变

一次。在这些部件中，当 $cp=1$ 时，输入信号的变化是不可避免的，因此会导致空翻现象的发生，使得这些部件无法按时钟脉冲的节拍正常工作。

③抗干扰能力差：同步触发器在 cp 为高电平期间均可翻转，因此其抗干扰能力相对较差。如果在此期间遇到一定强度的正向脉冲干扰，使 S、R 或 D 等信号发生变化时，也可能引起空翻现象。

为了避免同步触发器的空翻现象，通常可以采取以下措施：

①严格规定 cp 持续时间：通过精确控制 cp 脉冲的宽度和持续时间，确保在 $cp=1$ 期间输入信号不会多次发生变化，从而避免空翻现象的发生。然而，这种方法在实际应用中可能受到一定限制，因为 cp 脉冲的宽度和持续时间往往受到电路设计和工作环境的影响。

②改进电路结构：采用无空翻的主从触发器或边沿触发器等电路结构来替代传统的同步触发器。从设计上考虑空翻现象的避免问题，通过引入额外的控制逻辑或改变触发方式等方式确保在 cp 脉冲期间触发器只翻转一次。

下面将介绍主从触发器和边沿触发器如何通过改进其电路结构，以此来防止空翻现象发生。

4.3 主从触发器

随着数字电路技术的不断发展，对触发器性能的要求也越来越高。为了克服可能存在的空翻现象，人们开始设计更加复杂的触发器结构，主从触发器就是在这种背景下诞生的。主从触发器采用主触发器和从触发器两个级联的触发器组成，主触发器在 cp 脉冲的上升沿接收输入信号并改变状态，而从触发器则在 cp 脉冲的下降沿跟随主触发器的状态变化而变化。这样，即使输入信号在 cp 脉冲期间内多次发生变化，从触发器的输出状态也只会在 cp 脉冲的下降沿发生一次变化，从而避免了空翻现象的发生。本节介绍主从结构的触发器，具体包括主从 RS 触发器和主从 JK 触发器。

4.3.1 主从 RS 触发器

为了使触发器在每一个时钟周期里输出端的状态只改变一次，采用两个同步 RS 触发器并以级联的方式得到主从 RS 触发器，其逻辑电路及逻辑符号如图 4.23 所示。图 4.23(b)中“7”表示主从触发输出。由图 4.23 可以看到，主从 RS 触发器是由两个同步 RS 触发器和一个非门 G_9 构成，这两个同步 RS 触发器分别称为主触发器和从触发器，其中主触发器接收并存储输入信号，可以看成整个主从 RS 触发器的引导电路，主触发器的输出（$Q_{主}$和$\overline{Q_{主}}$）作为从触发器的输入，从触发器的输出（Q 和 $\overline{Q}$）作为整个主从 RS 触发器的输出。主触发器和从触发器的时钟端口通过非门连接，实现了主触发器和从触发器工作在同一时钟信号的不同时间段，即当 $cp=1$ 时，主触发器打开，从触发器封锁；当 $cp=0$ 时，主触发器封锁，从触发器打开。这样一来，将接收输入信号和改变状态输出从时间上分开，可以有效地克服空翻现象。

主从 RS 触发器的具体工作原理如下：

当 $cp=1$ 时，主触发器打开，从触发器被封锁，根据同步 RS 触发器的特性方程，可推出主触发器的次态输出，具体如下：

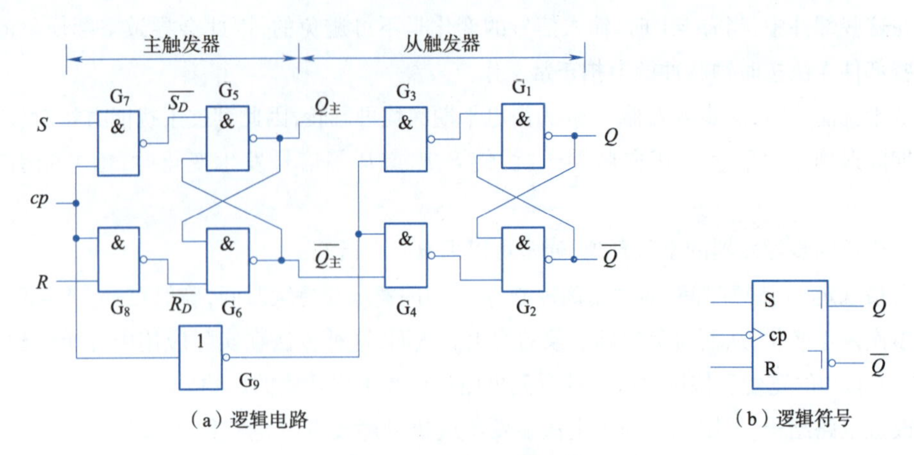

(a)逻辑电路　　　(b)逻辑符号

图4.23　主从 RS 触发器

$$\begin{cases}Q_{主}^{n+1}=S+\overline{R}\,Q_{主}\\RS=0\end{cases}\tag{4.11}$$

当 $cp=0$ 时,主触发器被封锁,从触发器打开。注意,此时主触发器的输出状态为 $Q_{主}^{n+1}$ 和 $\overline{Q_{主}^{n+1}}$,并且分别作为从触发器的 S 端口和 R 端口的输入信号,即有式(4.12):

$$S_{从}=Q_{主}^{n+1},\quad R_{从}=\overline{Q_{主}^{n+1}}\tag{4.12}$$

再次根据同步 RS 触发器的特性方程,可得到从触发器的次态输出式4.13:

$$Q_{从}^{n+1}=S_{从}+\overline{R_{从}}\,Q_{从}^{n}=Q_{主}^{n+1}+\overline{\overline{Q_{主}^{n+1}}}Q_{从}^{n}=Q_{主}^{n+1}+Q_{主}^{n+1}\,Q_{从}^{n}=Q_{主}^{n+1}\tag{4.13}$$

从式(4.13)可以看出,从触发器的次态输出就是主触发器的次态,换句话说,整个主从 RS 触发器的次态输出是主触发器的次态,得出整个主从 RS 触发器的特性方程,具体如下:

$$\begin{cases}Q^{n+1}=S+\overline{R}Q^{n},CP\uparrow\\RS=0\end{cases}\tag{4.14}$$

主从 RS 触发器的工作分两步进行:第一步,当 cp 由 0 跳变到 1 及 $cp=1$ 期间,主触发器接收输入激励信号,状态发生变化;同时从触发器被封锁,故整个主从 RS 触发器维持原态不变;第二步,当 cp 由 1 跳变到 0 及 $cp=0$ 期间,主触发器被封锁并保持原态不变,而此时从触发器被打开并接收这一时刻主触发器的输出状态,整个主从 RS 触发器的输出状态发生变化。由于 $cp=0$ 期间,主触发器被封锁并不再接收输入激励信号,因此不会引起主从 RS 触发器状态不变。根据以上对主从 RS 触发器工作原理的分析,可以列出主从 RS 触发器的特性表,见表 4.11。表中"↓"表示边沿触发,而且为上升沿触发。若为上升沿触发,则用"↑"表示。

表4.11　主从 RS 触发器特性表

输入信号			现态	次态	功能描述
cp	R	S	Q^n	Q^{n+1}	
×	×	×	0	0	保持
×	×	×	1	1	
↓	0	0	0	0	保持
↓	0	0	1	1	

续表

输入信号			现态	次态	功能描述
cp	R	S	Q^n	Q^{n+1}	
↓	0	1	0	1	置1
↓	0	1	1	1	
↓	1	0	0	0	置0
↓	1	0	1	0	
↓	1	1	0	×	不确定 禁止态
↓	1	1	1	×	

主从RS触发器的逻辑功能和同步RS触发器的逻辑功能完全相同。不一样的是主从RS触发器cp信号是下降沿触发,并且可以克服空翻现象。

例4.5 已知主从RS触发器其cp、R和S的波形图如图4.24所示,试画出Q和$\overline{Q}$端的电压波形。设触发器初始状态为$Q=0$。

解: 首先根据$cp=1$期间的R、S状态及同步RS触发器的逻辑规则画出主触发器Q_m和$\overline{Q}_m$波形,然后根据cp下降沿到达时Q_m(即从触发器的S输入信号)和$\overline{Q}_m$(即从触发器的R输入信号)的状态画出Q和$\overline{Q}$电压波形,如图4.24所示。在最后一个$cp=1$期间可以看到,Q_m和$\overline{Q}_m$的状态改变了两次,但是Q和$\overline{Q}$的状态并未改变。

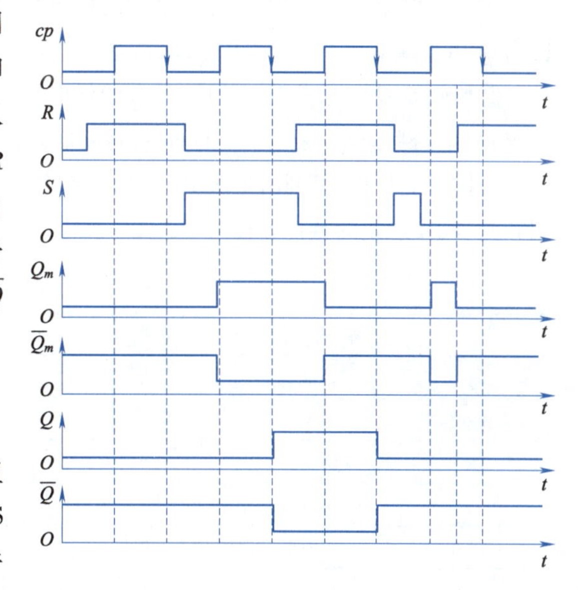

图4.24 例4.5波形图

4.3.2 主从JK触发器

主从RS触发器虽然解决了空翻现象,但与前面所介绍的基本RS触发器以及同步RS触发器一样,都存在禁止态,即当$cp=1$期间并且主从RS触发器的S端口和R端口均输入高电平时,主触发器的次态输出不确定。采用4.2.3节所介绍的同步JK触发器构造方法,即利用$cp=1$期间,输出端Q和$\overline{Q}$的输出状态不变且互补的特点,将输出信号引入输入端,便得到主从JK触发器。图4.25所示为主从JK触发器的逻辑电路和逻辑符号。

当$J=K=0$时,由于G7和G8被封锁,触发器保持不变,即$Q^{n+1}=Q^n$。

当$J=0,K=1$时,则$cp=1$时,主触发器输出信号$Q_m=0,\overline{Q}_m=1$,当cp由1跳变到0及$cp=0$期间,主触发器被封锁并保持原态不变,而此时从触发器被打开并接收主触发器的输出信号作为从触发器的输入信号,从触发器被置0,即$Q^{n+1}=0$。

当$J=1,K=0$时,则$cp=1$时,主触发器输出信号$Q_m=1,\overline{Q}_m=0$,当cp由1跳变到0及$cp=0$期间,从触发器被置1,即$Q^{n+1}=1$。

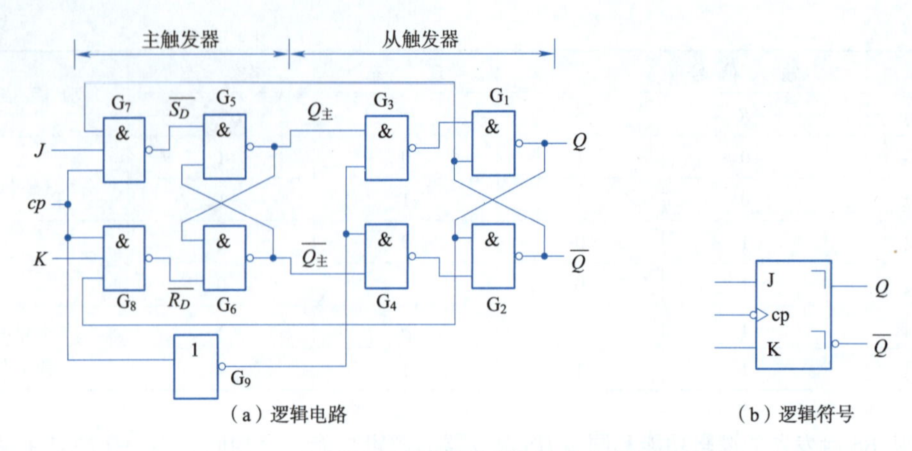

（a）逻辑电路　　（b）逻辑符号

图 4.25　主从 JK 触发器的逻辑电路和逻辑符号

当 $J=K=1$ 时，由于电路中存在两路从触发器输出端引出的反馈电路，所以需要分两种情况讨论：

①如假设 $Q^n=0$，这时 G_8 门被 Q 端的低电平封锁，$cp=1$ 时，G_7 门输出低电平，主触发器被置 1，当 cp 由 1 跳变到 0 及 $cp=0$ 期间，从触发器被置 1，即 $Q^{n+1}=1$。

②如假设 $Q^n=1$，这时 G_7 门被 $\overline{Q}$ 端的低电平封锁，$cp=1$ 时，G_8 门输出低电平，主触发器被置 0，当 cp 由 1 跳变到 0 及 $cp=0$ 期间，从触发器被置 0，即 $Q^{n+1}=0$。

根据以上分析，可列出主从 JK 触发器特性表，见表 4.12。主从 JK 触发器的特性方程与状态图和同步 JK 触发的特性方程与状态图一致。

表 4.12　主从 JK 触发器特性表

输入信号			现　态	次　态	功能描述
cp	J	K	Q^n	Q^{n+1}	
×	×	×	0	0	保持
×	×	×	1	1	
↓	0	0	0	0	保持
↓	0	0	1	1	
↓	0	1	0	0	置 0
↓	0	1	1	0	
↓	1	0	0	1	置 1
↓	1	0	1	1	
↓	1	1	0	1	翻转
↓	1	1	1	0	

思考题：根据图 4.25 及表 4.12，分析主从 JK 触发器激励表，画出它的状态转移图。

例 4.6　已知主从 JK 触发器其 cp、J 和 K 的波形图如图 4.26 所示，试画出 Q 和 $\overline{Q}$ 端的电压波形。设触发器初始状态为 $Q=0$。

解：根据主从 JK 触发器在 cp 下降沿到来时的 J、K 状态，查出特性表中对应次态的状态即可

画出 Q 和 $\overline{Q}$ 端的电压波形，如图 4.26 所示。

尽管主从结构的触发器能够有效地克服空翻现象，但是如果输入端被尖峰脉冲信号干扰，就会出现一次翻转现象，即触发器在时钟信号下降沿到来时的输出状态是由干扰信号引起的，并非真正的输入信号所引起的输出状态改变。下面介绍主从 JK 触发器一次翻转现象的具体产生过程。

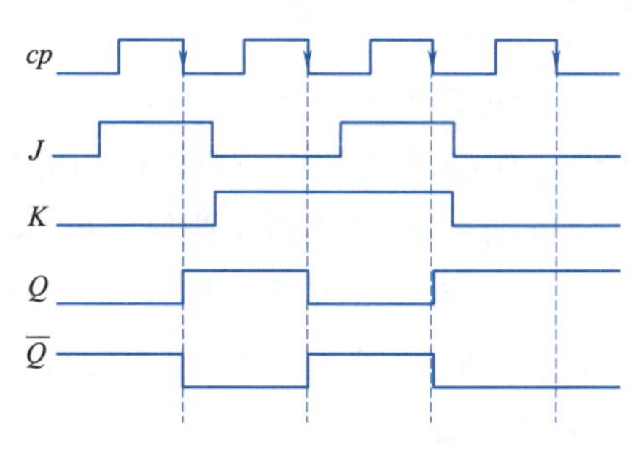

图 4.26 例 4.6 波形图

4.3.3 主从 JK 触发器的一次翻转现象

图 4.27 所示为具有异步复位和置位端口的主从 JK 触发器电路原理图，与非门 G_5、G_6 构成主触发器，与非门 $G_1 \sim G_4$ 构成从触发器，$\overline{S_D}$ 和 $\overline{R_D}$ 分别是异步置位端口和异步复位端口（低电平有效），用于设置主从 JK 触发器的初始状态。

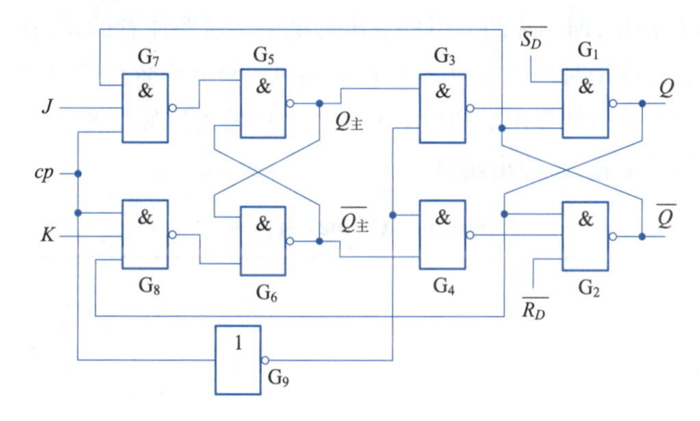

图 4.27 具有异步复位和置位端口的主从 JK 触发器电路原理图

如图 4.27 所示，假设主从 JK 触发器的现态为 1，则 G_7 门被封锁。假设 $J = K = 0$，那么当 cp 下降沿时主从 JK 触发器次态应该维持 1 不变。在 $cp = 1$ 期间，与非门 G_8 的三个输入端口中除了 K 端口均为高电平。假设此时 K 端口受到尖峰脉冲干扰（即 K 端口出现了一次高电平后又迅速变为低电平），那么在这干扰的一瞬间与非门 G_8 输出低电平后又瞬间重新转换为高电平。而与非门 G_5 和 G_6 构成一个基本 RS 触发器，G_5 与 G_7 相连接的端口是置位端口，G_6 与 G_8 相连接的端口是复位端口。K 端口受尖峰脉冲干扰导致 G_8 端口输出低电平使得基本 RS 触发器复位，即与非门 G_5 输出低电平（注意在没有尖峰脉冲干扰前 G_5 端口输出为高电平）。尖峰脉冲消失后 K 端口恢复为 0，此时 G_7 和 G_8 输出均为高电平，这两个高电平会使由 G_5 和 G_6 构成的基本 RS 触发器维持现态不变。此时，无论 K 端口的电平是高还是低，与非门 G_5 始终输出低电平，也就是主触发器的输出不会再发生变化。如果此时 cp 由高电平变为低电平，从触发器打开，G_3 接收 G_5 输出的低电平，G_4 接收 G_6 输出的高电平，会使从触发器输出为低电平，即主从 JK 触发器的次态误翻转为 0。类似地，当主从 JK 触发器现态为 0 时，在 $cp = 1$ 期间以及 J 端口在低电平时受到尖峰脉冲干扰会导致主从 JK 触发器的次态误翻转为 1。这就是主从 JK 触发器的一次翻转现象，该现象表明主从 JK 触发器抗干扰能力差，易受外界干扰而导致逻辑错乱，这是主从触发方式造成的，在使用时应注意一次翻转问题所带来的影响。

4.3.4 CD4027 芯片

CD4027 是主从 JK 触发器芯片，该芯片内部集成了两个独立的 JK 触发器，1 引脚 ~ 7 引脚对应第一组 JK 触发器，9 引脚 ~ 15 引脚对应第二组 JK 触发器，具体外围引脚如图 4.28 所示。

在图 4.28 中，J_1 和 K_1 为第一组 JK 触发器输入端口；S_1 和 R_1 分别是第一组 JK 触发器的异步置位端口和异步复位端口（高电平有效）；Q_1 和 $\overline{Q_1}$ 为第一组 JK 触发器输出端口。

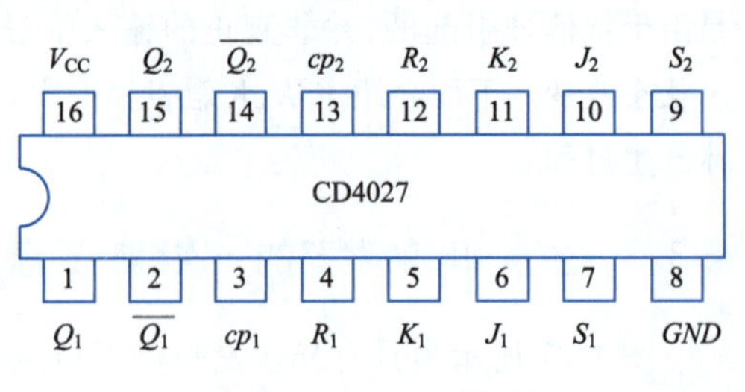

图 4.28 CD4027 引脚图

根据该芯片的真值表（见表 4.13），当置位端口接入高电平，复位端口接入低电平时，JK 触发器执行置数操作，即芯片的 1 引脚（Q_1 端口）输出高电平；当置位端口接入低电平，复位端口接入高电平时，JK 触发器执行复位操作，即芯片的 1 引脚输出低电平。需要注意的是，置位端口和复位端口均为异步端口，其优先级高于时钟端口、J 端口和 K 端口。只有当置位端口和复位端口均接入低电平时，触发器才在时钟信号的作用下响应 J_1 和 K_1 端口的输入信号。类似地，芯片的 9 引脚 ~ 15 引脚对应第二组 JK 触发器输入、输出端口。

表 4.13 CD4027 真值表

输入					输出	
S	R	cp	J	K	Q	$\overline{Q}$
1	0	×	×	×	1	0
0	1	×	×	×	0	1
1	1	×	×	×	1	1
0	0	↑	0	0	保持原态不变	
0	0	↑	0	1	0	1
0	0	↑	1	0	1	0
0	0	↑	1	1	翻转	

前面所介绍的各种类型的同步触发器以及主从结构触发器也仅限于理论层面，前者存在空翻问题，后者存在一次翻转问题。边沿类触发器可以解决这些问题，目前市场上实际的触发器芯片产品往往采用边沿触发的方式，下面将简要介绍边沿触发器的基本原理。

4.4 边沿类型触发器

尽管主从结构触发器能够有效地克服空翻现象，但是它易受噪声干扰，存在一次翻转现象，这就限制了主从结构触发器的进一步应用，无法利用它构造重要的时序逻辑部件，如计数器和移位寄存器。为了能够克服一次翻转现象，提高触发器的可靠性，希望触发器仅在时钟信号上升沿或者下降沿到来的一瞬间响应输入端的信号，而在这之前和之后输入状态的改变不会影响触发器的输出，把这种触发方式的触发器称为边沿触发器。

边沿触发器指的是接收时钟脉冲 cp 的某一约定跳变来到时的输入数据。在 $cp=1$ 及 $cp=0$ 期间以及 cp 非约定跳变到来时，触发器不接收数据。这种触发器只在时钟脉冲的上升沿或下降沿时刻接收输入信号，电路状态才发生翻转，从而提高了触发器工作的可靠性和抗干扰能力。

下面以维持阻塞 D 触发器为例介绍其基本原理。图 4.29(a)所示为维持阻塞 D 触发器逻辑电路图，$\overline{S_D}$和$\overline{R_D}$分别是异步置位端口和异步复位端口(低电平有效)。当$\overline{S_D}=0$，$\overline{R_D}=1$ 时，触发器执行置数操作，即 Q 端口输出为 1；当$\overline{S_D}=1$，$\overline{R_D}=0$ 时，触发器执行复位操作，即 Q 端口输出为 0。只有当$\overline{S_D}=1$，$\overline{R_D}=1$ 时，触发器的输出状态才与 D 端口信号和时钟信号有关。图 4.29(b)所示为维持阻塞 D 触发器逻辑符号。需要注意的是，该图中时钟信号为上升沿触发，与前面同步 D 触发器的逻辑图有所区别。下面分析当$\overline{S_D}=1$、$\overline{R_D}=1$ 时触发器的工作原理。

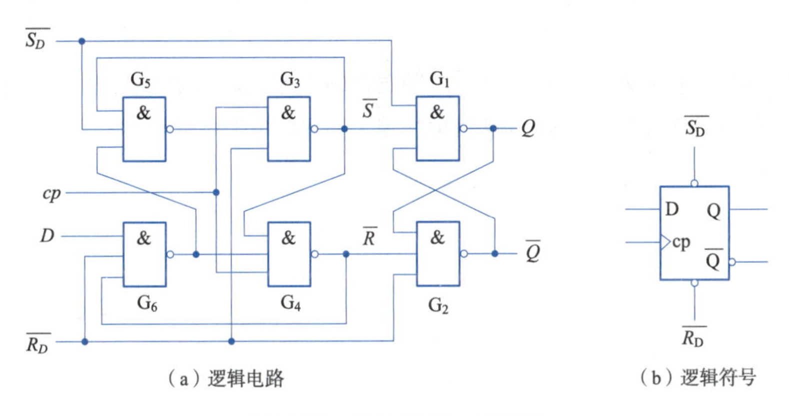

(a) 逻辑电路　　(b) 逻辑符号

图 4.29　维持阻塞 D 触发器

当 $cp=0$ 时，与非门 G_3和 G_4被封锁，G_3和 G_4输出均为高电平，考虑到此时$\overline{S_D}=1$，$\overline{R_D}=1$，那么由与非门 G_1和 G_2所构成的基本 RS 触发器(与 G_3输出端相连的 G_1门端口当于 $\overline{S}$，与 G_4输出端相连的 G_2门端口当于 $\overline{R}$)会维持原态不变。在 $cp=0$ 期间，与非门 G_4输出的高电平反馈给与非门 G_6，这样 D 端口的数据经过与非门 G_6后输出为 $\overline{D}$，而该输出结果又反馈给与非门 G_5，这样 G_5输出即为 D 端口的数据。

当时钟端口信号由 0 正向跳变到 1 时，与非门 G_3和 G_4被打开并接收 G_5和 G_6的输出信号，那么 G_3输出为 $\overline{D}$，G_4输出为 D。G_3和 G_4的输出接入由 G_1和 G_2所构成的基本 RS 触发器，触发器特性方程如式(4.15)所示，实现了 D 触发器的逻辑功能。

$$Q^{n+1}=S+\overline{R}Q^n=\overline{\overline{S}}+\overline{R}Q^n=\overline{\overline{D}}+DQ^n=D \tag{4.15}$$

下面讨论当 $cp=1$ 时触发器的状态。由前一步骤的分析可知，与非门 G_3和 G_4的输出是互补的，即 G_3和 G_4的输出至少有一个是 0。假设 G_3的输出为 0，该低电平经过反馈线将 G_4和 G_5封锁，此时即使 D 端口数据发生了变化，该变化的数据也不会传递到由 G_1和 G_2所构成的基本 RS 触发器，整个维持阻塞 D 触发器仍然维持原态不变；反之，如果是 G_4的输出为 0，该低电平经过反馈线将 G_6封锁，此时无论 D 端口数据如何变化，G_6的输出始终是高电平，整个维持阻塞 D 触发器将维持原态不变。

当时钟端口信号由 1 跳变到 0 时，与非门 G_3和 G_4被封锁，整个维持阻塞 D 触发器仍然维持原态不变。

根据上述分析，可列出维持阻塞 D 触发器的特性表，见表 4.14。

表 4.14　维持阻塞 D 触发器特性表

输入				输出	
cp	$\overline{R_D}$	$\overline{S_D}$	D	Q^{n+1}	功能
×	0	1	×	0	异步置 0
×	1	0	×	1	异步置 1
0	1	1	×	Q^n	保持
↑	1	1	0	0	同步置 0
↑	1	1	1	1	同步置 1

例 4.7　已知维持阻塞 D 触发器的 cp 和 D 信号的波形图如图 4.30 所示，试画出 Q 端的电压波形。设触发器初始状态为 $Q=0$。

解： 由维持阻塞 D 触发器的特性表可知，触发器的次态仅取决于 cp 上升沿时刻的 D 信号状态，参照特性逻辑变化关系即可表画出 Q 的电压波形，具体如图 4.30 所示。

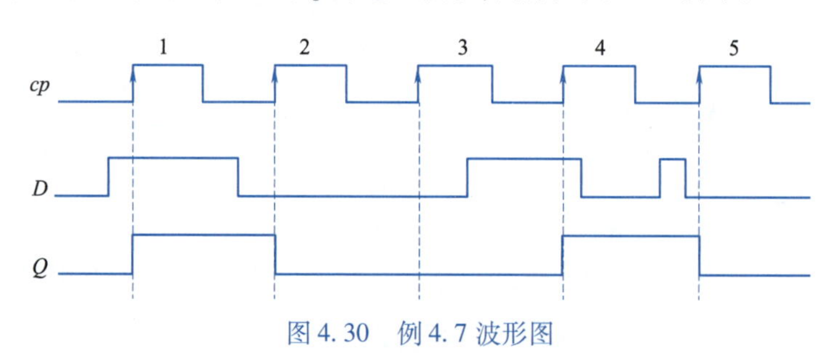

图 4.30　例 4.7 波形图

综上所述，维持阻塞 D 触发器是在时钟信号上升沿到来前接收 D 端口信号，在时钟信号上升沿到来时进行翻转，在时钟信号上升沿结束后信号被封锁，从而有效地克服了一次翻转现象。

下面介绍典型的上升沿触发的边沿 D 触发器芯片 74LS74。图 4.31 所示为该芯片的引脚图，其内部集成了两个独立的上升沿触发、带有异步置位端口和异步复位端口的 D 触发器。其中，D_1（即芯片的 2 引脚）和 D_2（12 引脚）分别是两个触发器的数据输入端口；3 引脚和 11 引脚是两个独立的时钟输入端口，分别对应两个 D 触发器；1 引脚和 13 引脚是复位端口（低电平有效）；4 引脚和 10 引脚是置位端口（低电平有效）；5、6 引脚和 9、8 引脚分别是两个 D 触发器的互补输出端口。7 引脚和 14 引脚分别接地和电源。

表 4.15 所示为 74LS74 芯片的特性表，从该表可以看出，异步置位和异步复位端口的优先级高于时钟端口和 D 端口。74LS74 芯片的置位端口和复位端口均为低电平有效，当置位端口接低电平，复位端口接高电平时，触发器执行置位操作，即 Q 端口输出高电平；当置位端口接高电平，复位端口接低电平时，触发器执行复位操作，即 Q 端口输出低电平；当置位端口和复位端口均接高电平时，触发器才会在时钟上升沿的作用下响应数据输入端口 D 的数据。逻辑变化规则见式(4.16)：

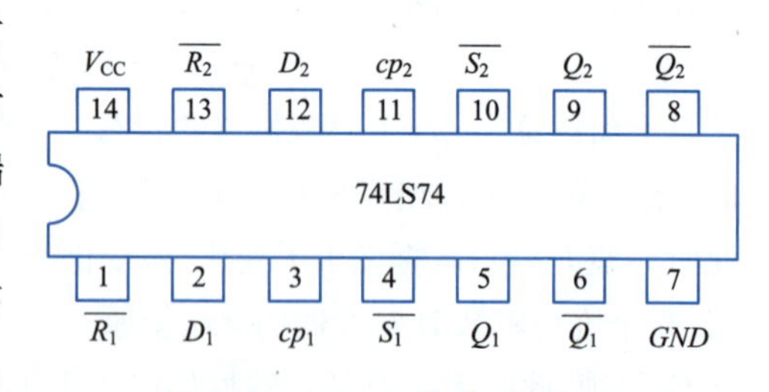

图 4.31　74LS74 芯片引脚图

$$Q^{n+1}=D,\quad cp\uparrow \tag{4.16}$$

表4.15 74LS74芯片特性表

输入				输出	
$\overline{S}$	$\overline{R}$	cp	D	Q	$\overline{Q}$
0	1	×	×	1	0
1	0	×	×	0	1
0	0	×	×	不稳定状态	
1	1	↑	1	1	0
1	1	↑	0	0	1
1	1	0	×	Q^n	$\overline{Q^n}$

有关74LS74芯片更多的内容,可参考该芯片的器件手册。

4.5 触发器类型转换

不同类型的触发器具有不同的逻辑功能和特性。在实际应用中某些特定的场景,可能需要使用某种特定类型的触发器来实现特定的逻辑功能,但手上可能只有其他类型的触发器可用。此时,就需要进行触发器的类型转换,以满足设计的需求。由于JK触发器和D触发器分别是双端输入和单端输入功能最完善的触发器,所以集成电路产品大多是JK触发器(如CC4027、74122)和D触发器(如CC4013、7474),很多时候需要将现有的JK触发器和D触发器转换为其他类型的触发器来使用。

触发器的类型转换主要是求解转换逻辑,常用的转换方法有公式法和图表法。公式法是通过比较已有触发器和待求解触发器的特征方程来求解转换逻辑。图表法是通过触发器的特性表和激励表并结合卡诺图来求解转换逻辑。本节主要介绍公式法的基本原理与步骤。

4.5.1 公式法

采用公式法进行触发器类型转换的具体步骤如下:

①分别写出已有触发器和待转换触发器的特性方程。

②对待求触发器的特性方程进行适当的变形处理,使其形式与已有触发器的特征方程一致。

③比较已有和待求触发器的特征方程,根据两个方程相等的原则求出转换逻辑。

④根据转换逻辑画出逻辑电路图。

例4.8 试用JK触发器实现D触发器的逻辑功能。

解: ①分别写出JK触发器和D触发器的特性方程:

$$Q^{n+1}=J\cdot\overline{Q^n}+\overline{K}\cdot Q^n,Q^{n+1}=D \tag{4.17}$$

②对D触发器的特性方程进行变换,使其表达式与JK触发器的特性方程一致,具体如下:

$$Q^{n+1}=D=D(\overline{Q^n}+Q^n)=D\overline{Q^n}+DQ^n \tag{4.18}$$

③将该表达式与JK触发器的特性方程相对比,有$J=D$, $K=\overline{D}$,即所求出的转换逻辑是一个非门。

④使用一个非门将 JK 触发器的 J 端口和 K 端口相连就实现了 D 触发器的逻辑功能，具体逻辑电路如图 4.32 所示。

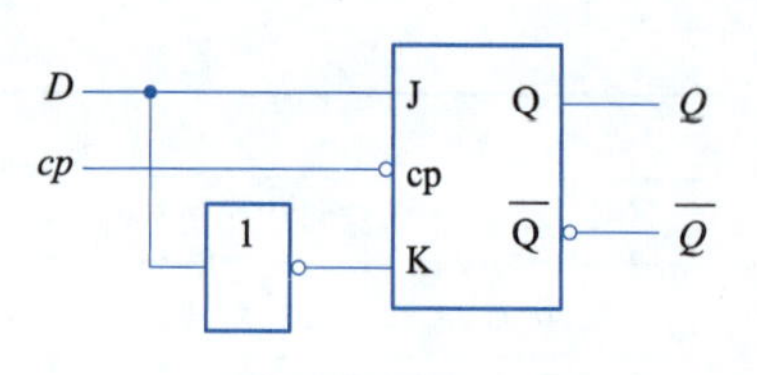

图 4.32　JK 触发器实现 D 触发器逻辑电路

例 4.9　试用 JK 触发器转换为 RS 触发器的逻辑功能。

解：①分别写出 JK 触发器和 RS 触发器的特性方程：

$$Q^{n+1}=J\cdot\overline{Q^n}+\overline{K}\cdot Q^n \tag{4.19}$$

$$\begin{cases}Q^{n+1}=S+\overline{R}Q^n\\RS=0\end{cases} \tag{4.20}$$

②对 RS 触发器的特性方程进行相应变换，使其表达式与 JK 触发器的特性方程一致，具体如下：

$$\begin{aligned}Q^{n+1}&=S+\overline{R}Q^n\\&=S(Q^n+\overline{Q^n})+\overline{R}Q^n\\&=(S+\overline{R})Q^n+S\,\overline{Q^n}\\&=\overline{\overline{S}R}Q^n+S\,\overline{Q^n}\end{aligned} \tag{4.21}$$

③将 JK 触发器的特性方程式(4.19)与 RS 触发器的特性方程式(4.21)相对比，可得式(4.22)。

$$J=S,K=R\overline{S} \tag{4.22}$$

将 RS 触发器的约束条件 $RS=0$ 代入式(4.22)，可得式(4.23)。

$$\begin{aligned}&J=S,\\&K=R\overline{S}+RS=R(\overline{S}+S)=R\end{aligned} \tag{4.23}$$

④根据转换式(4.23)可画出由 JK 触发器转换为 RS 触发器的逻辑电路，如图 4.33 所示。

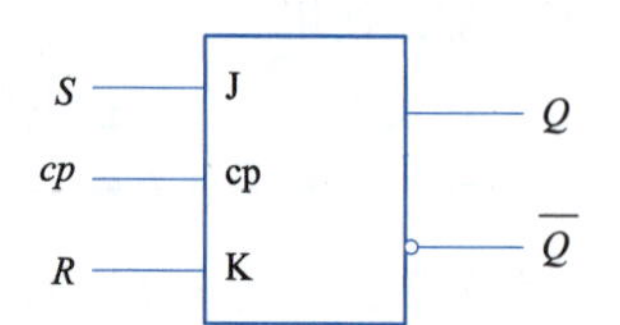

图 4.33　JK 触发器转换为 RS 触发器的逻辑电路

4.5.2　图表法

采用图表法进行触发器的类型转换，具体步骤如下：

①根据待转换触发器的特性表和已有触发器的激励表列出转换电路的真值表。

②根据转换电路真值表作出卡诺图，利用卡诺图化简求得转换逻辑表达式。

③根据转换逻辑表达式画出逻辑电路图。

例 4.10　把同步 RS 触发器转换为同步 JK 触发器。

解：①根据同步 JK 触发器特性表 4.7 和同步 RS 触发器激励表 4.5 列出转换电路真值表，见表 4.16。

表 4.16　转换电路真值表

J	K	Q^n	Q^{n+1}	S	R
0	0	0	0	0	x
0	0	1	1	x	0
0	1	0	0	0	x

续表

J	K	Q^n	Q^{n+1}	S	R
0	1	1	0	0	1
1	0	0	1	1	0
1	0	1	1	1	0
1	1	0	1	1	0
1	1	1	0	0	1

②根据转换电路真值表作出卡诺图,如图4.34所示。利用卡诺图化简求得转换逻辑表达式。

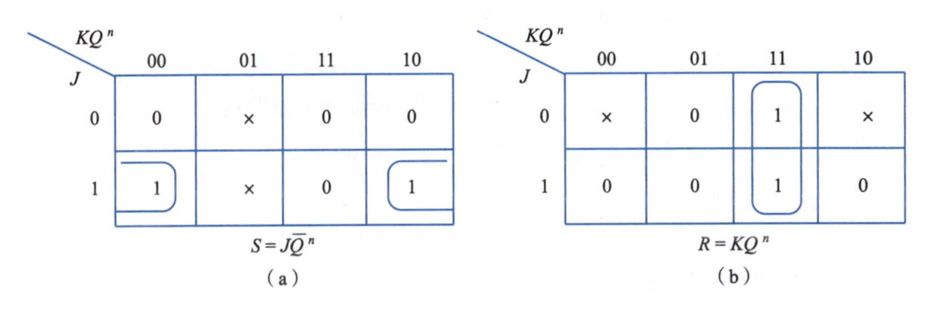

图4.34 触发器转换卡诺图

③根据转换逻辑表达式画出同步RS触发器转换为同步JK触发器逻辑电路,如图4.35所示。

上述触发器的类型转换公式法和图表法两者各有优势,公式法更侧重于数学推导和方程求解,适用于复杂的逻辑变换;而图表法则更直观、易于理解,适用于简单的逻辑变换和初学者学习。在实际应用中,可以根据具体需求和场景选择合适的方法。

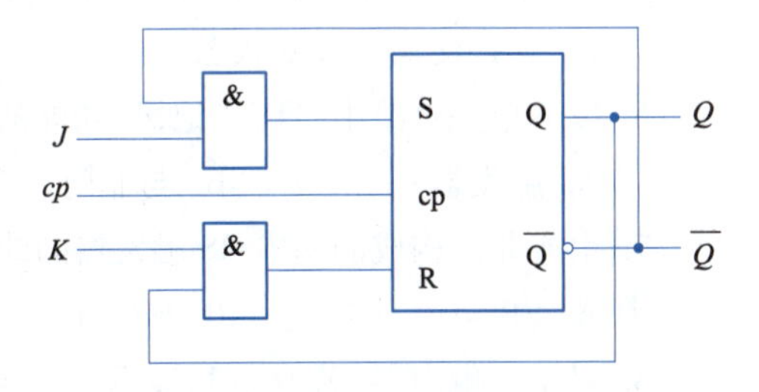

图4.35 同步RS触发器转换为同步JK触发器逻辑电路

触发器的类型转换可用于:

①优化电路设计:通过将一种复杂的触发器转换为另一种更简单的触发器,可以简化电路的设计,降低设计难度和成本。

②提高性能:某些类型的触发器可能在某些方面(如速度、功耗、稳定性等)具有更优越的性能。通过类型转换,可以选择性能更优的触发器来提高整个电路的性能。

③实现电路兼容性:在不同的电路系统中,可能使用不同类型的触发器。为了实现不同电路系统之间的兼容性和互换性,可能需要进行触发器的类型转换,以确保电路能够正常工作。

视频

触发器类型转换

④解决资源限制:在某些情况下,由于资源限制(如元器件库存不足、成本限制等),可能无法直接获得所需类型的触发器。此时,通过类型转换,可以利用现有资源实现所需的功能。

习 题

一、选择题

1. 不属于触发器特点的是(　　)。

A. 有两个稳定状态　　B. 具有记忆功能

C. 有不定输出状态　　D. 可由一种状态转换到另外一种状态

2. 下列触发器中,存在一次翻转问题的触发器是(　　)。

A. 基本 RS 触发器　　B. 主从 RS 触发器

C. 主从 JK 触发器　　D. 维持阻塞 D 触发器

3. 下列触发器中,不能克服空翻现象的触发器是(　　)。

A. 边沿类 D 触发器　　B. 边沿类 JK 触发器

C. 主从 JK 触发器　　D. 同步 RS 触发器

4. JK 触发器工作时,输出状态始终保持为 1,则不可能的原因是(　　)。

A. 没有 CP 信号输入　　B. $J=K=1$

C. $J=K=0$　　D. $J=1,K=0$

5. 触发器"空翻"现象是指(　　)。

A. 在时钟信号作用时,触发器的输出状态随输入信号的变化发生多次翻转

B. 触发器的输出状态取决于输入信号

C. 触发器的输出状态取决于时钟信号和输入信号

D. 总是使输出改变状态

6. 以下单元电路中,具有"记忆"功能的单元电路是(　　)。

A. 触发器　　B. 与非门　　C. 译码器　　D. 编码器

7. 由或非门构成的基本 RS 触发器的约束条件是(　　)。

A. SR = 0　　B. SR = 1　　C. S + R = 0　　D. S + R = 1

8. 对于 T 触发器,若 $Q^n=1$,要求 $Q^{n+1}=1$,则应使(　　)。

A. $T=0$　　B. $T=1$　　C. $T=Q$　　D. $T=\overline{Q}$

9. 下列触发器中,输入信号直接控制输出状态的触发器是(　　)。

A. 基本 RS 触发器　　B. 同步 RS 触发器

C. 主从 JK 触发器　　D. 边沿 D 触发器

10. 为实现将 JK 触发器转为 D 触发器,应使(　　)。

A. $J=D,K=\overline{D}$　　B. $K=D,J=\overline{D}$　　C. $J=K=D$　　D. $J=K=\overline{D}$

11. 为使同步 RS 触发器的次态为 1,RS 的取值应为(　　)。

A. RS = 00　　B. RS = 01　　C. RS = 10　　D. RS = 11

12. 为使触发器克服空翻与震荡,应采用(　　)。

A. CP 高电平触发　　B. CP 低电平触发　　C. CP 低电位触发　　D. CP 边沿触发

13. 将 RS 触发器转换为 D 触发器,则应将(　　)。

A. R 作为输入 D 端,$S=\overline{R}$　　B. S 作为输入 D 端,R = 1

C. S 作为输入 D 端，$R=\overline{S}$　　D. R 作为输入 D 端，$S=0$

14. 触发器是一种(　　)。

A. 单稳态电路　　B. 无稳态电路　　C. 双稳态电路　　D. 三稳态电路

15. 用与非门构成的基本 RS 触发器，当输入信号 $\overline{S}=0$，$\overline{R}=1$ 时，其逻辑功能为(　　)。

A. 置 1　　B. 置 0　　C. 保持　　D. 不定

16. 具有异步复位端 $\overline{R_d}$ 和异步置位端 $\overline{S_d}$ 的触发器，当触发器处于受 CP 脉冲信号控制的情况下工作时，这两端所加的信号为(　　)。

A. $\overline{R_d}\,\overline{S_d}=00$　　B. $\overline{R_d}\,\overline{S_d}=01$　　C. $\overline{R_d}\,\overline{S_d}=10$　　D. $\overline{R_d}\,\overline{S_d}=11$

17. 触发器电路如图 4.36 所示，其特性方程为(　　)。

A. $Q^{n+1}=1$　　B. $Q^{n+1}=0$　　C. $Q^{n+1}=Q^n$　　D. $Q^{n+1}=\overline{Q^n}$

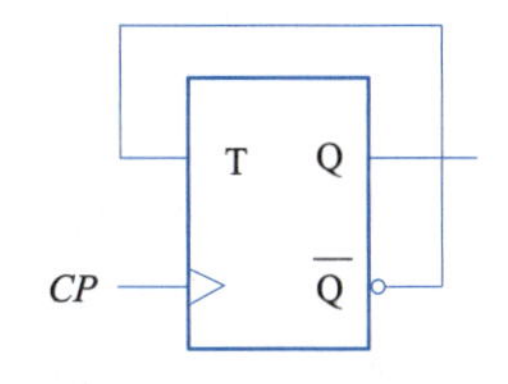

图 4.36　第 17 题图示

18. 触发器电路如图 4.37 所示，其特性方程为(　　)。

A. $Q^{n+1}=0$　　B. $Q^{n+1}=1$　　C. $Q^{n+1}=A$　　D. $Q^{n+1}=\overline{A}$

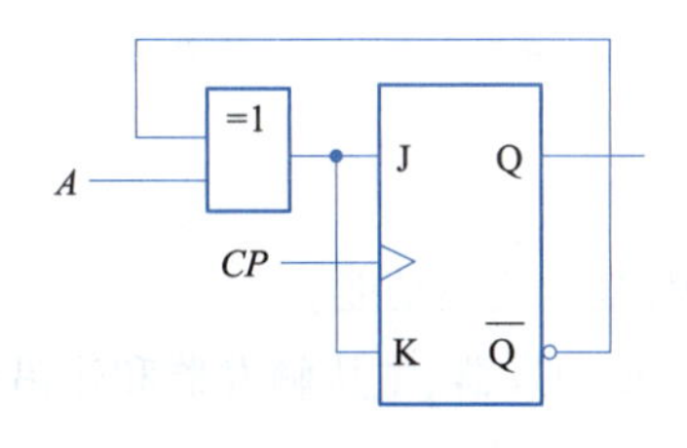

图 4.37　第 18 题图示

二、填空题

1. 触发器有________个稳态，可以存储________位二进制信息。存储 16 位二进制信息要________个触发器。

2. 基本 RS 触发器有________、________和________3 种可用功能。由与非门构成的基本 RS 触发器正常工作时的约束条件是________。

3. D 触发器的状态方程是________，如果要用 JK 触发器来实现 D 触发器的功能，则 $J=$________；$K=$________。

4. 在 T 触发器中，$T=$________时具有保持功能；$T=$________时具有翻转功能。

5. 主从 RS 触发器由 2 个________组成，但两个触发器的时钟信号 CP 相位________。

6. 同步触发器其状态的变化不仅取决于________信号的变化，还取决于________信号的作用。

三、分析题

1. 图 4.38 所示为边沿 D 触发器构成的电路图，设触发器的初始状态 $Q_1Q_0=00$，请确定 Q_0Q_1

在时钟脉冲作用下的波形。

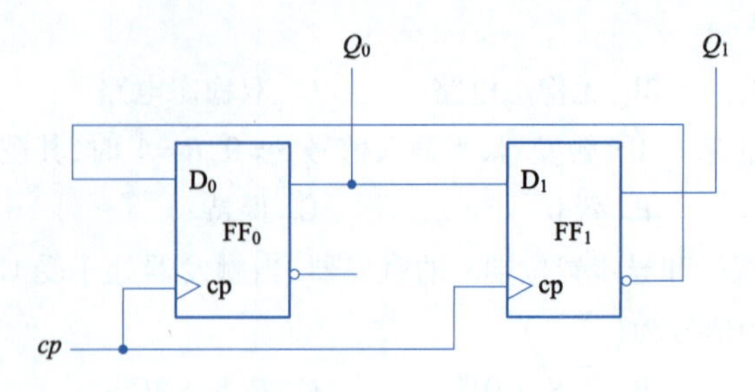

图 4.38 第 1 题图示

2. 触发器电路及 cp、A、B 的波形如图 4.39 所示。

(1)写出该触发器的特性方程。

(2)画出 Q 端波形(设初态 $Q=0$)。

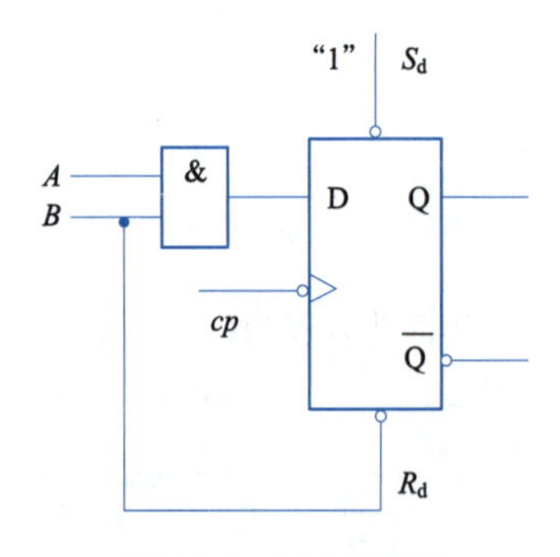

图 4.39 第 2 题图示

3. 试用 JK 触发器实现 T′触发器的逻辑功能。

4. 请分析基本 RS 触发器、同步触发器、主从触发器和边沿触发器触发翻转的特点,并进行归纳。

第 5 章 时序逻辑电路

引　言

前面章节介绍了触发器的相关基础知识，本章将重点介绍时序逻辑电路、如何分析和设计时序电路，以及常见的时序逻辑的器件。在数字电子学中，时序逻辑电路是一类具有存储功能的电路，它们的行为不仅取决于当前的输入信号，还取决于电路的当前状态或先前的历史。这种电路能够根据输入信号和内部状态在不同时间点上产生不同的输出，因此它们在设计上具有时间上的依赖性。

学习目标

● 了解：时序逻辑电路的基本概念、类型、结构特点以及时序逻辑电路的分类。

● 理解：能够区分同步时序逻辑电路和异步时序逻辑电路，以及它们的特点和计数器的工作原理。

● 掌握：时序逻辑电路的分析方法和时序逻辑电路的设计步骤和常见器件的使用方法。掌握计数器和寄存器工作原理功能、特征和使用方法。

● 应用：综合各类逻辑器件完成各种实际问题的设计与应用。

● 引导：时序逻辑电路涉及的集成电路较多，规模较大，需要学生辩证地看问题、发现问题。引导学生用 EDA 工具仿真，不断调试、调整，构成整个系统，实现相应的功能。这个过程培养学生工程化能力、甘于吃苦的奉献精神，坚持科学、不断探索的创新精神和精益求精、追求完美的工匠精神。引导学生增强自己的国家、民族认同感和自豪感，意识到自己肩负着民族复兴的重任，要为实现社会主义现代化和中华民族伟大复兴，建设社会主义现代化强国而努力奋斗。

5.1 时序逻辑电路概述

5.1.1 时序逻辑电路的关键特性

1. 存储元件

时序逻辑电路是由组合逻辑电路和存储电路构成，包含存储元件，如触发器、锁存器、寄存器等，这些元件能够存储数据位并在时钟信号的控制下改变状态。

2. 状态依赖性

时序逻辑电路的输出不仅取决于当前的输入,还取决于电路的当前状态。这意味着电路能够"记忆"先前的输入,从而影响随后的行为。

3. 时钟信号

大多数时序逻辑电路依赖于时钟信号来同步状态的改变。时钟信号是一个周期性的信号,它定义了状态更新的时机。

4. 动态行为

与组合逻辑电路不同,"时序"词表明电路是具有时间相关性,时序逻辑电路的行为是动态的,即它们的状态随时间变化。

5.1.2 时序逻辑电路的结构

对于一个典型的数字电路往往既包含组合逻辑电路又包含触发器电路,二者的结合就是时序逻辑电路。从后续所学习的电路可以发现,时序逻辑电路中可以没有组合逻辑电路,但是不能没有触发器,本质上前面章节介绍的触发器就是特殊类型的时序逻辑电路。

图5.1所示为时序逻辑电路的一般结构框图,其中$I_0,I_1,\cdots,I_{m-1}$是输入信号,称为组合逻辑电路的外部输入。$Y_0,Y_1,\cdots,Y_{l-1}$是输出信号,又称组合逻辑电路的外部输出。$R_0,\cdots,R_{s-1}$是组合逻辑电路内部的输出信号,又是存储电路的输入信号,也称其为激励信号。$Q_0,\cdots,Q_{t-1}$是存储电路的状态输出信号,是对过去输入信号记忆的结果,该输出信号又作为组合逻辑电路的输入信号,它会随着外部信号的作用而变化。在对电路功能进行研究时,通常将某个时刻的状态称为"现态",记为Q_i^n,而把在某个现态下,外部信号发生变化时将要到达的新的状态称为"次态",记为Q_i^{n+1}。

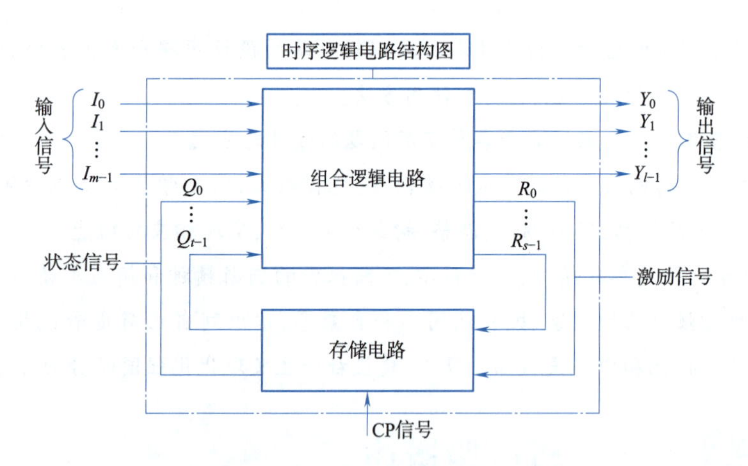

图5.1 时序逻辑电路的一般结构框图

5.1.3 时序逻辑电路的功能描述方法

前面章节中介绍了描述触发器逻辑功能的方法:特性方程(逻辑表达式)、真值表、状态转移表、激励表、状态转移图和波形图。其中,相关的"图"和"表"都可直接应用于时序逻辑电路的功能描述,是后续时序逻辑电路分析设计的重要工具。

1. 逻辑表达式

时序逻辑电路逻辑功能描述方法所涉及的表达式类型较多，结合时序逻辑结构图 5.1，有三组逻辑函数表达式方程非常重要，分别是输出方程、驱动方程、状态方程。从图 5.1 中单纯看组合逻辑电路，输入为I_i，状态反馈信号为Q_i，输出为Y_i，由此可得之间的逻辑关系表达式 F。如式(5.1)所示，该逻辑表达式称为时序逻辑电路的输出方程。

$$Y_i = F(I_0,\cdots,I_{m-1};Q_0^n,\cdots,Q_{t-1}^n), i=0,1,\cdots,l-1 \tag{5.1}$$

在组合逻辑电路中，还有一个输入为I_i和状态反馈信号Q_i，激励信号输出为R_i。式(5.2)称为驱动方程，代表触发器(存储电路)的输入端逻辑表达式。

$$R_j = G(I_0,\cdots,I_{m-1};Q_0^n,\cdots,Q_{t-1}^n), j=0,1,\cdots,s-1 \tag{5.2}$$

对于存储电路(触发器)中，有一个激励信号输入为R_{s-1}、CP 时钟信号和触发器的现态Q_{t-1}^n，以及输出状态信号Q^{n+1}。式(5.3)代表触发器次态输出与现态以及激励信号输入之间的逻辑表达式，称为状态方程。

$$Q_k^{n+1} = H(R_0,\cdots,R_{s-1};Q_0^n,\cdots,Q_{t-1}^n), k=0,1,\cdots,t-1 \tag{5.3}$$

2. 状态转移表

状态表是一种用于描述系统状态转移的表格形式，通常应用于计算机科学、电子工程、自动控制理论等领域。它主要用于描述有限状态机(FSM)的行为，即系统如何从一个状态转移到另一个状态。状态表可以分为两种基本类型的状态机：Mealy 型和 Moore 型。

状态表的组成要素如下：

①现态(current state)：当前系统所处的状态。

②输入(input)：外部输入到系统的信号。

③次态(next state)：根据现态和输入确定的下一个状态。

④输出(output)：系统根据现态(有时还包括输入)产生的输出信号。

状态表示例：假设有一个简单的交通灯控制系统，它有 3 个状态：绿灯(G)、黄灯(Y)、红灯(R)。该系统有两个可能的输入：按钮按下($X=1$)或按钮未按($X=0$)；输出是一个灯的状态。状态表见表 5.1。

表 5.1　状态表

现　　态	输　　入	次　　态	输　　出
Q_0^n	X	Q_0^{n+1}	Y
G	0	G	G
G	1	Y	G
Y	0	R	Y
Y	1	R	Y
R	0	G	R
R	1	G	R

在这个例子中，输出与现态和输入都有关联。例如，当交通灯处于绿色状态(G)并且按钮被按下(输入为1)时，下一个状态变为黄色(Y)，输出仍然是绿色(G)。

3. 状态图

状态图(state diagram)是一种图形化的表示方法,用于展示时序逻辑电路中状态之间的转移情况,如图5.2所示。其图中的节点表示系统的一个状态。每个状态通常以一个圆圈表示,并标注状态名称或标识符(如S_0、S_1),状态之间的箭头表示状态的转移,箭头旁的条件(标注)描述了触发状态转移的输入信号或条件,转移的标注通常以输入/输出的形式书写。例如,1/0表示当输入为1时,触发转移,并产生输出0。

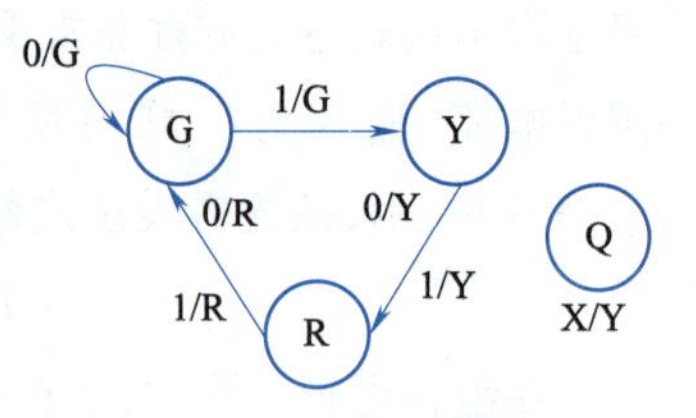

图5.2 状态示意图

4. 时序图

时序图即时序电路的工作波形图,它以波形的形式描述时序电路内部状态Q、外部输出Z随输入信号X变化的规律,可参考例5.1的实序图5.8。

以上几种同步时序逻辑电路功能描述的方法各有特点,但实质相同,且可以相互转换,它们都是同步时序逻辑电路分析和设计的主要工具。

5.1.4 时序逻辑电路的分类

按照电路的时钟控制工作方式可分为:同步时序逻辑电路和异步时序逻辑电路。在同步时序逻辑电路中,所有触发器状态的变化是在同一个时钟信号控制下统一完成状态的翻转。对于异步时序逻辑电路,各触发器状态的变化不是同时发生,并没有统一的时钟信号。

按照电路输入或输出信号的特性可分为:米里(Mealy)型和摩尔(Moore)型时序逻辑电路。米里型时序逻辑电路的输出不仅取决于当前时刻的输入,还与存储电路的状态有关,其典型的电路结构如图5.3所示。

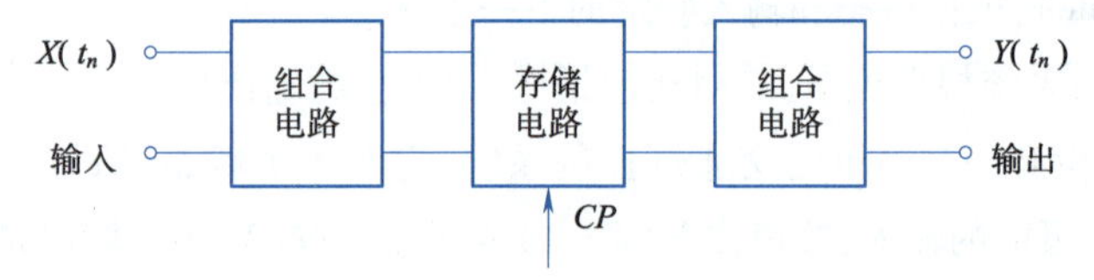

图5.3 米里型电路结构

摩尔型电路是将全部输入转换成电路状态后再和输出建立联系,其输出仅取决于存储电路的状态,与输入信号无关,其输出方程为:

$$Y_i = F(Q_0^n, \cdots, Q_{t-1}^n), i = 0, 1, \cdots, l-1 \tag{5.4}$$

摩尔型电路结构如图5.4所示。

实际上,摩尔型时序逻辑电路是米里型的一个特例,一些具体的时序逻辑电路往往不具备图5.3所示的完整形式。例如,有的时序逻辑电路并没有组合逻辑电路部分,有的时序逻辑电路可能没有输入逻辑变量,但它们都有一个共性特点,即都有存储电路。因此,一个时序逻辑电路可以没有组合逻辑电路,但不能没有存储电路。

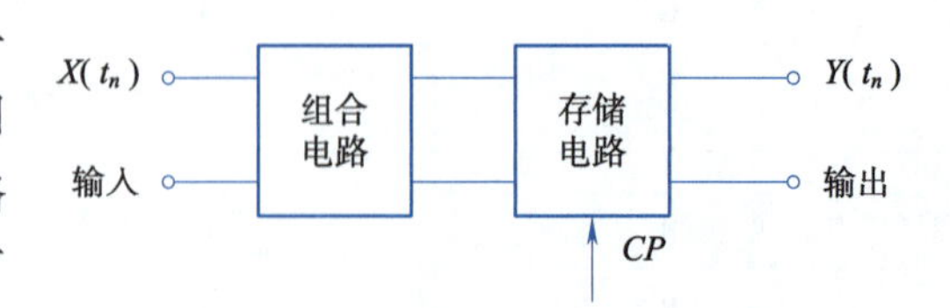

图5.4 摩尔型电路结构

按照电路的功能可分为:计数器、寄存器、移位寄存器、顺序脉冲发生器等。计数器和移位寄存器是本章的重点内容之一。

5.2 时序逻辑电路的分析

5.2.1 时序逻辑电路的基本分析方法

时序逻辑电路的分析就是从给定的电路图出发找出该时序逻辑电路在输入信号和时钟信号作用下,存储电路状态变化规律以及电路的输出,从而确定该时序逻辑电路所具有的逻辑功能。图 5.5 所示为分析时序逻辑电路的一般步骤:

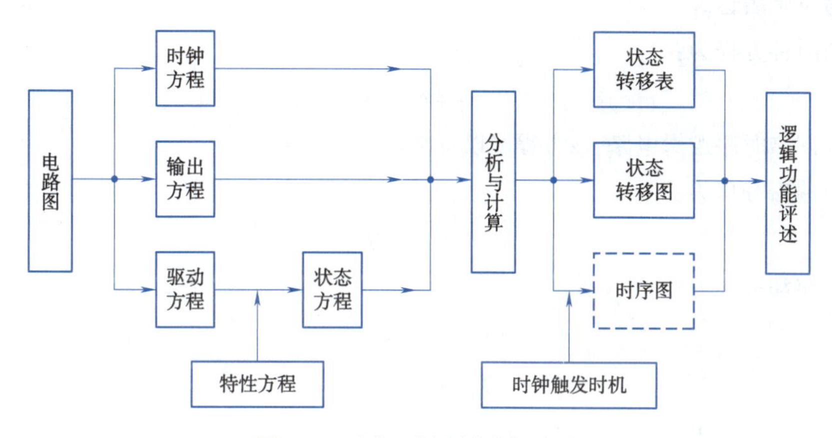

图 5.5 时序逻辑电路分析步骤

具体可总结如下:

①列写逻辑表达式。根据实际的电路图,逐一列写时钟方程、输出方程和触发器的驱动方程。如果所分析的电路是同步时序逻辑电路,可以不写时钟方程。若是异步时序逻辑电路,需要写出时钟方程,同时要注明是上升沿触发还是下降沿触发。此外,还需要将驱动方程带入触发器的特性方程来得到状态方程。

②分析与计算。根据上一步骤所得到的方程,将电路的输入和现态所有可能的取值依次带入上述方程并进行分析与计算,求出相应的次态输出,并将结果用表格的形式列出,即列出状态转移表。对于异步时序逻辑电路需要注意状态方程的有效时钟条件,只有在有效的时钟条件下,电路的状态才按照状态方程进行改变。如果是无效时钟,状态方程也是无效的,即触发器会维持原态不变。

③画状态转移图或时序图。根据状态方程和输出方程的计算结果,以及状态转移表来画出状态转移图或时序图,便于进一步理解电路的功能。

④逻辑功能评述。根据电路图,并结合前几个步骤所得到的状态转移表、状态转移图和时序图来确定该时序逻辑电路的逻辑功能。

5.2.2 同步时序逻辑电路的分析

例 5.1 分析图 5.6 所示电路的逻辑功能。

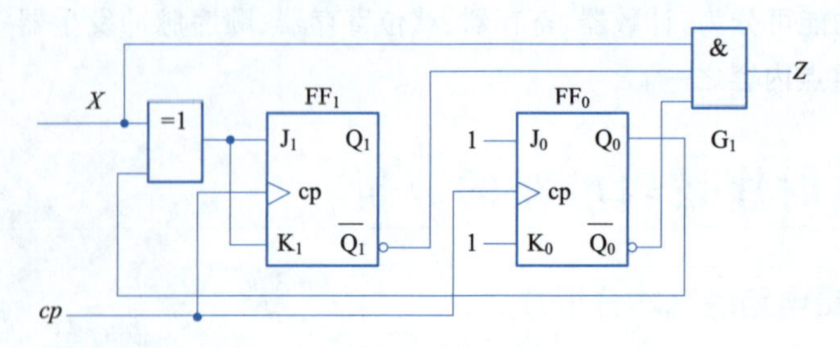

图 5.6　例 5.1 的时序逻辑电路

解： 图 5.6 所示电路为 1 个由 2 个 JK 触发器和 1 个与门构成的同步时序逻辑电路。

①列写逻辑表达式。

电路的时钟方程为：

$$cp_0 = cp_1 = cp \tag{5.5}$$

由于是同步时序逻辑电路，该方程可以省略。

电路的输出方程为：

$$Z = X\,\overline{Q_0^n}\,\overline{Q_1^n} \tag{5.6}$$

电路的驱动方程为：

$$\begin{cases} J_0 = K_0 = 1 \\ J_1 = K_1 = X \oplus Q_0^n \end{cases} \tag{5.7}$$

将式(5.7)带入 JK 触发器的特性方程得到状态方程：

$$\begin{cases} Q_0^{n+1} = J_0\overline{Q_0^n} + \overline{K_0}Q_0^n = 1 \cdot \overline{Q_0^n} + \overline{1} \cdot Q_0^n = \overline{Q_0^n} \\ Q_1^{n+1} = J_1\overline{Q_1^n} + \overline{K_1}Q_1^n = X \oplus Q_0^n\overline{Q_1^n} + \overline{X \oplus Q_0^n}Q_1^n = X \oplus Q_0^n \oplus Q_1^n \end{cases} \tag{5.8}$$

②分析与计算。式(5.6)和式(5.8)分别是输出方程和状态方程，但这两个方程还无法使我们对图 5.5 所示电路的逻辑功能有直观认识。接下来，假设触发器 FF_1 和 FF_0 的初始状态为 $Q_1^nQ_0^n = 00$，将其带入状态方程和输出方程并进行计算，得到时钟信号上升沿到来时各触发器相应的次态输出 $Q_1^{n+1}Q_0^{n+1} = 01$，以及电路的输出 $Z = 0$。依此类推，将触发器所有可能的状态依次带入上述方程便得到电路的状态转移表，见表 5.2。

表 5.2　例 5.1 的状态转移表

$Q_1^nQ_0^n$	$Q_1^{n+1}Q_0^{n+1}/Z$			
	$X=0$		$X=1$	
0　0	0　1/	0	1　1/	1
0　1	1　0/	0	0　0/	0
1　1	0　0/	0	1　0/	0
1　0	1　1/	0	0　1/	0

③画状态转移图和时序图。根据以上步骤画出状态转移图和时序图，如图 5.7 和图 5.8 所示。

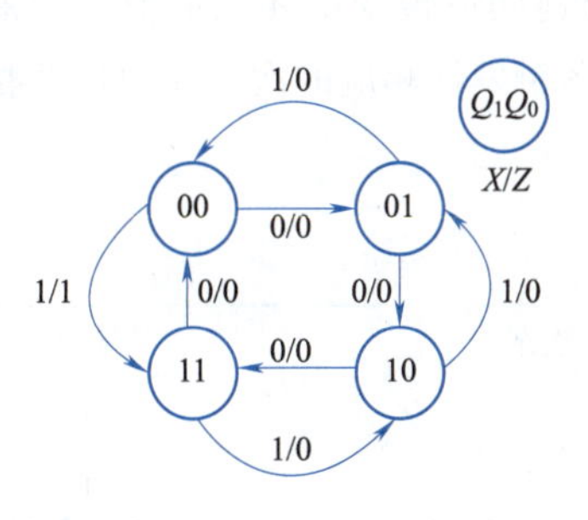

图 5.7　例 5.1 的状态转移图

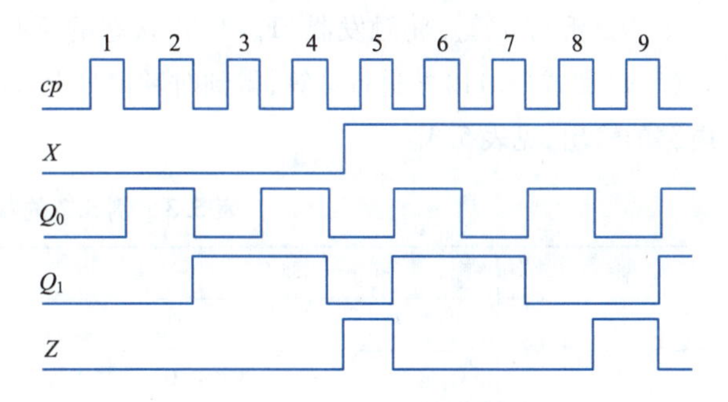

图 5.8　例 5.1 的时序图

④逻辑功能评述。根据表 5.1、图 5.7 和图 5.8 分析可以看出，当外部输入 $X=0$ 时，状态转移按 00→01→10→11→00→……规律变化，实现模 4 加法计数器的功能；当 $X=1$ 时，状态转移按 00→11→10→01→00→……规律变化，实现模 4 减法计数器的功能。所以，该电路是一个同步模 4 可逆计数器。X 为加/减控制信号，Z 为借位输出。

视 频

同步时序逻辑电路的分析

例 5.2　分析图 5.9 所示电路的逻辑功能。

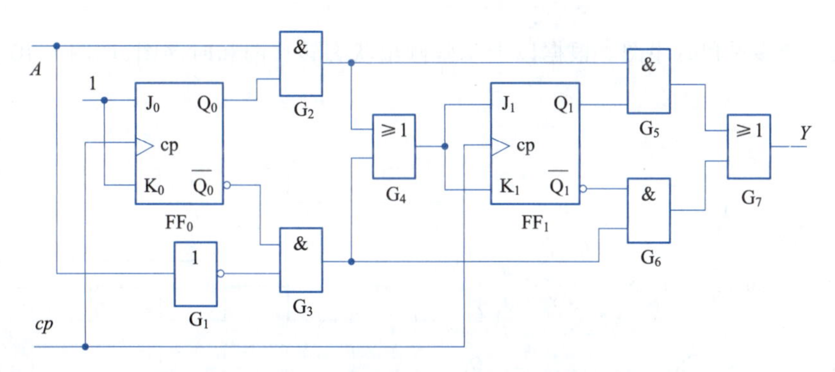

图 5.9　例 5.2 的时序逻辑电路

解： 图 5.9 所示电路为 1 个由 2 个 JK 触发器、1 个非门、4 个与门和 2 个或门构成的同步时序逻辑电路。

①列写逻辑表达式。

电路的输出方程为：

$$Y = A\,Q_0^nQ_1^n + \overline{A}\,\overline{Q_0^n}\,\overline{Q_1^n} \tag{5.9}$$

显然，该电路是一个米里型时序逻辑电路，电路的输出不仅与触发器的状态有关，还与输入逻辑变量 A 有关。

电路的驱动方程为：

$$\begin{cases} J_0 = K_0 = 1 \\ J_1 = K_1 = A \odot Q_0^n \end{cases} \tag{5.10}$$

将式(5.10)带入 JK 触发器的特性方程得到状态方程：

$$\begin{cases} Q_0^{n+1} = \overline{Q_0^n} \\ Q_1^{n+1} = A \odot Q_0^n \oplus Q_1^n \end{cases} \tag{5.11}$$

②分析与计算。将触发器 FF_0 和 FF_1 状态的所有可能情况连同逻辑变量 A 的取值一同带入式(5.9)和式(5.11)并进行计算，得到时钟信号上升沿到来时各触发器相应的次态输出以及整个电路的输出，见表5.3。

表5.3 例5.2的状态转移表

输入	现态		次态		输出
A	Q_1^n	Q_0^n	Q_1^{n+1}	Q_0^{n+1}	Y
0	0	0	1	1	1
0	0	1	0	0	0
0	1	0	0	1	0
0	1	1	1	0	0
1	0	0	0	1	0
1	0	1	1	0	0
1	1	0	1	1	0
1	1	1	0	0	1

③画状态转移图和时序图。根据以上步骤画出状态转移图和时序图，如图5.10和图5.11所示。

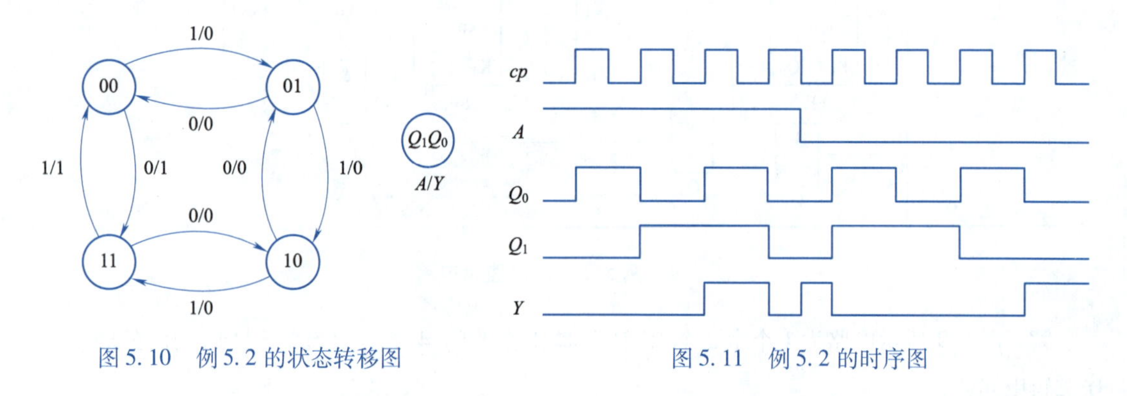

图5.10 例5.2的状态转移图

图5.11 例5.2的时序图

④逻辑功能评述。根据表5.2、图5.10和图5.11，当输入变量 $A=1$ 时，图5.9所示电路在时钟信号上升沿的作用下共有4个状态依次出现，这4个状态出现的次序为：00→01→10→11→00→……和上个例题的功能一样，实现的是一个四进制加法计数器；当输入变量 $A=0$ 时，图5.9所示电路在时钟信号上升沿的作用下共有4个状态依次出现，这4个状态出现的次序为：00→11→10→01→00→……按照递减的规律反复出现，实现的是一个四进制减法计数器。无论是递增还是递减，当触发器的状态由11迁移到00（$A=1$ 时）或由00迁移到11（$A=0$ 时），电路输出一个1。综合上述分析，该电路是一个四进制可逆计数器。

例 5.3 分析图5.12所示电路的逻辑功能。

解：图5.12所示电路为一个由3个JK触发器和1个与门构成的时序逻辑电路。这是时钟CP下降沿触发的同步时序电路，分析时不必考虑时钟信号；没有外部输入，只有输出，且输出仅与现态有关，属摩尔型时序电路。

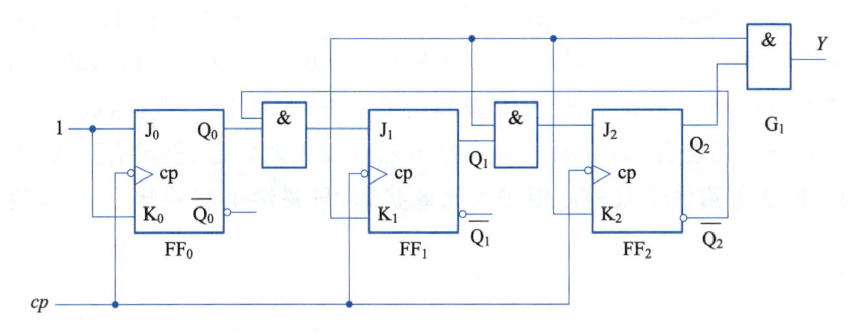

图 5.12　例 5.3 的时序逻辑电路

①写逻辑表达式。

电路的输出方程为：

$$Y = Q_0^n Q_2^n \tag{5.12}$$

电路的驱动方程为：

$$\begin{cases} J_0 = 1, K_0 = 1 \\ J_1 = \overline{Q_2^n} Q_0^n, K_1 = Q_0^n \\ J_2 = Q_0^n Q_1^n, K_2 = Q_0^n \end{cases} \tag{5.13}$$

将式(5.13)带入 JK 触发器的特性方程得到状态方程：

$$\begin{cases} Q_0^{n+1} = \overline{Q_0^n} \\ Q_1^{n+1} = \overline{Q_2^n} Q_0^n \overline{Q_1^n} + \overline{Q_0^n} Q_1^n \\ Q_2^{n+1} = Q_0^n Q_1^n \overline{Q_2^n} + \overline{Q_0^n} Q_2^n \end{cases} \tag{5.14}$$

②分析与计算。将触发器 FF_0、FF_1 和 FF_2 状态所有可能的取值带入式(5.12)和式(5.14)并进行计算，得到时钟信号上升沿到来时各触发器相应的次态输出以及整个电路的输出，见表 5.4。

表 5.4　例 5.3 的状态转移表

现　态			次　态			输　出
Q_2^n	Q_1^n	Q_0^n	Q_2^{n+1}	Q_1^{n+1}	Q_0^{n+1}	Y
0	0	0	0	0	1	0
0	0	1	0	1	0	0
0	1	0	1	1	1	0
0	1	1	1	0	0	0
1	0	0	1	0	1	0
1	0	1	0	0	0	1
1	1	0	1	1	1	0
1	1	1	0	0	0	1

③画状态转移图和时序图。根据以上步骤画出状态转移图和时序图，具体如图 5.13 和图 5.14 所示。从图中可知，有效状态：被利用的状态（000、001、010、011、100、101），其构成的循环称为“有效循环”；无效状态：没有被利用的状态（110、111），若构成循环则称为“无效循环”。检查该电路能否“自启动”，该电路虽然存在无效状态，但没有形成循环，所以电路能自启动。即使电路由于某种原因进入无效状态，只要给足够的脉冲，就能返回到有效循环。

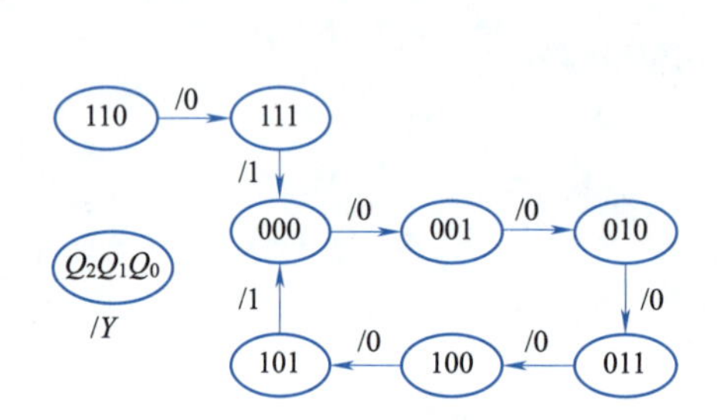

图 5.13　例 5.3 的状态转移图

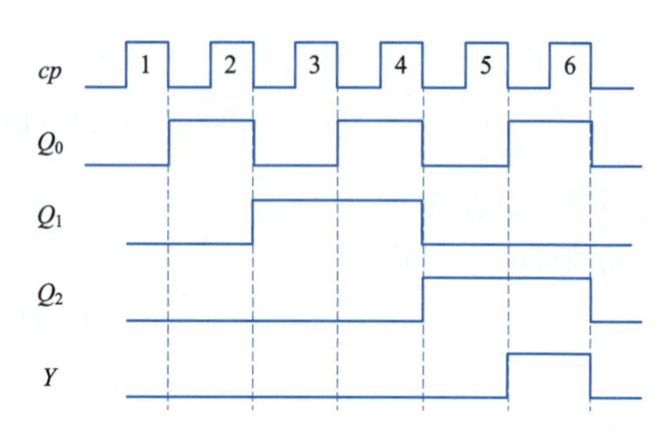

图 5.14　例 5.3 的时序图

④逻辑功能评述。从时序图看，在统一时钟 cp 的同步作用下进行计数，输出信号 $Q_0Q_1Q_2$ 依次按二分频、四分频的规律变化，并在 6 个时钟周期内完成一次计数循环。Y 作为进位输出信号，整体功能为“同步六进制计数器”。

5.2.3　异步时序逻辑电路的分析

视频

异步时序逻辑电路的分析

异步时序逻辑电路中各个触发器并不是在统一的时钟控制下进行状态翻转，在电路的分析过程中需要写出各触发器的时钟方程并分析时钟信号有效的条件。如果是有效的时钟，相应的触发器按照状态方程的既定逻辑进行翻转；如果是无效的时钟，相应的触发器维持原态不变。因此，异步时序逻辑电路的分析过程要比同步时序逻辑电路的分析更复杂。接下来，结合几个例题具体说明一下异步时序逻辑电路的分析方法。

例 5.4　分析图 5.15 所示电路的逻辑功能。

解： 图 5.15 所示电路为一个由 2 个 T 触发器和 1 个与门构成的异步时序逻辑电路。

①列写逻辑表达式。

电路的时钟方程为：

$$cp_0 = cp, cp_1 = \overline{Q_0^n} \uparrow \qquad (5.15)$$

触发器 FF_1 的时钟端口接在 FF_0 的反向输出端，也就是说 $\overline{Q_0^n}$ 的输出由低电平变为高电平时触发器 FF_1 才翻转。

图 5.15　例 5.4 的时序逻辑电路

电路的输出方程为：

$$Y = Q_0^n Q_1^n \qquad (5.16)$$

电路的驱动方程为：

$$\begin{cases} T_0 = 1 \\ T_1 = 1 \end{cases} \tag{5.17}$$

将式(5.17)带入 T 触发器的特性方程可以得到状态方程。也可以根据第 4 章所学习的触发器类型转换相关知识，当触发器 FF_0 和 FF_1 的 T 端口均接高电平时，实现的功能都是 T' 触发器的逻辑反转功能。具体的状态方程为：

$$\begin{cases} Q_0^{n+1} = \overline{Q_0^n}, cp\uparrow \\ Q_1^{n+1} = \overline{Q_1^n}, \overline{Q_0^n}\uparrow \end{cases} \tag{5.18}$$

②分析与计算。需要注意式(5.18)的状态方程是有时钟条件的，只有相应的时钟信号是有效的前提下，触发器才会翻转。假设触发器 FF_1 和 FF_0 的初始状态为 $Q_1^nQ_0^n = 00$，在第一个时钟信号上升沿到来时 FF_0 翻转，即 Q_0^n 由 0 变为 1。而此时 FF_0 的反向输出端 $\overline{Q_0^n}$ 由 1 变为 0(是下降沿)，该端口的信号作为 FF_1 的时钟信号，不是有效时钟信号，因此 FF_1 维持原态不变。这样一来，在第一个时钟信号上升沿到来时，各触发器相应的次态输出 $Q_1^{n+1}Q_0^{n+1} = 01$。在第二个时钟信号上升沿到来时 FF_0 翻转，Q_0^n 由 1 变为 0，此时 FF_0 的反向输出端 $\overline{Q_0^n}$ 由 0 变为 1(是上升沿)，是有效时钟信号，因此 FF_1 翻转。这样一来，在第二个时钟信号上升沿到来时，各触发器相应的次态输出 $Q_1^{n+1}Q_0^{n+1} = 10$。

依此类推，根据式(5.18)，经过 4 个时钟周期，触发器的状态会重新回到初态。具体的状态转移表见表 5.5，在分析时一定要注意触发器 FF_1 时钟信号的有效条件。

表 5.5 例 5.4 的状态转移表

现态		次态		输出	备注
Q_1^n	Q_0^n	Q_1^{n+1}	Q_0^{n+1}	Y	时钟条件
0	0	0	1	0	cp_0
0	1	1	0	0	cp_0、cp_1
1	0	1	1	0	cp_0
1	1	0	0	1	cp_0、cp_1

③画状态转移图，如图 5.16 所示。

④逻辑功能评述。根据以上分析，图 5.16 所示电路在时钟信号上升沿的作用下共有 4 个状态依次出现，这 4 个状态出现的次序为 00→01→10→11→00→……这 4 个数字是两位二进制数，按照递增的规律反复出现。每重复一次，电路输出一个 1。综合上述分析，该电路是一个异步四进制加法计数器。

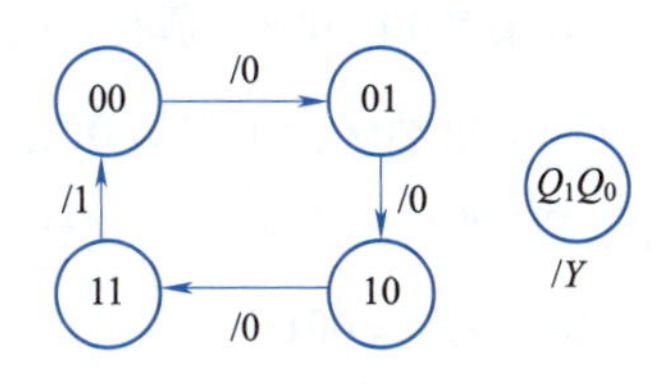

图 5.16 例 5.4 状态转移图

例 5.5 分析图 5.17 所示电路的逻辑功能。

解： 图 5.17 所示电路为一个由 2 个 JK 触发器和一个 D 触发器以及 2 个与门构成的异步时序逻辑电路。

①列写逻辑表达式。

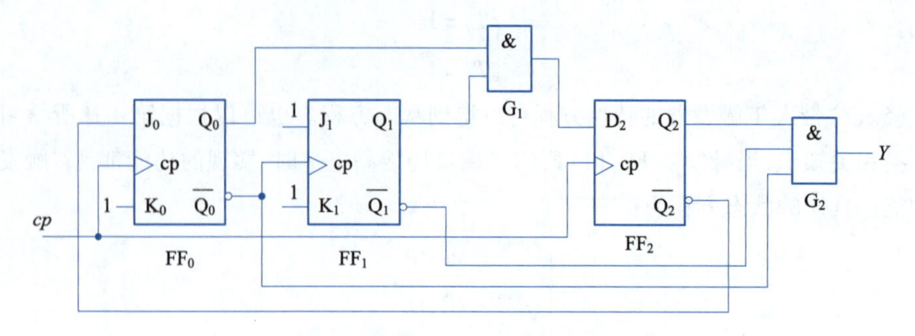

图 5.17　例 5.5 的时序逻辑电路

电路的时钟方程为：

$$cp_0 = cp_2 = cp\uparrow, cp_1 = \overline{Q_0^n}\uparrow \tag{5.19}$$

触发器 FF_0 和 FF_2 的时钟端口接到一起，接时钟信号 cp。触发器 FF_1 的时钟端口接在 FF_0 的反向输出端，也就是说 $\overline{Q_0^n}$ 的输出由低电平变为高电平时触发器 FF_1 才触发。

电路的输出方程为：

$$Y = Q_2^n \overline{Q_1^n}\,\overline{Q_0^n} \tag{5.20}$$

电路的驱动方程为：

$$\begin{cases} J_0 = \overline{Q_2^n}, K_0 = 1 \\ J_1 = 1, K_1 = 1 \\ D_2 = Q_1^n Q_0^n \end{cases} \tag{5.21}$$

将式(5.21)中的驱动方程分别带入 JK 触发器的特性方程 $Q^{n+1} = J\cdot\overline{Q^n} + \overline{K}\cdot Q^n$ 和 D 触发器的特性方程 $Q^{n+1} = D$，可以得到状态方程：

$$\begin{cases} Q_0^{n+1} = \overline{Q_2^n}\,\overline{Q_0^n}, cp\uparrow \\ Q_1^{n+1} = \overline{Q_1^n}, \overline{Q_0^n}\uparrow \\ Q_2^{n+1} = Q_1^n Q_0^n, cp\uparrow \end{cases} \tag{5.22}$$

②分析与计算。假设触发器 FF_2、FF_1 和 FF_0 的初始状态为 $Q_2^n Q_1^n Q_0^n = 000$，在第一个时钟信号上升沿到来时 FF_2 和 FF_0 是有效的时钟，根据式(5.22)，Q_0^n 由 0 变为 1，Q_2^n 维持原态不变。而此时 FF_0 的反向输出端 $\overline{Q_0^n}$ 由 1 变为 0(是下降沿)，该端口的信号作为 FF_1 的时钟信号，不是有效时钟信号，因此 FF_1 维持原态不变。这样一来，在第一个时钟信号上升沿到来时，各触发器相应的次态输出 $Q_2^{n+1} Q_1^{n+1} Q_0^{n+1} = 001$。

在第二个时钟信号上升沿到来时，根据式(5.22)，Q_0^n 由 1 变为 0，Q_2^n 维持原态不变。此时 FF_0 的反向输出端 $\overline{Q_0^n}$ 由 0 变为 1(是上升沿)，是有效时钟信号，因此 FF_1 翻转，Q_1^n 由 0 变为 1。这样一来，在第二个时钟信号上升沿到来时，各触发器相应的次态输出 $Q_2^{n+1} Q_1^{n+1} Q_0^{n+1} = 010$。

依此类推，根据式(5.22)，经过 8 个时钟周期，触发器的状态会重新回到初态。具体的状态转移表见表 5.6，在分析时一定要注意触发器 FF_1 时钟信号的有效条件，每隔一个 cp 时钟周期，cp_1 有效。

表 5.6　例 5.5 的状态转移表

现态			次态			输出	备注
Q_2^n	Q_1^n	Q_0^n	Q_2^{n+1}	Q_1^{n+1}	Q_0^{n+1}	Y	时钟条件
0	0	0	0	0	1	0	cp_2、cp_0
0	0	1	0	1	0	0	cp_2、cp_1、cp_0
0	1	0	0	1	1	0	cp_2、cp_0
0	1	1	1	0	0	0	cp_2、cp_1、cp_0
1	0	0	0	0	0	1	cp_2、cp_0
1	0	1	0	1	0	0	cp_2、cp_1、cp_0
1	1	0	0	1	0	0	cp_2、cp_0
1	1	1	1	0	0	0	cp_2、cp_1、cp_0

③画状态转移图和时序图。根据以上步骤画出状态转移图和时序图，如图 5.18 和图 5.19 所示。

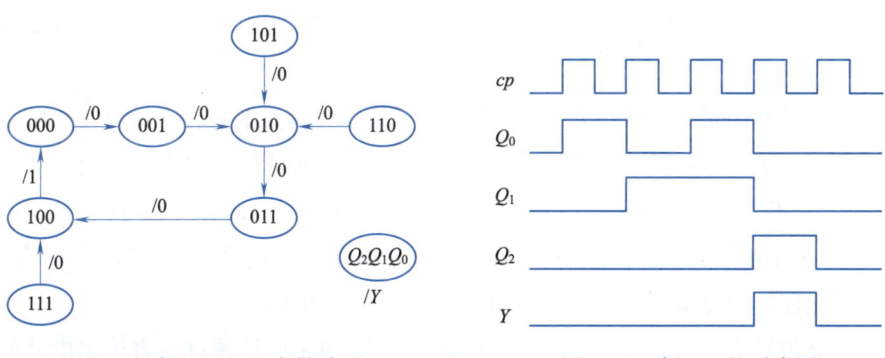

图 5.18　例 5.5 的状态转移图　　图 5.19　例 5.5 的时序图

④逻辑功能评述。根据以上分析，图 5.19 所示电路在时钟信号上升沿的作用下共有 5 个状态依次出现，这 5 个状态出现的次序为 000→001→010→011→100→000→……这 5 个数字是三位二进制数，按照递增的规律反复出现。每重复一次，电路输出一个 1。此外，该电路有 3 个无效状态：101、110 和 111。如果电路处于这 3 个状态时会在一个时钟周期后自动进入有效的循环，即电路具有自启功能。综合上述分析，该电路是一个异步五进制加法计数器。

5.3 时序逻辑电路的设计

时序逻辑电路的设计是从具体的逻辑功能需求出发设计出实现该逻辑功能的电路。本节介绍时序逻辑电路设计的基本原则和一般步骤。

5.3.1 时序逻辑电路设计的一般方法

时序逻辑电路由触发器和组合逻辑电路构成，其设计要比组合逻辑电路的设计要复杂。图 5.20 所示为时序逻辑电路的设计流程。

1. 逻辑抽象

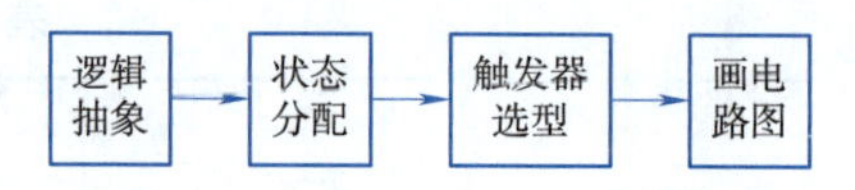

图 5.20　时序逻辑电路的设计流程

根据设计要求确定逻辑状态和输出,画出电路的状态转移图。具体包括:

①确定输入和输出变量以及电路的状态数,并给出具体的含义。与组合逻辑电路的设计一样,选择逻辑的"起因"作为输入变量,逻辑的"结果"作为输出变量。需要注意的是,一些计数器类型的电路没有具体的输入变量,需要针对具体的问题来具体分析。

②根据上述逻辑抽象结果画出电路的状态转移图。在能够充分描述电路功能的基础上,尽量使所画的状态转移图是最简的,电路的状态越少,所设计的电路越简单。

2. 状态分配

状态分配是指将上一步骤的状态转移图中每一个状态赋予一个二进制代码,因此状态分配又称状态编码。

①确定二进制代码的位数。一位二进制数可以表示两种不同的状态,如果用 N 表示电路状态数,用 n 代表所使用的二进制数的位数,可根据编码的概念,使用不等式$2^{n-1} \leqslant N \leqslant 2^n$来确定 n 的数值。

②用 n 位二进制代码对电路的每一个状态进行赋值。编码方案是否合适直接决定了所设计电路的复杂程度。对于计数器类型的编码,一般按照递增或递减的规律进行编码。对于其他类型电路的编码,可参考如下基本原则:当两个以上状态具有相同的次态时,这两个状态尽量安排为相邻的编码①;当两个以上状态属于同一状态的次态时,它们的代码尽可能安排为相邻的编码;为了使所设计电路结构简单,尽可能使输出相同的状态代码相邻。

③完成状态编码后列出二进制编码后的状态转移表,便于后续通过该表确定电路的次态及输出与现态及输入间的函数关系。

3. 触发器选型

时序逻辑电路的状态是用触发器状态的不同组合来表示。触发器类型的选择要从整个电路所使用器件统一考虑,在确保逻辑功能正确的前提下,以所设计电路最简单为基本出发点。一个触发器可以存储一位二进制数,根据上一步骤所确定的二进制代码的位数来选择 n 个触发器。

①如果要实现计数器类型的电路,一般选择 T 触发器和 JK 触发器;如果要实现寄存器类型的电路,往往选择 D 触发器和 JK 触发器。

②根据状态转移表,采用卡诺图、逻辑代数等方法来确定每一个触发器的激励方程和电路的输出方程。如果是异步时序逻辑电路,还要确定时钟方程。

4. 画电路图

根据上一步骤所得到的方程画出电路图。检查所设计的电路是否具有自启功能,如果电路不具有自启功能,可以考虑重新修改逻辑设计或者重新进行状态分配。

---

① 所谓相邻编码是采用类似于格雷码的形式进行状态赋值,即两个代码中只有一个变量取值不同,其余变量取值均相同。

5.3.2　同步时序逻辑电路的设计

例 5.6　设计一款带有进位输出的同步三进制加法计数器。

解: ①逻辑抽象。计数器的工作特点是在时钟信号的作用下进行状态转换,该电路没有输入变量,只有一个进位输出信号,用逻辑变量 C 来代表进位输出。

三进制计数器共有 3 个不同的计数状态,分别用 S_0、S_1、S_2来表示。计数器的初始状态为 S_0,在第一个有效时钟信号的作用下,由 S_0迁移到 S_1,进位输出 $C=0$;接下来,在第二个有效时钟信号的作用下,由 S_1迁移到 S_2,进位输出 $Y=0$;在第三个有效时钟信号的作用下,由 S_2迁移到初态 S_0并进入新一轮的计数循环,此时进位输出 $C=1$。图 5.21 所示为具体的状态转移图。

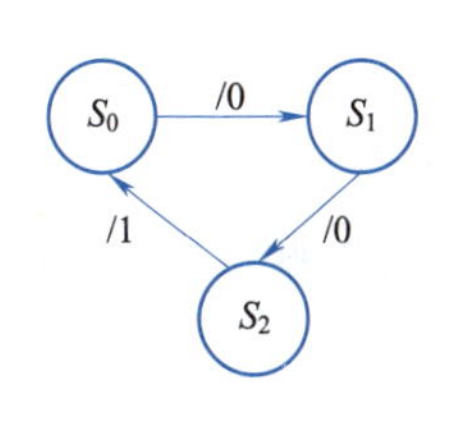

图 5.21　例 5.6 的状态转移图

②状态分配。该计数器一共有 3 个状态,用 2 位二进制数Q_1Q_0即可描述出 4 个状态,选其中 3 个满足条件。根据题意,加法计数器的 3 个有效状态是按照递增的规律依次出现,具体的状态编码如下:$S_0=00$、$S_1=01$、$S_2=10$。根据状态转移图可得到状态转移表,见表 5.7。

表 5.7　例 5.6 的状态转移表

现　态		次　态		输　出
Q_1^n	Q_0^n	Q_1^{n+1}	Q_0^{n+1}	C
0	0	0	1	0
0	1	1	0	0
1	0	0	0	1

③触发器选型。本题目是计数器类型的电路设计,可选择 JK 触发器。一个 JK 触发器可以存储 1 位二进制数,因此需要两个 JK 触发器 FF_1和 FF_0来分别描述Q_1和Q_0。根据表 5.6,可得到Q_1^{n+1}与Q_1^n和Q_0^n的逻辑关系:

$$Q_1^{n+1}=Q_0^n\overline{Q_1^n} \tag{5.23}$$

对于 JK 触发器 FF_1,其特性方程为:

$$Q_1^{n+1}=J_1\overline{Q_1^n}+\overline{K_1}Q_1^n \tag{5.24}$$

对比式(5.23)和式(5.24),可以得到触发器 FF_1的驱动方程:

$$J_1=Q_0^n, K_1=1 \tag{5.25}$$

接下来求解触发器 FF_0的驱动方程。根据表 5.6,Q_0^{n+1}与Q_1^n和Q_0^n的逻辑关系是:

$$Q_0^{n+1}=\overline{Q_1^n}\,\overline{Q_0^n} \tag{5.26}$$

根据式(5.26)比较其特性方程可得 FF_0的驱动方程:

$$J_0=\overline{Q_1^n}, K_0=1 \tag{5.27}$$

最后,根据表 5.6,写出电路的输出方程,即进位输出 C 的逻辑表达式:

$$C=Q_1^n\overline{Q_0^n} \tag{5.28}$$

④画电路图。在上一步骤中,得到了电路的驱动方程和输出方程,根据这两个方程可以得到三进制加法计数器电路的原理图,如图 5.22 所示。根据式(5.27),FF_0的J_0端口连接$\overline{Q_1^n}$,K_0端口连

接高电平。根据式(5.28),触发器 FF_1 和 FF_0 的输出经过一个两输入与门 G_1 便得到进位输出 C。根据上述分析,可以很容易地画出三进制加法计数器的电路原理图,如图 5.22 所示。

例 5.7 设计一款带有进位输出的同步七进制加法计数器。

解: ①逻辑抽象。七进制计数器共有 7 个不同的计数状态,分别用 S_0、S_1、S_2、S_3、S_4、S_5 和 S_6 表示,用逻辑变量 Y 代表进位输出。计数器的初始状态为 S_0,在第一个有效时钟信号的作用下,由 S_0 迁移到 S_1,进位输出 $Y=0$;接下来,在第二个有效时钟信号的作用下,由 S_1 迁移到 S_2,进位输出 $Y=0$;依此类推,在第七个有效时钟信号的作用下,由 S_6 重新迁移到初态 S_0 并进入新一轮的计数循环,此时进位输出 $Y=1$。具体的状态转移图如图 5.23 所示。

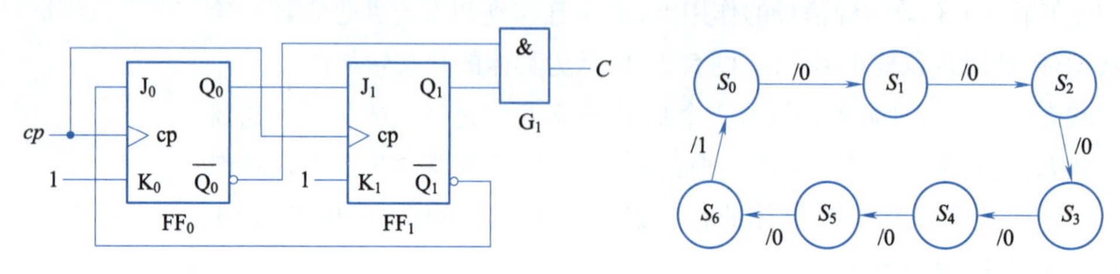

图 5.22 例 5.6 的三进制加法计数器电路图

图 5.23 例 5.7 的状态转移图

②状态分配。该计数器一共有 7 个状态,用 3 位二进制数 $Q_2Q_1Q_0$ 即可描述这 7 个状态。根据题意,加法计数器的 7 个有效状态是按照递增的规律依次出现,具体的状态编码为 $S_0=000$、$S_1=001$、$S_2=010$、$S_3=011$、$S_4=100$、$S_5=101$ 和 $S_6=110$。根据状态转移图可得到状态转移表,见表 5.8。3 位二进制数一共有 8 个不同的状态,而 111 这个状态不允许出现在本计数器的计数状态中。

表 5.8 例 5.7 的状态转移表

现 态			次 态			输 出
Q_2^n	Q_1^n	Q_0^n	Q_2^{n+1}	Q_1^{n+1}	Q_0^{n+1}	Y
0	0	0	0	0	1	0
0	0	1	0	1	0	0
0	1	0	0	1	1	0
0	1	1	1	0	0	0
1	0	0	1	0	1	0
1	0	1	1	1	0	0
1	1	0	0	0	0	1
1	1	1	×	×	×	0

③触发器选型。需要 3 个 JK 触发器 FF_2、FF_1 和 FF_0 来分别描述 Q_2、Q_1 和 Q_0。根据表 5.7,采用卡诺图化简的方式可得到 Q_2^{n+1} 与 Q_2^n、Q_1^n 和 Q_0^n 的逻辑关系,如图 5.24 所示。

根据图 5.24(a)所示卡诺图,有:

$$Q_2^{n+1}=Q_2^n\overline{Q_1^n}+Q_1^nQ_0^n \tag{5.29}$$

采用逻辑代数方法对式(5.29)进行变形处理:

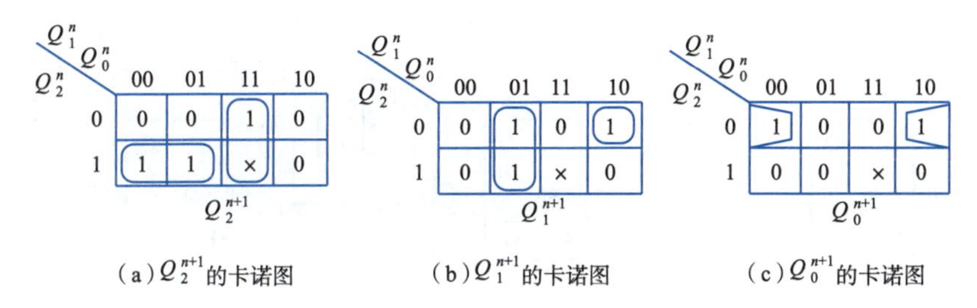

(a) Q_2^{n+1}的卡诺图　　(b) Q_1^{n+1}的卡诺图　　(c) Q_0^{n+1}的卡诺图

图 5.24　例 5.7 的卡诺图

$$
\begin{aligned}
Q_2^{n+1} &= Q_2^n\overline{Q_1^n} + Q_1^nQ_0^n \\
&= Q_2^n\overline{Q_1^n} + (Q_2^n + \overline{Q_2^n})Q_1^nQ_0^n \\
&= Q_2^n\overline{Q_1^n} + (Q_1^nQ_0^n)\overline{Q_2^n} + Q_1^nQ_0^nQ_2^n \\
&= (Q_1^nQ_0^n)\overline{Q_2^n} + (Q_1^nQ_0^n + \overline{Q_1^n})Q_2^n \\
&= (Q_1^nQ_0^n)\overline{Q_2^n} + (Q_1^nQ_0^n + \overline{Q_1^n})Q_2^n
\end{aligned} \tag{5.30}
$$

对比式(5.30)与 JK 触发器的特性方程,可以得到触发器 FF_2 的驱动方程:

$$J_2 = Q_1^nQ_0^n, K_2 = \overline{Q_1^nQ_0^n + \overline{\overline{Q_1^n}}} = \overline{Q_1^nQ_0^n}Q_1^n \tag{5.31}$$

根据图 5.24(b)所示卡诺图,有:

$$Q_1^{n+1} = Q_0^n\overline{Q_1^n} + \overline{Q_0^n}\,\overline{Q_2^n}Q_1^n = Q_0^n\overline{Q_1^n} + (\overline{Q_0^n + Q_2^n})Q_1^n \tag{5.32}$$

对比式(5.32)与 JK 触发器的特性方程,可以得到触发器 FF_1 的驱动方程:

$$J_1 = Q_0^n, K_1 = Q_0^n + Q_2^n \tag{5.33}$$

根据图 5.24(c)所示卡诺图,有:

$$Q_0^{n+1} = \overline{Q_2^n}\,\overline{Q_0^n} \tag{5.34}$$

对式(5.34)按照特性方程$Q_0^{n+1} = J_0\overline{Q_0^n} + \overline{K_0}Q_0^n$进行增补变形处理,有:

$$Q_0^{n+1} = \overline{Q_2^n}\,\overline{Q_0^n} + \bar{1}Q_0^n \tag{5.35}$$

对比式(5.35)与 JK 触发器的特性方程,可以得到触发器 FF_0 的驱动方程:

$$J_0 = \overline{Q_2^n}, K_0 = 1 \tag{5.36}$$

最后,写出电路的输出方程,即进位输出 Y 的逻辑表达式。根据表 5.7,有:

$$Y = Q_2^nQ_1^n\overline{Q_0^n} \tag{5.37}$$

④画电路图。在上一步中,得到了电路的驱动方程和输出方程,根据这些方程可以得到五进制加法计数器电路的原理图。根据式(5.36),FF_0的J_0端口接到 FF_2 的反向输出端口$\overline{Q_2^n}$,K_0端口接高电平。根据式(5.33),FF_1 的 J_1 端口和 K_1 端口连接在一起,并且接 FF_0 的输出端 Q_0^n。根据式(5.31),FF_0的输出端Q_0^n和 FF_1 的输出端Q_1^n经过与门后接入到 FF_2 的J_2端口,J_2端口和K_2端口间用非门连接起来。连接由于设计的是同步时序逻辑电路,这 3 个触发器的时钟端口接在一起,由统一的时钟信号 cp 来控制状态的翻转。根据式(5.37),$\overline{Q_0^n}$、Q_1^n和Q_2^n的输出经过一个 3 输入与门 G_1 便得到进位输出 Y。根据上述分析,可以很容易地画出五进制加法计数器的电路原理图,如图 5.25 所示。

七进制计数器的有效计数状态有 7 个,而 3 位二进制数一共有 8 个不同的状态。需要注意的是,图 5.25 所示电路是否具有自启功能,即当计数器处于 101、110 和 111 这 3 个状态时能否自动

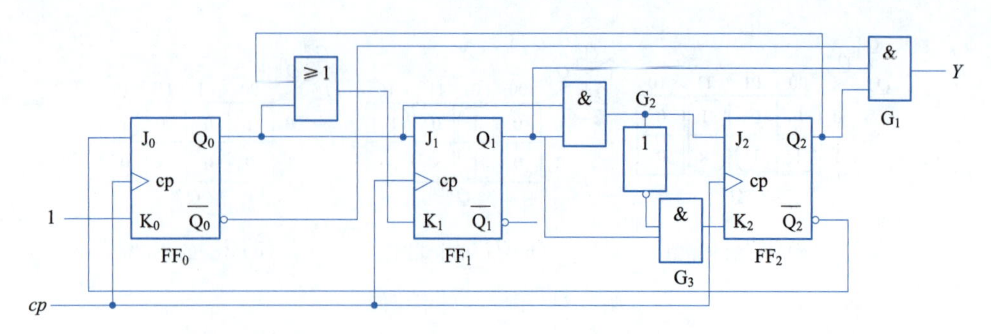

图 5.25　例 5.7 的七进制加法计数器电路图

迁移到有效的计数循环中。为此，重新画出图 5.25 所示电路的状态转移图，如图 5.26 所示。

从图 5.26 可以看出，111 这个状态在一个时钟周期后自动迁移到 100，因此图 5.25 所示电路具有自启功能。

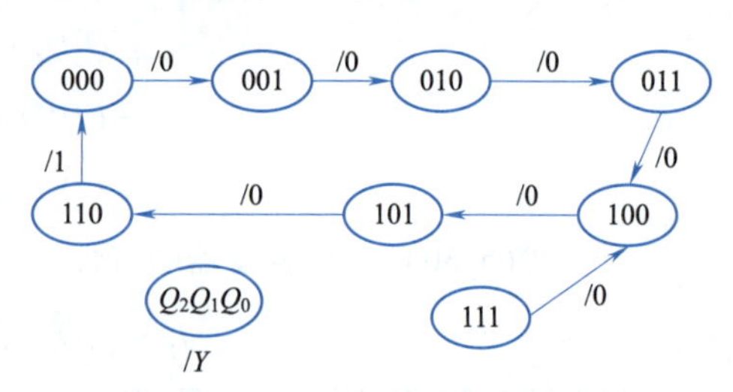

图 5.26　例 5.7 的状态转移图

例 5.8　用 JK 触发器作为存储元器件设计一款序列检测器。该电路有一个输入端 X 和输出端 Z。当输入序列中出现 110 时，电路输出 Z 为 1，否则 Z 输出为 0。

解： ①逻辑抽象。

假设输入的逻辑变量用字母 X 来表示，输出变量用 Y 来表示。定义状态机的状态，对于序列 110 的检测，可以考虑以下 3 种状态：

- S_0：初始状态或未检测到序列的任何部分。
- S_1：已经检测到序列的第一个 1。
- S_2：已经检测到序列 11（即第二个 1）。当检测到完整的序列 110 后，系统应该回到初始状态 S_0，等待下一个序列的检测。

根据题目和典型输入/输出序列可以画出该序列的原始状态图，具体的状态转移图如图 5.27 所示。

②状态分配。该数据检测器一共有 3 个状态，用 2 位二进制数 Q_1Q_0 即可描述这 3 个状态。采用格雷码形式进行状态编码：$S_0=00$、$S_1=01$ 和 $S_2=11$。根据图 5.27 可得表 5.9。

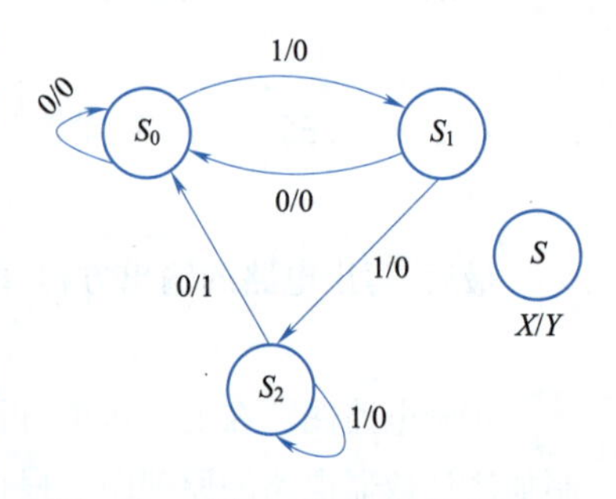

图 5.27　例 5.8 的状态转移图

表 5.9　例 5.8 的状态转移表

Q_1^n	Q_0^n	$Q_1^{n+1}\ Q_0^{n+1}\ Y$	
		$X=0$	$X=1$
0	0	00 / 0	01 / 0
0	1	00 / 0	11 / 0
1	1	00 / 1	11 / 0

③JK 触发器驱动方程。选择 JK 触发器，用 2 个 JK 触发器 FF_1 和 FF_0 分别描述 Q_1 和 Q_0。根据表 5.8，采用卡诺图化简的方式可得到 Q_1^{n+1} 与 Q_1^n、Q_0^n 和 X 的逻辑关系，如图 5.28 所示。

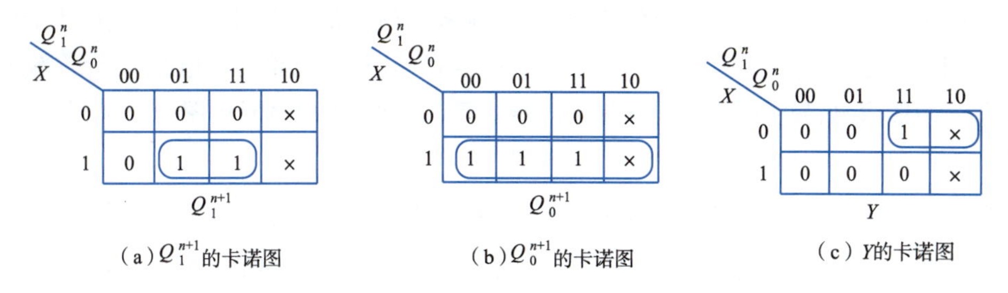

图 5.28　例 5.8 的卡诺图

根据图 5.28(a)所示卡诺图，有：

$$Q_1^{n+1} = XQ_0^n = (XQ_0^n)\overline{Q_1^n} + XQ_0^nQ_1^n \tag{5.38}$$

根据式(5.38)，可以得到触发器 FF_1 的驱动方程：

$$J_1 = XQ_0^n,\quad K_1 = \overline{XQ_0^n} \tag{5.39}$$

根据图 5.28(b)所示卡诺图，有：

$$Q_0^{n+1} = X = X\overline{Q_0^n} + \overline{X}Q_0^n \tag{5.40}$$

根据式(5.38)，可以得到触发器 FF_0 的驱动方程：

$$J_0 = X,\quad K_0 = \overline{X} \tag{5.41}$$

最后，写出电路的输出方程。根据图 5.28(c)所示卡诺图，有：

$$Y = \overline{X}Q_1^n \tag{5.42}$$

④画电路图。根据式(5.41)，FF_0 的 J_0 端口接输入端 X，J_0 端口和 K_0 端口通过非门连接在一起。根据式(5.39)，输入端 X 与 FF_0 的输出端 Q_0^n 经过与门接入 FF_1 的 J_1 端口，J_1 端口和 K_1 端口通过非门连接在一起。根据式(5.42)，输入端 X 与 FF_1 的输出 Q_1^n 经过与门便得到进位输出 Y。根据上述分析，画出电路原理图，如图 5.29 所示。

最后，检查图 5.29 所示电路是否具有自启功能，即当数据检测器处于 10 这个状态时能否自动迁移到有效的循环中。为此，重新画出图 5.29 所示电路的状态转移图，如图 5.30 所示。从图 5.30 可以看出，所设计的电路具有自启功能。

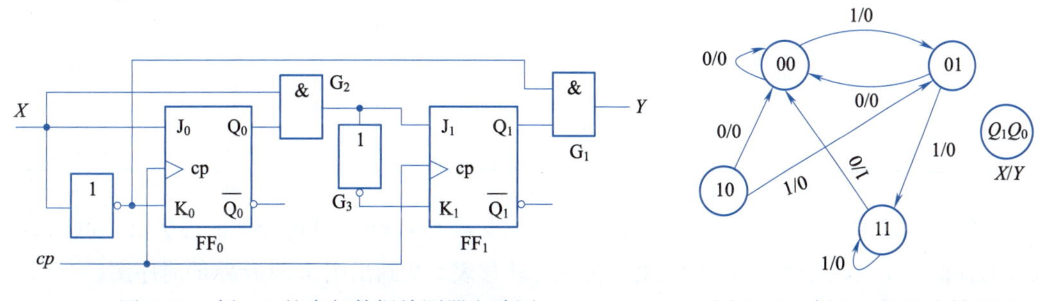

图 5.29　例 5.8 的串行数据检测器电路图　　图 5.30　例 5.8 的状态转移图

5.3.3　异步时序逻辑电路的设计

异步时序逻辑电路的设计与同步时序逻辑电路设计方法大致相同，但由于异步时序逻辑电路中每个触发器并不是在统一的时钟信号下触发，因此在选定触发器的类型后还需要为每一个触发器选定合适的时钟信号。

设计电平型的异步时序逻辑电路时需要注意：需要对输入信号有约束，即不允许 2 个或 2 个以上输入同时变化（每个时刻仅允许 1 个输入发生变化）。仅当电路处于稳态时，允许输入信号发生变化。一般情况，异步时序逻辑电路比同步要复杂一点，需要将时序图画出来，判断时钟触发时机。下面通过一个例子说明具体的设计过程。

例 5.9 设计一款带有进位输出的异步七进制加法计数器。

解：①逻辑抽象。七进制计数器共有 7 个不同的计数状态，分别用 S_0、S_1、S_2、S_3、S_4、S_5和 S_6来表示，用逻辑变量 Y 代表进位输出。计数器的初始状态为 S_0，在第一个有效时钟信号的作用下，由 S_0迁移到 S_1，进位输出 $Y=0$；接下来，在第二个有效时钟信号的作用下，由 S_1迁移到 S_2，进位输出 $Y=0$；依此类推，在第七个有效时钟信号的作用下，由 S_6重新迁移到初态 S_0并进入新一轮的计数循环，此时进位输出 $Y=1$。具体的状态转移图如图 5.31 所示。

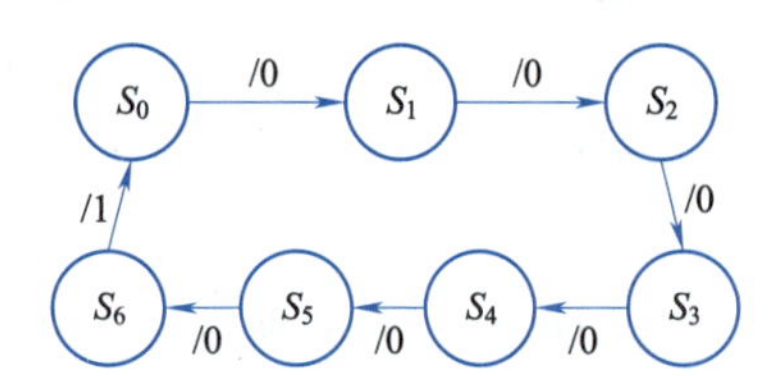

图 5.31 例 5.9 的状态转移图

②状态分配。该计数器一共有 7 个状态，用 3 位二进制数 $Q_2Q_1Q_0$即可描述这 7 个状态。根据题意，加法计数器的 7 个有效状态是按照递增的规律依次出现，具体的状态编码为 $S_0=000$、$S_1=001$、$S_2=010$、$S_3=011$、$S_4=100$、$S_5=101$ 和 $S_6=110$。根据状态转移图可得到状态转移表，见表 5.10。3 位二进制数一共有 8 个不同的状态，而 111 这个状态不允许出现在本计数器的计数状态中。

表 5.10 例 5.9 的状态转移表

现态			次态			输出
Q_2^n	Q_1^n	Q_0^n	Q_2^{n+1}	Q_1^{n+1}	Q_0^{n+1}	Y
0	0	0	0	0	1	0
0	0	1	0	1	0	0
0	1	0	0	1	1	0
0	1	1	1	0	0	0
1	0	0	1	0	1	0
1	0	1	1	1	0	0
1	1	0	0	0	0	1
1	1	1	×	×	×	0

③触发器选型。三位二进制数需要 3 个 JK 触发器 FF_2、FF_1 和 FF_0分别描述Q_2、Q_1和Q_0，具体选择时钟信号上升沿触发的 JK 触发器。由状态转移表 5.9 画出图 5.32 所示的时序图。

分析图 5.32 所示的时序图，观察Q_0的波形，选择时钟信号 cp 作为触发器 FF_0的时钟信号，在 cp 的每个上升沿时 FF_0进行状态翻转。观察Q_1的波形，它是在Q_0的下降沿翻转。但是选择的触发器是上升沿触发的，因此可以选择 FF_0的反向输出$\overline{Q_0}$作为触发器 FF_1时钟信号。类似地，选择 FF_1的反向输出$\overline{Q_1}$作为触发器 FF_2时钟信号。综合上述分析，得到异步七进制计数器的时钟方程：

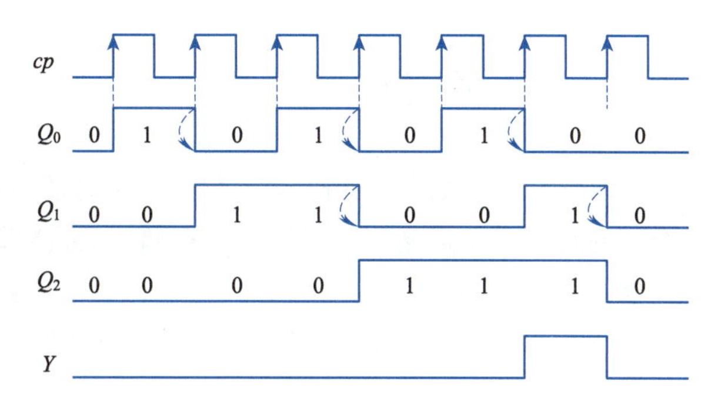

图 5.32　例 5.9 的时序图

$$cp_0 = cp\uparrow, cp_1 = \overline{Q_0^n}\uparrow, cp_2 = \overline{Q_1^n}\uparrow \tag{5.43}$$

由于所设计的七进制计数器是异步计数器，根据式(5.43)，计数器的最低位Q_0的状态翻转仅取决于输入的时钟信号 cp，与Q_1和Q_2的状态变化无关。结合图 5.32，触发器 FF_0在每一个时钟信号 cp 上升沿进行一次状态翻转，实现的是T'触发器的逻辑功能。因此，可得到Q_0^{n+1}的次态输出：

$$Q_0^{n+1} = \overline{Q_0^n} \tag{5.44}$$

从而 JK 触发器 FF_0的驱动方程：

$$J_0 = K_0 = 1 \tag{5.45}$$

同样地，Q_1的状态翻转仅取决于最低位触发器 FF_0的反向输出端$\overline{Q_0^n}$，与Q_2的状态变化无关。根据Q_1的波形，其实现的也是T′触发器的逻辑功能。因此 JK 触发器 FF_1的驱动方程是：

$$J_1 = K_1 = 1 \tag{5.46}$$

对于触发器 FF_2，其状态翻转仅取决于触发器 FF_1的反向输出端$\overline{Q_1^n}$，结合式(5.43)和Q_2的波形图，有：

$$J_2 = K_2 = 1 \tag{5.47}$$

最后，写出电路的输出方程，即进位输出 Y 的逻辑表达式。根据表 5.9，有：

$$Y = Q_2^n Q_1^n \overline{Q_0^n} \tag{5.48}$$

④画电路图。根据电路的驱动方程和输出方程，可以画出七进制异步计数器电路的原理图。根据上一步骤的驱动方程，3 个触发器的 J 端口和 K 端口均连接在一起，并且接高电平。根据式(5.48)，3 个触发器的输出经过一个三输入与门 G_1便得到进位输出 Y。具体的电路原理图如图 5.33 所示。

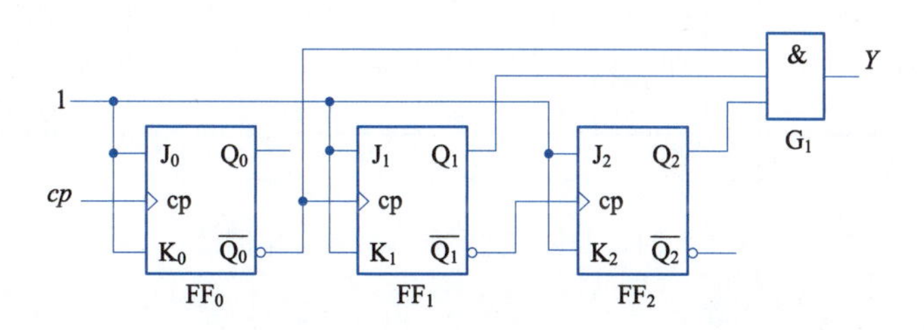

图 5.33　例 5.9 的七进制加法计数器电路图

思考题：对于例 5.9，如何用 D 触发器来实现异步七进制计数器电路的设计？给出具体的设计过程并画出电路图。此外，如果触发器是下降沿触发，该电路又该如何设计？

5.4 常见的时序逻辑电路器件

数字系统中常见的时序逻辑器件有触发器、寄存器、计数器、定时器和可编程逻辑器件(如FPGA)等。前面章节中介绍的触发器是最基本的时序逻辑存储单元,能够存储一位二进制信息。寄存器是由多个触发器组成的电路,能够存储多位二进制信息。计数器是一种特殊的寄存器。本节主要介绍计数器、寄存器器件的原理及其特性,使用户能够根据实际的需要灵活运用。

5.4.1 计数器

计数器是一种时序逻辑电路,其主要功能是按照特定的顺序对输入信号进行计数。计数器广泛应用于数字系统中,用于各种任务,包括但不限于时间测量、频率合成、序列检测和数据同步。构成计数器的核心单元电路是触发器。

根据计数脉冲输入的方式不同,计数器可分为同步计数器和异步计数器两大类。根据数的进制来划分,计数器可分为二进制计数器、十进制计数器(BCD 计数器)和 N 进制计数器。根据计数器在计数过程中数字增减趋势的不同,计数器可分为加法计数器、减法计数器和可逆计数器。根据计数器所使用的开关元件,计数器可分为双极型计数器(TTL 计数器)和单极型计数器(MOS 计数器)。

总之,计数器的类型很多,但就其工作特性和基本原理而言差别不大。下面介绍典型的计数器功能以及几种计数器芯片。

1. 同步计数器工作原理分析

同步计数器中,构成计数器的各触发器的时钟信号端口连接在一起,在统一的时钟信号下控制各触发器的状态翻转。现有的同步计数器芯片主要是二进制计数器和十进制计数器。因此,本节着重介绍二进制同步计数器的基本原理,并学习 74LS161 芯片的外围引脚功能及应用。

图 5.34 是由 4 个 T 触发器构成的四位二进制同步计数器的电路图,下面采用时序逻辑电路分析的方法分析其工作原理。

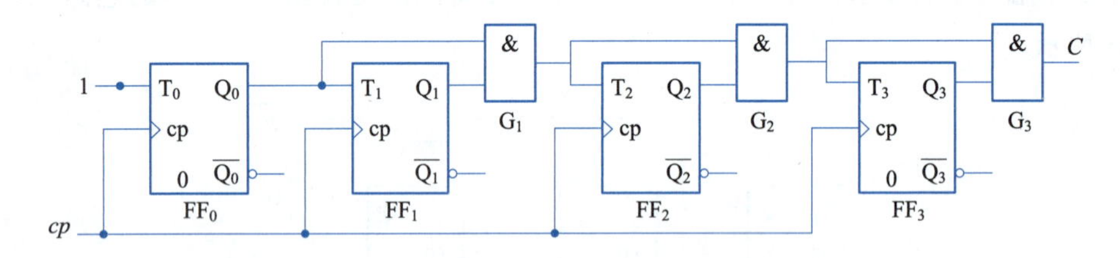

图 5.34 四位二进制同步计数器电路图

(1)列写逻辑表达式

电路的输出方程为:

$$C = Q_3^n Q_2^n Q_1^n Q_0^n \tag{5.49}$$

电路的驱动方程为:

$$\begin{cases} T_0 = 1 \\ T_1 = Q_0^n \\ T_2 = Q_1^n Q_0^n \\ T_3 = Q_2^n Q_1^n Q_0^n \end{cases} \tag{5.50}$$

(2)分析与计算

将式(5.50)带入 T 触发器的特性方程得到状态方程：

$$\begin{cases} Q_0^{n+1} = \overline{Q_0^n} \\ Q_1^{n+1} = Q_0^n \oplus Q_1^n \\ Q_2^{n+1} = (Q_1^n Q_0^n) \oplus Q_2^n \\ Q_3^{n+1} = (Q_2^n Q_1^n Q_0^n) \oplus Q_3^n \end{cases} \tag{5.51}$$

下面将触发器 $FF_3 \sim FF_0$状态所有可能的取值一同带入式(5.49)和式(5.51)并进行计算，得到时钟信号上升沿到来时各触发器相应的次态输出以及整个电路的输出，具体的状态转移表见表 5.11。

表 5.11　四位二进制同步计数器的状态转移表

现　态				次　态				输　出
Q_3^n	Q_2^n	Q_1^n	Q_0^n	Q_3^{n+1}	Q_2^{n+1}	Q_1^{n+1}	Q_0^{n+1}	C
0	0	0	0	0	0	0	1	0
0	0	0	1	0	0	1	0	0
0	0	1	0	0	0	1	1	0
0	0	1	1	0	1	0	0	0
0	1	0	0	0	1	0	1	0
0	1	0	1	0	1	1	0	0
0	1	1	0	0	1	1	1	0
0	1	1	1	1	0	0	0	0
1	0	0	0	1	0	0	1	0
1	0	0	1	1	0	1	0	0
1	0	1	0	1	0	1	1	0
1	0	1	1	1	1	0	0	0
1	1	0	0	1	1	0	1	0
1	1	0	1	1	1	1	0	0
1	1	1	0	1	1	1	1	0
1	1	1	1	0	0	0	0	1

(3)画状态转移图和时序图

根据以上步骤画出状态转移图和时序图，如图 5.35 和图 5.36 所示。

(4)逻辑功能评述

根据表 5.10、图 5.35 和图 5.36，若触发器的初始状态为 0000，在时钟信号上升沿的作用下，每输入一个时钟脉冲，计数器加 1，图 5.34 所示电路的 16 个计数状态按照递增的规律循环变化，

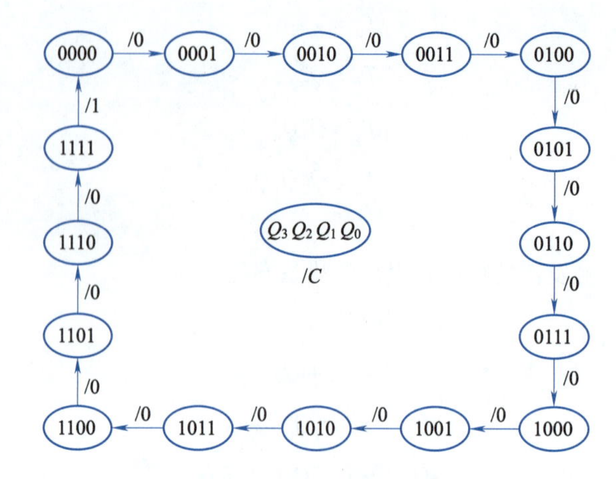

图 5.35　四位二进制同步计数器的状态转移图

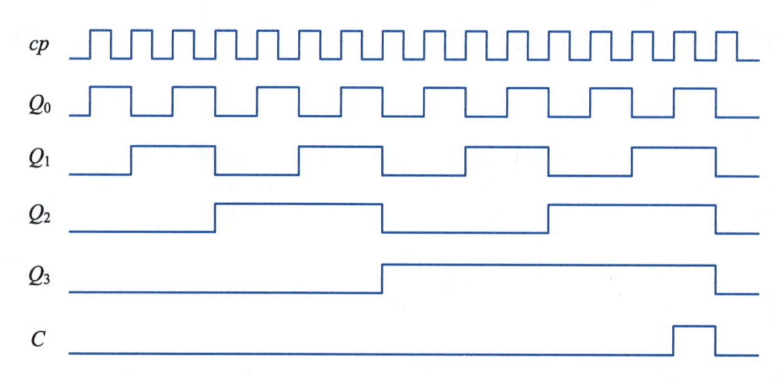

图 5.36　四位二进制同步计数器的时序图

即:0000→0001→0010→…→1110→1111→0000。计数器从 0000 开始计数,到 1111 结束,在下一个时钟脉冲的作用下重新迁移到 0000,完成一次状态循环,进位输出 $C=1$。所以是四位的二进制同步计数器,每输入 16 个脉冲计数器实现一次工作循环,并在 Q_3 产生一个进位信号,又称为模十六计数器。

根据时序图可知,若 CP 时钟信号的频率是 f,则 Q_0^n、Q_1^n、Q_2^n 和 Q_3^n 的频率分别是 $f/2$、$f/4$、$f/8$ 和 $f/16$,也就是说计数器具有分频的作用。因此,有时也称二进制计数器为分频计数器。

2. 同步计数器典型芯片

在实际生产的计数器芯片中,往往会加入一些控制电路,典型的二进制计数器芯片型号有 74LS161、74LS163 和 CD4520;典型的十进制计数器芯片型号有 74LS160、74LS162 和 CD4518。实际上,十进制计数器是 BCD 编码的二进制计数器,也可归类为二进制计数器。本节主要介绍典型芯片 74LS161。该芯片具有丰富的控制端口,其引脚图和逻辑图如图 5.37 所示。

74LS161 芯片为四位二进制同步计数器,这个电路除了二进制加法计数功能,还有预置数、保持和异步置 0 功能。图 5.37(a)是该芯片的引脚图,图 5.37(b)是该芯片对应的逻辑图,1 引脚为异步清零控制端口,是低电平有效;2 引脚为时钟输入端口;3 ~ 6 引脚为同步置数的数据输入端口,与 9 引脚(同步置数控制端口,低电平有效)配合使用;7 和 10 引脚为计数使能端口;11 ~ 14 引脚为计数输出端口;15 引脚为进位输出端口。8 引脚接地,16 引脚为电源端口。该芯片的功能表见表 5.12。

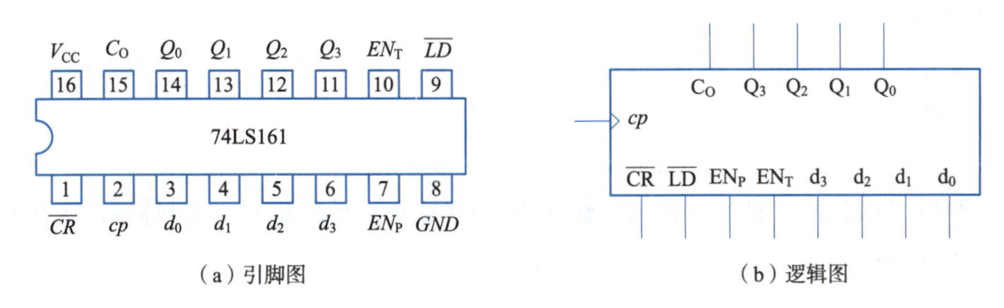

图 5.37　74LS161 芯片

表 5.12　74LS161 芯片功能表

输入									输出			
$\overline{CR}$	$\overline{LD}$	EN_T	EN_P	cp	d_0	d_1	d_2	d_3	Q_0	Q_1	Q_2	Q_3
0	×	×	×	×	×	×	×	×	0	0	0	0
1	0	×	×	↑	d_0	d_1	d_2	d_3	d_0	d_1	d_2	d_3
1	1	0	×	×	×	×	×	×	保持			
1	1	×	0	×	×	×	×	×				
1	1	1	1	↑	×	×	×	×	计数			

74LS161 的一些关键特性如下：

①功能：它是一个四位同步二进制计数器，能够进行二进制计数，从 0 到 15（即 0000 到 1111），还有预置数、保持和异步置 0 功能。

②同步预置：提供了同步预置功能，前提条件是$\overline{LD}$低电平有效，等 cp 脉冲的上升沿，允许用户通过数据输入端（d_0 至 d_3）设置计数器的初始值，然后让计数器从这个值开始跑。

③使能控制：具有使能输入端（EN_P和 EN_T），这些输入可用于启动或停止计数操作。

④异步置 0 模式：清零端口其优先级高于其他控制端口。由表 5.11 可以看出，当清零端口接低电平时，无论其他引脚为什么状态，计数输出全部为低电平，即实现了计数清零功能。

⑤输出：4 个输出端（$Q_0 \sim Q_3$），分别代表计数器的二进制位。

⑥进位输出：提供了一个进位输出端（C_0），当计数器从最大值溢出时，该端输出一个高电平。

3. 异步计数器工作原理分析

异步计数器中，构成计数器的各触发器的时钟信号并不是在统一的时钟信号下控制下进行状态翻转。根据前面分析方法分析图 5.38 所示异步计数器电路的逻辑功能。

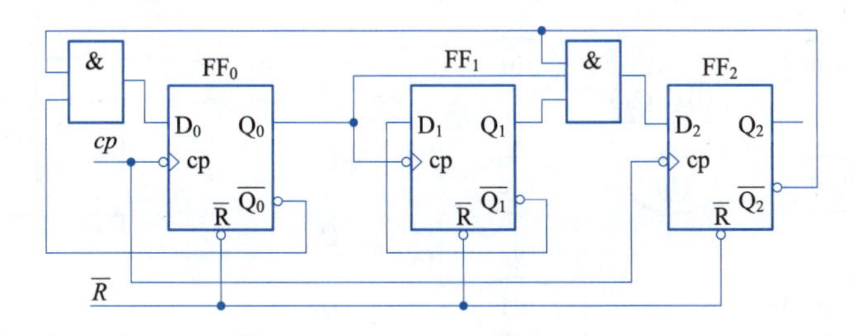

图 5.38　异步计数器电路图

(1)列写逻辑表达式

分析图5.38所示电路,D触发器是在时钟信号下降沿触发,并且还有一个异步清零端口$\overline{R}$,电路的时钟方程为:

$$cp_0 = cp_2 = cp\downarrow,\quad cp_1 = \overline{Q_0^n}\downarrow \tag{5.52}$$

触发器FF_0和FF_2的时钟端口接到一起,接时钟信号cp。触发器FF_1的时钟端口接在FF_0的输出端,也就是说,Q_0^n的输出由高电平变为低电平时触发器FF_1才翻转。

根据图5.38可以得到电路的驱动方程为:

$$\begin{cases} D_0 = \overline{Q_2^n}\,\overline{Q_0^n} \\ D_1 = \overline{Q_1^n} \\ D_2 = Q_1^n Q_0^n \overline{Q_2^n} \end{cases} \tag{5.53}$$

将式(5.53)带入D触发器的特性方程可以得到如下状态方程:

$$\begin{cases} Q_0^{n+1} = \overline{Q_2^n}\,\overline{Q_0^n}, cp\downarrow \\ Q_1^{n+1} = \overline{Q_1^n}, Q_0^n\downarrow \\ Q_2^{n+1} = Q_1^n Q_0^n \overline{Q_2^n}, cp\downarrow \end{cases} \tag{5.54}$$

(2)分析与计算

图5.38所示电路在工作时先进行初始化,即清零端口给一个复位电平,使触发器FF_2、FF_1和FF_0的初始状态为$Q_2^nQ_1^nQ_0^n = 000$,接下来清零端口接高电平。在时钟信号cp第一个下降沿到来时FF_2和FF_0是有效的时钟,根据状态方程列出对应的状态转移表,见表5.13。

表5.13　图5.37所示电路的状态转移表

现态			次态			备注
Q_2^n	Q_1^n	Q_0^n	Q_2^{n+1}	Q_1^{n+1}	Q_0^{n+1}	时钟条件
0	0	0	0	0	1	cp_2、cp_0
0	0	1	0	1	0	cp_2、cp_1、cp_0
0	1	0	0	1	1	cp_2、cp_0
0	1	1	1	0	0	cp_2、cp_1、cp_0
1	0	0	0	0	0	cp_2、cp_0

(3)画状态转移图和时序图

根据以上分析画出状态转移图和时序图,如图5.39和图5.40所示。

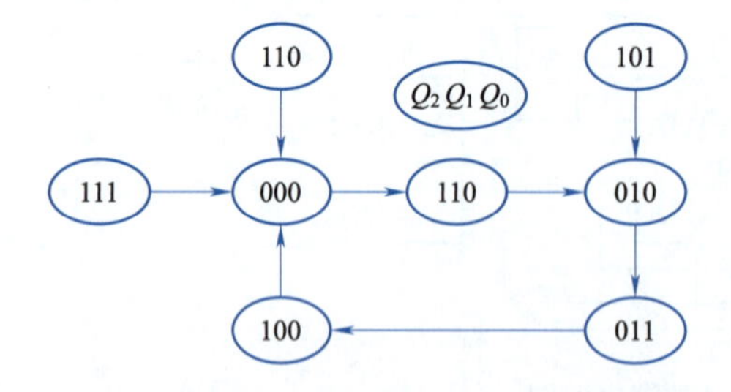

图5.39　图5.38所示电路的状态转移图

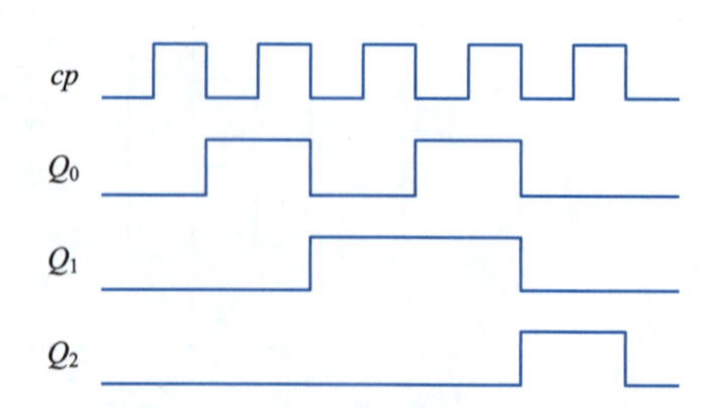

图5.40　图5.38所示电路的时序图

(4)逻辑功能评述

从图 5.39 所示的状态转移图可以看出,图 5.38 所示电路在时钟信号下降沿的作用下共有 5 个状态依次出现,这 5 个状态出现的次序为 000→001→010→011→100→000→……此外,该电路有 3 个无效状态 101、110 和 111。如果电路处于这 3 个状态时会在一个时钟周期后自动进入有效的循环,即电路具有自启功能。综合上述分析,该电路是一个异步五进制加法计数器。

4. 异步计数器典型芯片

典型的异步计数器芯片型号有 74LS90、74LS290 和 74LS197。下面介绍典型的异步计数器芯片 74LS290。该芯片是异步二-五-十进制计数器,其引脚图和逻辑图如图 5.41 所示。

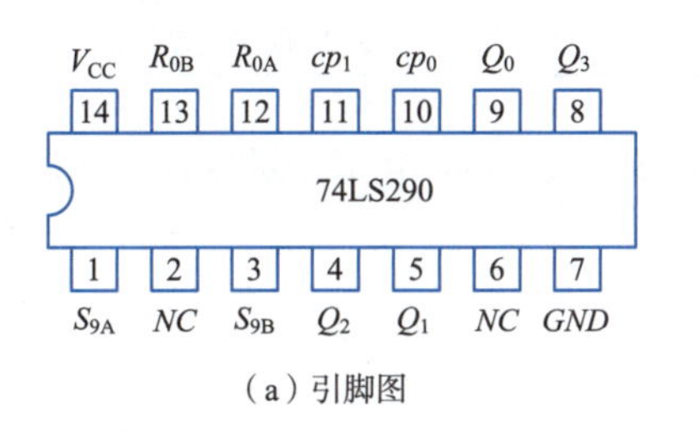

(a) 引脚图

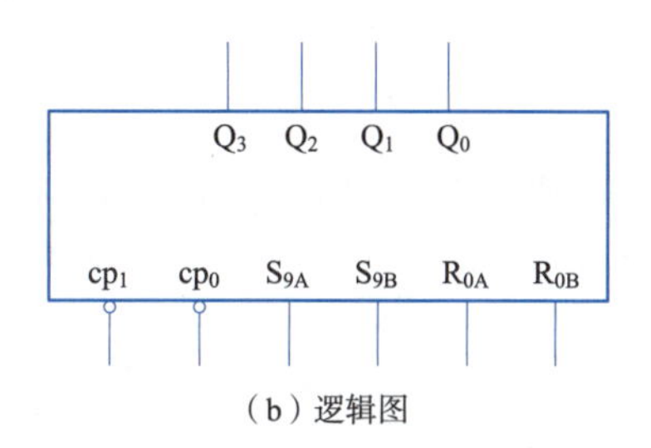

(b) 逻辑图

图 5.41　74LS290 芯片

74LS290 芯片为中规模异步计数器,其内部包括 4 个 JK 触发器。该计数器共有 6 个输入和 4 个输出。其中 R_{0A}、R_{0B}为清零输入信号,高电平有效;CP_0和 CP_1为计数脉冲信号;$Q_3Q_2Q_1Q_0$为数据输出信号。图 5.41(a)和图 5.41(b)分别是该芯片的引脚图和逻辑图。该芯片与其他芯片的不同之处是有两个 *NC* 端口(2 和 6 引脚),表示这两个引脚为空引脚,与芯片逻辑功能没有关系,无须连入实际的硬件电路。该芯片内部有两个独立的计数器:二进制计数器和五进制计数器。如图 5.41(a)所示,10 引脚和 11 引脚分别是二进制和五进制计数器时钟输入端口;9 引脚是二进制计数的输出端口;5、4 和 8 引脚是五进制计数的输出端口;12 和 13 引脚是计数器的复位端口;1 和 3 引脚是计数器的置位端口。

表 5.14 所示为 74LS290 芯片的真值表,从该表可以归纳如下功能。

(1)异步清零功能

当 $R_{0A}=R_{0B}=1$,且 $S_{9A}\cdot S_{9B}=0$ 时,无须脉冲信号配合,实现异步清零,两个计数器的输出端口 $Q_3Q_2Q_1Q_0=0000$。

(2)异步置 9 功能

当 $S_{9A}=S_{9B}=1$,且 $R_{0A}\cdot R_{0B}=0$ 时,无须脉冲信号配合,实现异步置数,两个计数器的输出端口 $Q_3Q_2Q_1Q_0=1001$,实现异步置 9 功能。

(3)计数功能

①当 $R_{0A}\cdot R_{0B}=0$ 且 $S_{9A}\cdot S_{9B}=0$ 时,在时钟信号下降沿的作用下进行计数。

②若将脉冲加到 CP_0端,输出从 Q_0,可以实现模 2 计数器。

③若将脉冲加到 CP_1端,输出从 $Q_3Q_2Q_1$,可以实现模 5 计数器。

表 5.14　74LS290 真值表

输入						输出			
R_{0A}	R_{0B}	S_{9A}	S_{9B}	CP_0	CP_1	Q_3	Q_2	Q_1	Q_0
1	1	0	×	×	×	0	0	0	0
1	1	×	0	×	×	0	0	0	0
0	×	1	1	×	×	1	0	0	1
×	0	1	1	×	×	1	0	0	1
×	0	0	×	↓	0	二进制计数			
×	0	×	0	0	↓	五进制计数			
0	×	0	×	↓	Q_0	8421 码十进制计数			
0	×	×	0	Q_3	↓	5421 码十进制计数			

将 74LS290 芯片中的二进制计数器和五进制计数器级联后可以构成十进制计数器，具体的十进制计数器的级联方式有两种，如图 5.42 所示。

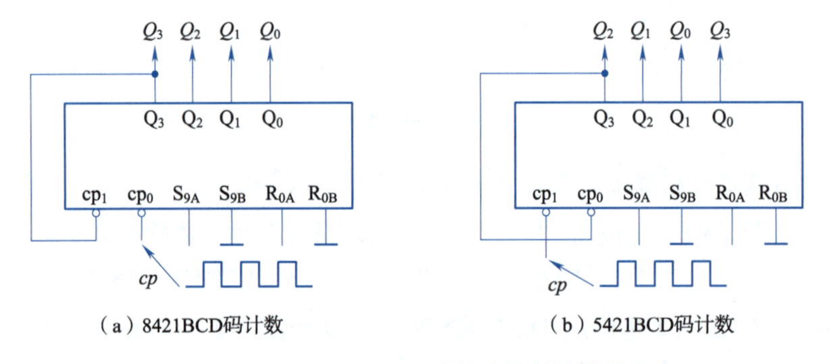

图 5.42　基于 74LS290 芯片的十进制计数器电路

图 5.42(a)中，时钟信号接入二进制计数器的时钟端口 cp_0，二进制计数器的计数输出端口 Q_0 接入五进制计数器的时钟端口 cp_1，即二进制计数输出信号作为五进制计数器的时钟信号。在这种方式下，每来 2 个计数脉冲，模 2 计数器输出端 Q_0 产生一个负跳变信号，在该信号下模 5 计数器加 1，经过 10 个脉冲后，模 5 计数器循环一周。通过这一方式可以构成 8421BCD 编码的十进制计数器，具体状态转移表见表 5.15。

表 5.15　8421BCD 编码十进制计数器的状态转移表

现态				次态			
Q_3^n	Q_2^n	Q_1^n	Q_0^n	Q_3^{n+1}	Q_2^{n+1}	Q_1^{n+1}	Q_0^{n+1}
0	0	0	0	0	0	0	1
0	0	0	1	0	0	1	0
0	0	1	0	0	0	1	1
0	0	1	1	0	1	0	0
0	1	0	0	0	1	0	1
0	1	0	1	0	1	1	0

续表

现态				次态			
Q_3^n	Q_2^n	Q_1^n	Q_0^n	Q_3^{n+1}	Q_2^{n+1}	Q_1^{n+1}	Q_0^{n+1}
0	1	1	0	0	1	1	1
0	1	1	1	1	0	0	0
1	0	0	0	1	0	0	1
1	0	0	1	0	0	0	0

图 5.42(b)中,时钟信号接入五进制计数器的时钟端口 cp_1,五进制计数器的最高位计数输出端口 Q_3 接入二进制计数器的时钟端口 cp_0,即五进制最高位计数输出端口信号作为二进制计数器的时钟信号。类似地,可以列出 5421BCD 编码十进制计数器的状态转移表,此处略去。当然该计数器除了完成上述功能外,还可以用来构成其他的计数器。

5. 应用设计任意进制计数器

视频
74161计数器的功能与应用

任意进制计数器的设计可以采用前面所介绍的时序逻辑电路设计方法来实现,即采用触发器和逻辑门来完成电路设计。当然,还有另外一种方法,即采用已有的中规模计数器芯片来完成任意进制计数器电路的设计。通常涉及使用标准的二进制计数器芯片(如 74LS161 或 74LS191)或者十进制计数器芯片(如 74LS290 或 74LS90),并通过外部逻辑电路来实现所需的进制。

以 N 进制的计数器,设计任意模值为 M 的计数器,通常有两种情况:一种是 $M>N$,可采用多个中规模计数器以级联的形式来扩充计数容量;另外一种是 $M<N$,这时可采用状态跳跃的方式来实现。使用 74LS161 芯片实现任意进制计数器是一个常见的设计任务。其功能表详见表 5.11,可以用来构建各种进制的计数器。

(1)固定模值计数器的设计($M<N$)

用 74LS161 设计模值 $M\leqslant 16$ 的计数器时,是从 74LS161 器件(模值 $M=16$)的状态转移图中跨越($16\sim M$)各状态,得到具有 M 个状态的计数器。实现状态跨越可以采用同步置数法,也可采用异步清零法。

①同步置数法:利用计数器置数端的置数功能,从置入的某一个状态开始,选取 M 个状态后,将 M 个状态的最后一个状态反馈给置数端,从而实现模 M 计数。反馈电路的反馈信号接到计数器芯片的置数端口$\overline{LD}$,称这种任意进制计数器的设计方法为置数法(也称为预置法),如图 5.43 所示。

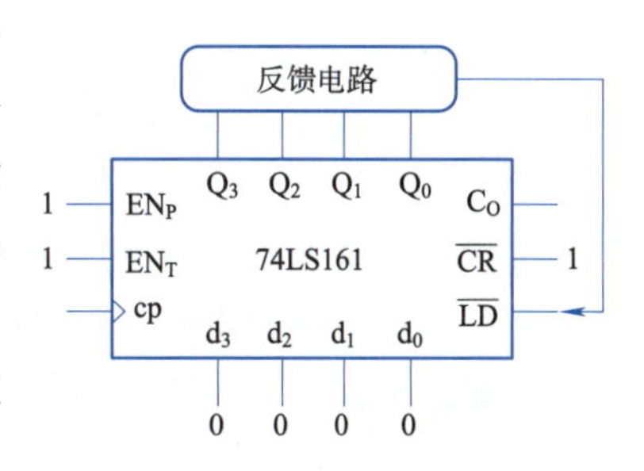

图 5.43　任意进制设计置数法原理图

②异步清零法:利用计数器清零端的清零功能,将计数过程中的第 $M+1$ 个状态(不是有效状态)反馈给清零端,达到清零目的,从而实现模 M 计数。反馈信号接到计数器芯片的清零端口$\overline{CR}$实现状态跳跃,称这种任意进制计数器的设计方法为清零法。注意:异步清零法的有效状态必须从全 0 开始。

(2)大模值计数器的设计($M>N$)

必须用多片 N 进制计数器进行级联(异步级联和同步级联),才能构成 M 进制计数器。

①异步级联：低位片的输出信号 C_0 作为高位片的时钟输入信号 cp。

②同步级联：两个时钟输入端同时接入计数脉冲信号 CP，以低位片的进位输出信号 C_0 作为高位片的计数控制信号 CT。

整体反馈法：将两片 N 进制计数器级联成模 $N\times N$ 大容量计数器，再根据整体反馈清零法和整体同步置数法连接成任意 M 进制计数器。

整体反馈清零法是数据输出端接与非门后同时反馈给两个 CP 输入端。

整体同步置数法是数据输出端接与非门后同时反馈给两个置数端$\overline{LD}$。

大模分解法：若 $M=M_1\times M_2$，可以将两片 N 进制计数器分解成模 M_1 和模 M_2 的计数器，再将两片 N 进制计数器按高低位异步级联。

下面通过两个例题学习一下置数法和清零法进行任意进制计数器设计的基本原理。

例 5.10 采用置数法用 74LS161 芯片设计八进制计数器。

解： 使用 74LS161 芯片，采用置数法设计模为 8 的计数器的具体步骤如下：

①确定状态转移图。在 74LS161 芯片的状态转移图中选择连续 8 个状态，初始状态为 0000，末态为 0111，如图 5.44 所示，想办法让末态自动迁移到初态并形成有效的循环。实际上，需要使用计数器的置数功能把 0000 置入输出端，完成末态到初态的状态跳跃。因此，74LS161 芯片的预置数据输入端口 $d_0\sim d_3$ 均接低电平。当计数到末态 0111 时，反馈电路给$\overline{LD}$端口一个低电平，计数器执行置数操作。

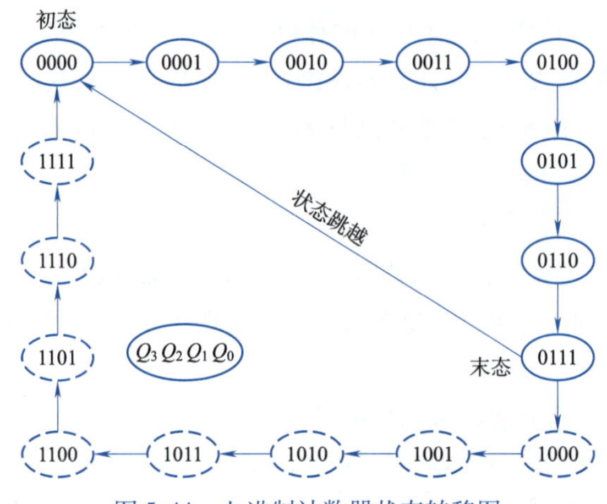

图 5.44 七进制计数器状态转移图

②设计反馈电路。反馈电路的输入信号是计数器的输出 $Q_3\sim Q_0$，反馈电路的输出为 Y。当计数器的状态为 0000，0001，…，0110 时，要求反馈电路始终输出为高电平；当计数到末态 0111 时反馈电路输出为 0。此时得到反馈电路的真值表，见表 5.16。

表 5.16 反馈电路的真值表

输入				输出
Q_3^n	Q_2^n	Q_1^n	Q_0^n	Y
0	0	0	0	1
0	0	0	1	1
0	0	1	0	1

续表

输入				输出
Q_3^n	Q_2^n	Q_1^n	Q_0^n	Y
0	0	1	1	1
0	1	0	0	1
0	1	0	1	1
0	1	1	0	1
0	1	1	1	0

根据表5.16可以很容易地设计出反馈电路,这是一个典型的组合逻辑电路的设计问题。可以采用卡诺图化简的形式设计反馈电路。实际上,仔细观察表5.16,该表的第一列均为0,不用考虑,重点考察该表的第二列和第三列。发现当 $Y=1$ 时,对应的 Q_0、Q_1 和 Q_2 至少有一个输入为0;而当 Q_2、Q_1 和 Q_0 全为1时,$Y=0$。在前面所学习的逻辑门中,只有与非门满足这一条件,即输入输出关系为:"有0则1,全1则0"。因此,表5.16所对应的反馈电路是一个与非门。与非门的两个输入端分别接 Q_2 和 Q_1,与非门输出端接计数器的 $\overline{LD}$ 端口。

有个细节需要注意,当计数到0111的一瞬间,与非门输出低电平。此时,$\overline{LD}$ 端口虽然接收到反馈电路输出的低电平,但并未执行置数操作。因为 $\overline{LD}$ 端口为同步端口,需要时钟信号的配合。因此,当下一个时钟信号上升沿到来时,计数器才会将初态0000置入输出端,最终实现末态到初态的迁移。

③画电路图。若要使所设计的电路具有计数功能,比预置数控制端口优先级高的清零端口应为无效电平,即 $\overline{CR}$ 端口接高电平。同时计数使能端口 EN_P 和 EN_T 全部接高电平。具体电路如图5.45所示。

通过以上3个步骤实现了基于置数法的八进制计数器电路的设计。

结合第3章学习的组合逻辑电路,用Proteus仿真软件仿真验证逻辑的正确性,如图5.46所示,采用计数器器件74LS161和显示译码器74LS48进行连线并仿真,实际验证操作可以参考仿真图在仿真软件上验证。

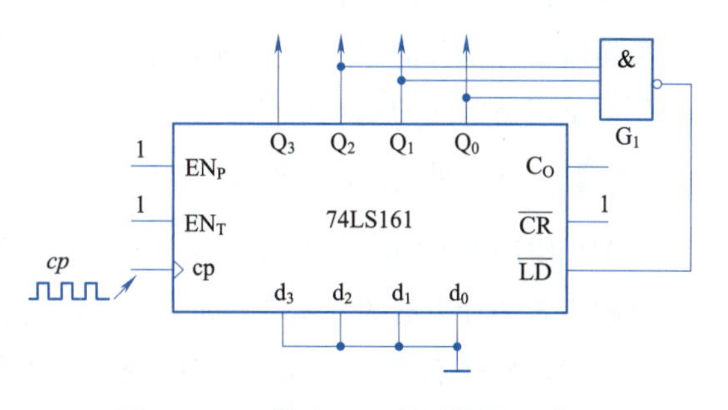

图5.45　置数法八进制计数器电路图

使用现有的 N 进制计数器芯片,采用同步置数法设计任意模值为 $M(M<N)$ 的计数器,操作步骤如下:

①确定计数范围。找到初态和末态,确定状态转移图。在整个计数器的设计过程中需要确定初态 S_0 和末态 S_{M-1},当计数到末态后,反馈电路输出低电平,在下一个时钟信号上升沿的作用下计数器执行置数操作,跳过 N-M 个状态,返回到初态。在任意进制计数器的设计中,这个发生了状态跳跃的末态 S_{M-1} 又称为起跳态。在置数法中,末态和起跳态均为 S_{M-1},这一点和清零法不一致。

②确定预设置的输入数据和反馈控制信号。这一步骤是一个典型的组合逻辑电路设计,可以通过输入和输出的逻辑关系列写真值表,由真值表得到反馈逻辑。

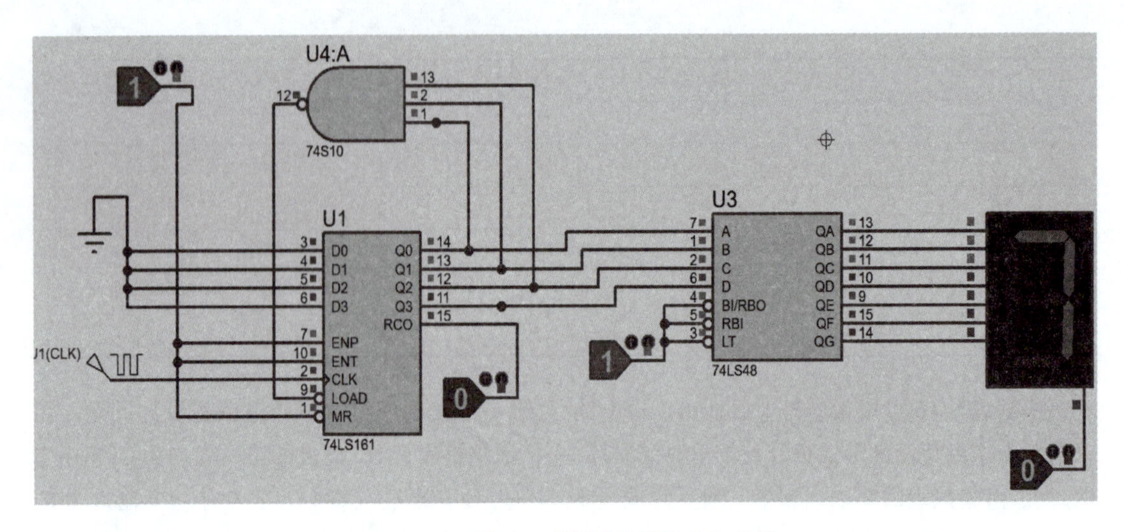

图 5.46　置数法八进制计数器仿真电路图

③画逻辑电路图。画好反馈电路，同时注意$\overline{CR}$端口、EN_P和 EN_T端口的设置。

从图 5.43 和图 5.44 可以看出，置数法和清零法的区别是反馈电路的反馈信号接入不同的控制端口来实现状态跳跃。于是有一个问题：将图 5.46 所示电路中与非门 U_4的输出端接入到$\overline{MR}$端口，实现的是否为清零法的八进制计数器？实际上，并非如此。如果采用类似于上一个例题中置数法的设计步骤，将三输入与非门的输出端接入 74LS161 的$\overline{CR}$端口，实现的却是七进制计数器。因为 74LS161 芯片的$\overline{LD}$端口接收到反馈电路输出的低电平后并没有立刻执行置数操作，而是等待一个时钟信号，即在下一个时钟信号上升沿到来时才执行置数操作，这样一来，计数器的末态 0111 会保持一个时钟周期。而$\overline{CR}$端口是异步端口，与时钟信号没有任何关系，只要该端口接收到反馈电路输出的低电平后立刻执行清零操作。也就是说，在计数器输出为 0111 的一瞬间，计数器就已经执行清零操作了，导致还没来得及看到末态，电路就已经跳跃到初态。下面通过以下例题学习清零法的基本原理。

例 5.11　采用清零法设计八进制计数器。

解： 使用 74LS161 芯片，采用清零法设计模为 8 的计数器的具体步骤如下：

①确定状态转移图。在 74LS161 芯片的状态转移图中选择连续 8 个状态，初始状态为 0000，末态为 0111。前面已经分析了，如果按照上一个例题的方法，将与非门的输出直接与清零端口相连，末态 0111 将不能维持一个时钟周期。因此，选择末态的下一个状态 1000 来作为起跳态。图 5.47 所示为清零法进行八进制计数器设计的状态转移图。

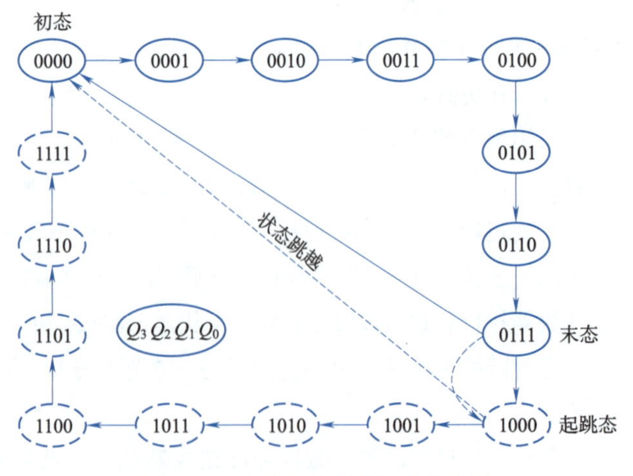

图 5.47　八进制计数器状态转移图

②设计反馈电路。反馈电路的输入

信号是计数器的输出 $Q_3 \sim Q_0$,反馈电路的输出为 Y。当计数器从初态 0000 计数到末态 0111 时,要求反馈电路始终输出为高电平;当计数到起跳态 1000 时反馈电路输出为 0。此时,得到反馈电路的真值表,见表 5.17。

表 5.17　反馈电路的真值表

输　入				输　出
Q_3^n	Q_2^n	Q_1^n	Q_0^n	Y
0	0	0	0	1
0	0	0	1	1
0	0	1	0	1
0	0	1	1	1
0	1	0	0	1
0	1	0	1	1
0	1	1	0	1
0	1	1	1	1
1	0	0	0	0

根据表 5.17 可以很容易地设计出反馈电路。仔细观察表 5.17,对于该表的第二列到第四列。发现当 $Y=1$ 时,对应的 Q_3、Q_2、Q_1 和 Q_0 至少有一个输入为 0;而当 Q_3 为 1 时,$Y=0$。因此,表 5.17 所对应的反馈电路是一个与非门。需要与非门的输入端接 Q_3,与非门输出端接计数器的 $\overline{CR}$端口。

③画电路图。若要使所设计的电路具有计数功能,预置数控制端口需要接高电平,同时计数使能端口 EN_P 和 EN_T 也全部接高电平。具体电路如图 5.48 所示。

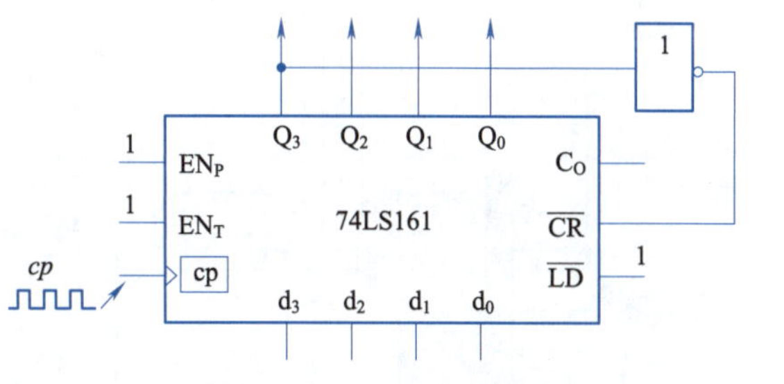

图 5.48　清零法八进制计数器电路图

例 5.12　请用 74LS161 芯片设计六十进制计数器。

采用大模分解法,将 60 拆分为 6 × 10,根据前面的例子可知,要实现六十进制加法计数器需要 2 片 74LS161,一片实现模六,一片实现模十,这之间的连接方式分同步和异步两种。

①异步连接方式。低位的 74LS161 通过置数法设计为十进制加法计数器,每 10 个 cp 向高位芯片进一,当高位芯片计数到 0110(即 6)时,对两片芯片同时清零,电路回到 0 状态。这里不详细说明过程,只给出电路图,如图 5.49 所示。

②同步连接方式。两片芯片的 CP 都连接到计数脉冲输入端,当低位芯片计数到 1001(即 9)时,通过反馈电路使能高位芯片,让高位 74LS161 芯片计数加 1。过一个脉冲之后,低位 74LS161 重新从 0 开始计数,当计数到 1001(即 9)时又触发高位芯片使能计数,如此反复,当高位计数到 0110(即 6)时,对两片 74LS161 芯片同时清零,电路回到 0 状态。电路图如图 5.50(a)所示。结合前面章节的显示译码器将六十进制计数器进行仿真,如图 5.50(b)所示。

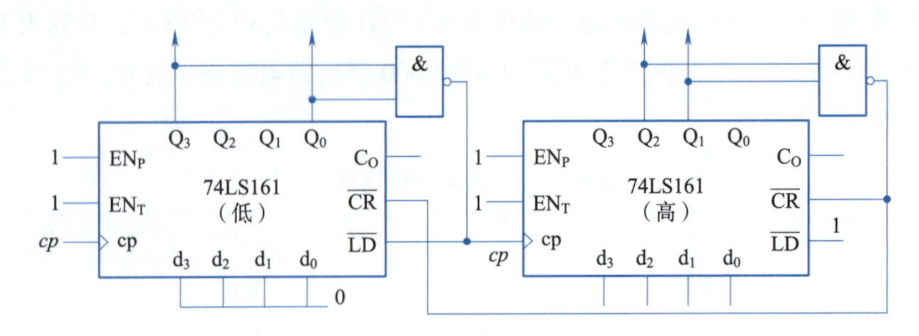

图 5.49　异步六十进制计数器电路图

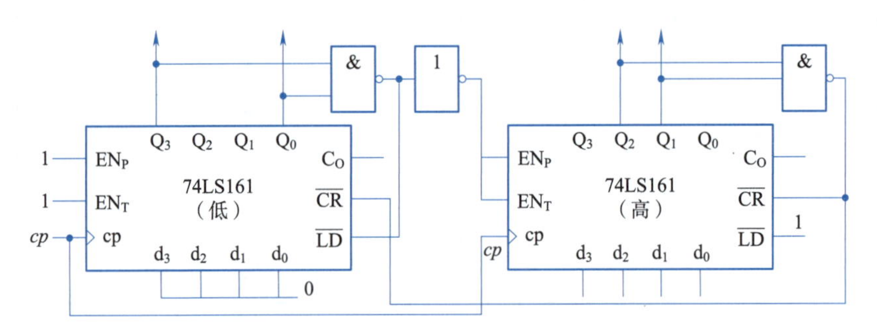

（a）同步六十进制计数器电路图

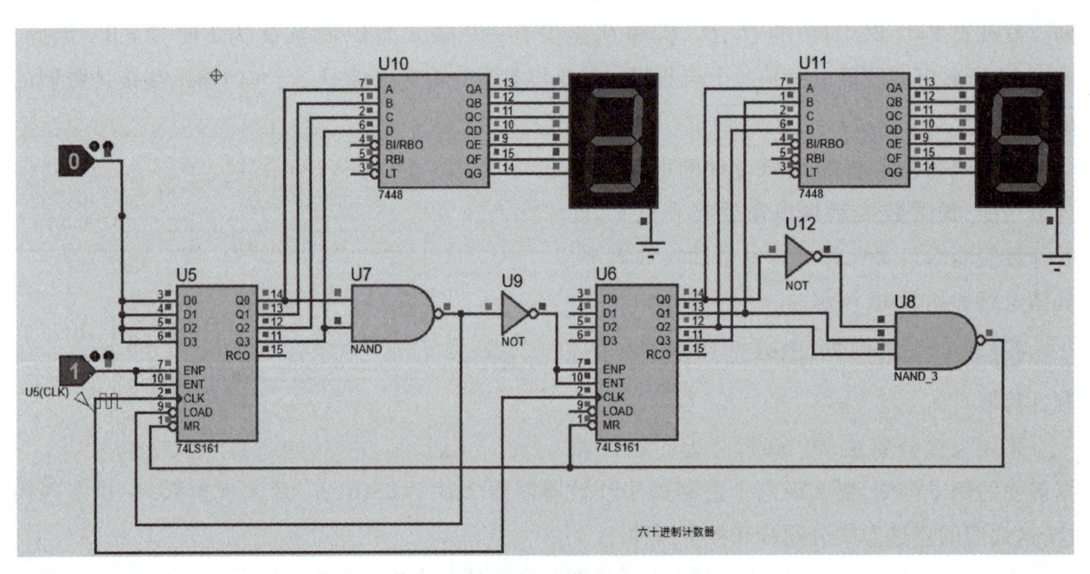

（b）同步六十进制计数器电路图仿真

图 5.50　同步六十进制计数器电路及仿真图

下面对同步置数法和异步清零法进行简要的对比分析。图 5.51（a）所示为置数法进行任意进制计数器设计的流程图。用置数法实现 M 进制计数器的过程中，计数器的末态 S_{M-1} 作为起跳态，通过执行置数操作完成末态到初态的迁移。而对于清零法，如图 5.51（b）所示，当计数到末态后并不是直接跳转到初态，而是要经历一个暂稳态 S_M。这个暂稳态作为起跳状态，并且在进入暂稳态的一瞬间立即执行清零操作，从而实现末态到初态的迁移。在设计电路时一定要弄清楚初态、末态和起跳态，利用起跳态结合适当的逻辑门来设计反馈电路，并实现任意进制计数器的设计。

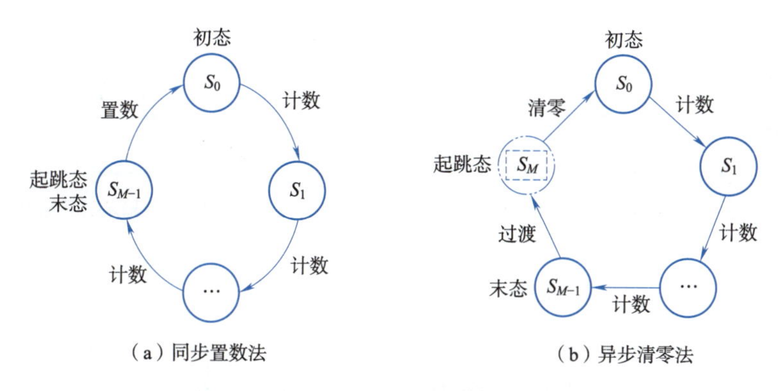

图 5.51　任意进制计数器设计步骤流程图

思考题：上述所介绍的置数法和清零法进行任意进制计数器的设计所使用的芯片是 74LS161，其置数端口和清零端口是低电平有效。如果某芯片的清零端口和置数端口是高电平有效，反馈电路该如何设计？

5.4.2　寄存器

1. 寄存器概述

寄存器是数字系统中用于存储数据的基本单元之一，通常由一组触发器组成，每个触发器可以存储一位二进制数据（0 或 1）。寄存器在计算机系统和其他数字电子设备中非常常见，用于多种用途，包括数据存储（存储数据，如指令、地址、中间计算结果等）、临时数据处理（执行数据处理操作，如算术运算、逻辑运算等）和状态保持（保存系统的状态信息，如程序计数器、标志寄存器等），以及数据传输作为数据传输过程中的缓冲区，确保数据的稳定传输等。其一般分类如下：

①单比特寄存器：最简单的寄存器形式，由一个触发器组成，可以存储一位数据。

②多位寄存器：由多个单比特寄存器串联组成，可以存储多位数据。例如，一个 8 位寄存器可以存储一字节的数据。

③移位寄存器（shiftregister）：具有串行输入/输出能力的寄存器，可以将数据逐位移入或移出寄存器。移位寄存器可用于数据传输、序列发生器等应用场景。

④锁存器：一种简单的存储单元，通常用于存储中间结果或临时数据。锁存器与触发器类似，但它们的存储状态是由电平而非边沿控制的。

⑤累加器：一种特殊类型的寄存器，通常用于执行算术运算（如加法和减法）。

寄存器数据输入/输出的方式有 4 种：串行输入串行输出、串行输入并行输出、并行输入串行输出和并行输入并行输出。图 5.52 所示为这 4 种方式的原理图。

图 5.52（a）所示为四位寄存器的串行输入/串行输出数据传输方式。由于只有 1 个输入端口，4 位数据 A、B、C 和 D 经过 4 个时钟周期依次输入寄存器内。输出端口也只有 1 个，寄存器所存储的 4 位数据经过 4 个时钟周期依次输出。因此，四位寄存器进行一次“串入串出”操作需要 8 个时钟周期。

图 5.52（b）所示为四位寄存器的串行输入/并行输出数据传输方式。4 位数据 A、B、C 和 D 经过 4 个时钟周期依次输入寄存器内。输出端口有 4 个，寄存器所存储的 4 位数据可以经过 1 个时

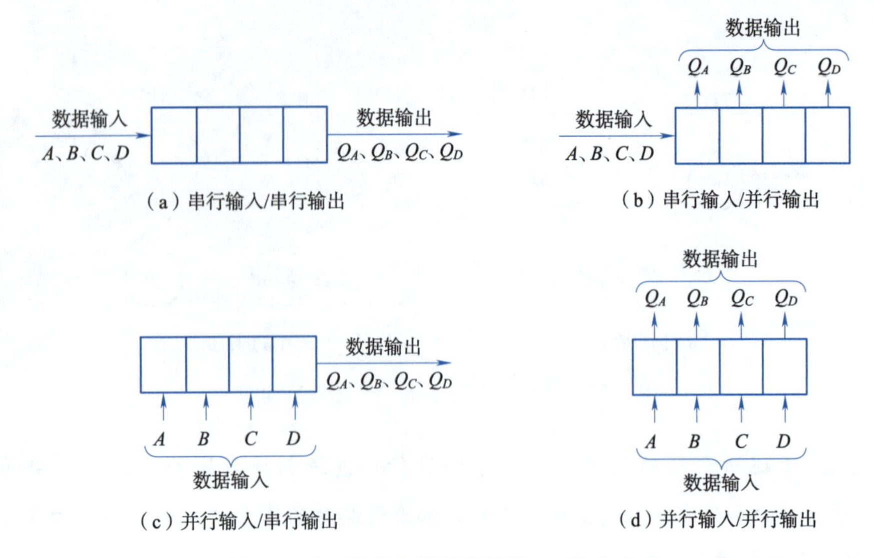

图 5.52　四位寄存器的数据输入/输出方式

钟周期一次性地输出。因此，四位寄存器进行一次“串入并出”操作需要 5 个时钟周期。

图 5.52（c）所示为四位寄存器的并行输入/串行输出数据传输方式。由于有 4 个输入端口，4 位数据 A、B、C 和 D 可一次性地输入到寄存器内。输出端口有 1 个，寄存器所存储的 4 位数据经过 4 个时钟周期依次输出。因此，四位寄存器进行一次“并入串出”操作需要 5 个时钟周期。

图 5.52（d）四位寄存器的并行输入/并行输出数据传输方式。4 位数据 A、B、C 和 D 可一次性地输入寄存器内，寄存器所存储的 4 位数据可一次性地输出。因此，四位寄存器进行一次“并入并出”操作需要 2 个时钟周期。

2. 基本寄存器典型芯片

基本寄存器简称寄存器，在时序逻辑电路中有着广泛的应用。常用的 4 位基本寄存器芯片型号有 74LS175 和 CD4042。图 5.53 所示为 74SL175 芯片的引脚图。

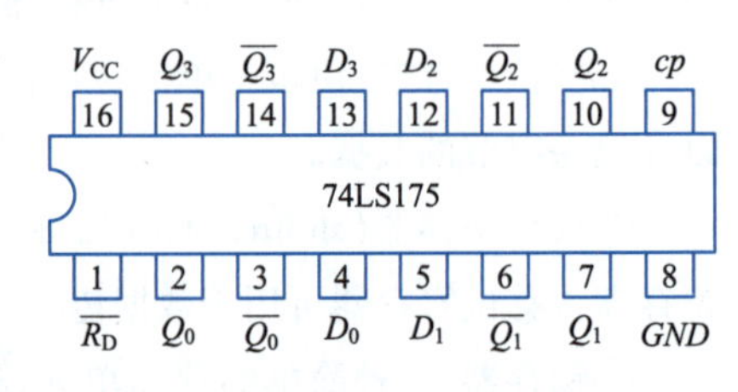

图 5.53　74LS175 芯片引脚图

图 5.53 的引脚图中，芯片的 1 引脚为异步清零端口，只要该引脚接低电平 $Q_3 \sim Q_0$ 端口输出均为 0。芯片的 2、3 和 4 引脚对应 FF_0 的输入/输出端口，依此类推，芯片的 13、14 和 15 引脚对应 FF_3 的输入/输出端口。9 引脚是时钟端口，上升沿触发。其功能表见表 5.18。

表 5.18　74LS175 功能表

输入						输出			
$\overline{R}_D$	Cp	D_0	D_1	D_2	D_3	Q_3	Q_2	Q_1	Q_0
0	×	×	×	×	×	0	0	0	0
1	↓	D_0	D_1	D_2	D_3	D_0	D_1	D_2	D_3
1	1	×	×	×	×	保持			
1	0	×	×	×	×	保持			

3. 移位寄存器原理及典型芯片

移位寄存器可寄存一组二值代码，N 个触发器组成的寄存器可以存储一组 N 位的二值代码，一般用于将二进制数据从一个位置转移到另一个位置。

移位寄存器的分类方式如下：

①按移位方向分类：单向移位寄存器（包括左移、右移）、双向移位寄存器。

②按循环方式分类：循环移位寄存器、非循环移位寄存器。

③按部位的不同分类：逻辑移位寄存器、算术移位寄存器。

④按输入/输出方式分类：串入串出、串入并出、并入串出、并入并出。

图 5.54 所示为四位串行左移移位寄存器的电路原理图。

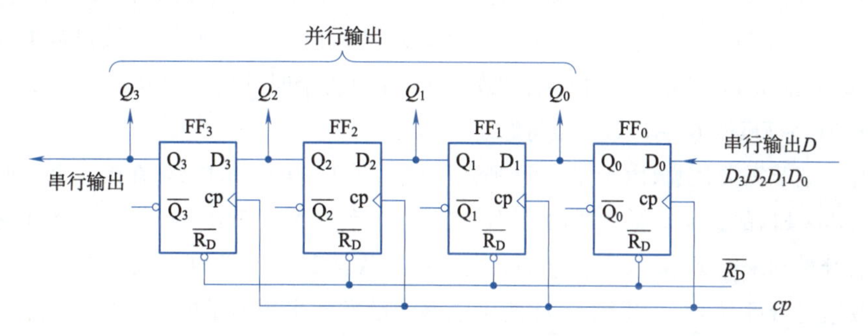

图 5.54　四位左移移位寄存器电路图

图 5.54 所示的四位左移移位寄存器是由 4 个上升沿触发的边沿 D 触发器构成，触发器的时钟端口连接在一起，在移位脉冲 cp 的作用下统一进行状态翻转。4 个边沿 D 触发器 $FF_0 \sim FF_3$ 在电路连接上的特点是：右侧触发器的输出端 Q 依次接入到左侧触发器的 D 端口。下面分析图 5.54 所示电路的原理。该电路的驱动方程为：

$$D_0 = D,\quad D_1 = Q_0^n,\quad D_2 = Q_1^n,\quad D_3 = Q_2^n \tag{5.55}$$

将式(5.55)带入 D 触发器的特性方程得到状态方程：

$$Q_0^{n+1} = D,\quad Q_1^{n+1} = Q_0^n,\quad Q_2^{n+1} = Q_1^n,\quad Q_3^{n+1} = Q_2^n \tag{5.56}$$

由式(5.56)所示的状态方程可知，在时钟信号（移位脉冲 cp）的作用下，串行输入端口的数据 D 存入触发器 FF_0，同时 FF_0所保存的数据存入 FF_1，依此类推，右侧触发器所存储的数据依次存入左侧的触发器中。也就是说，在移位脉冲的作用下，图 5.54 所示电路实现了串行左移操作。下面以一个具体的例子说明串行左移的过程。假设串行输入端口的数据 D 依次存入 1101 这 4 个数码，则 $Q_3 \sim Q_0$端口的工作波形图和状态转移表如图 5.55 和表 5.19 所示。

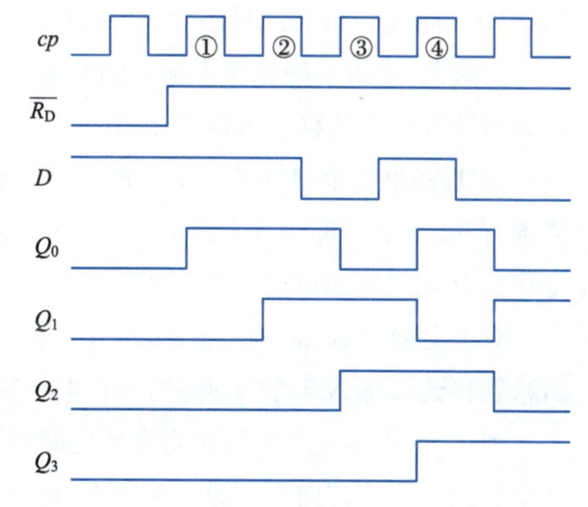

图 5.55　4 位左移移位寄存器工作波形图

表 5.19　4 位左移移位寄存器状态转移表

cp 顺序	*D*	Q_3^n	Q_2^n	Q_1^n	Q_0^n
0	×	0	0	0	0
1	1	0	0	0	1
2	1	0	0	1	1
3	0	0	1	1	0
4	1	1	1	0	1

如图 5.55 所示，在第一个时钟信号上升沿到来之前，$\overline{R_D}$端口给一个复位电平，然后该端口又恢复为高电平，这样各个 D 触发器在翻转前均执行清零操作，$Q_0^n \sim Q_3^n$输出均为 0。紧接着，在①处时钟信号上升沿到来时，FF_0读取串行输入端口的数据 1、FF_1读取 FF_0的 Q 端口数据 0、FF_2读取 FF_1的 Q 端口数据 0、FF_3读取 FF_2的 Q 端口数据 0。在第①个时钟信号上升沿过后，FF_0的 Q 端口数据变为 1，$FF_1 \sim FF_3$的 Q 端口数据维持原态 0 不变。

这里有个细节需要注意，由于图 5.54 所示电路为同步时序逻辑电路，在第一个时钟信号上升沿到来时，$FF_0 \sim FF_3$的这 4 个触发器均同时响应这个时钟信号上升沿，那么是否会出现在第一个时钟信号上升沿到来时 FF_1将 FF_0的 Q 端口次态更新数据 1 读入到 FF_1？依此类推，FF_2和 FF_3的所读取的数据是否都是 1？如果图 5.54 所示电路的触发器采用的是电平类型的触发器（如同步 D 触发器），则上述设想是成立的。但是，图 5.54 所示电路采用的是边沿类型的触发器，因此答案是否定的。

对于实际的移位寄存器电路（芯片），从时钟信号上升沿开始到触发器 Q 端口出现稳定的更新数据都存在时间延迟，称这一时间延迟为数据的建立时间。以双向移位寄存器芯片 74LS194 为例，其 Q 端口数据由低电平变为高电平的建立时间最大值为 26 ns，由高电平变为低电平的建立时间最大值为 35 ns。由于图 5.54 所示电路采用边沿类型的 D 触发器，只有在时钟信号上升沿的一瞬间，触发器才进行状态翻转。这“一瞬间”小于 Q 端口数据的建立时间，这样一来 $FF_1 \sim FF_3$在时钟信号上升沿的一瞬间所读取的数据仍是 Q 端口在上一时钟周期的稳定输出数据，即 $FF_1 \sim FF_3$读取的仍是数据 0。此外，该芯片对时钟信号频率也有个限制要求，即时钟频率不能超过 20 MHz。通过一系列的时序要求可以确保移位寄存器电路逻辑功能的正确性。

表 5.18 给出了串行输入端口的数据 D 依次存入 1101 这 4 个数码，对应的 $Q_3 \sim Q_0$端口的输出数据从该状态转移表可以看出，在第一个时钟信号上升沿过后，Q_0端口输出为 1，$Q_3 \sim Q_1$端口输出均为 0；在第二个时钟信号上升沿过后，Q_0和 Q_1端口输出均为 1，Q_3和 Q_2端口输出均为 0。依此类推，在第四个时钟信号上升沿过后，$Q_3 \sim Q_0$端口输出为 1101。每来一个时钟信号上升沿，移位寄存器 Q 端口输出的效果相当于原有存储的数码依次串行左移 1 位，实现了移位寄存功能。

对于上面的数据 D 在连续 4 个 *cp* 脉冲后，在 Q_0、Q_1、Q_2和 Q_3端得到并行输出信号（串入并出）；若再连续输入 3 个 *cp* 脉冲，可在串行输出端得到串行输出信号（串入串出）。

图 5.56 所示为右移移位寄存器电路图，其逻辑功能与左移移位寄存器的原理是一样的，区别在于数据的移位方向不一致。实际上，在电路设计中，常见将串行左移和串行右移合在一起的逻辑功能，这就是双向移位寄存器。

典型的双向移位寄存器芯片是 74LS194。图 5.57 所示为该芯片的引脚图和逻辑图。

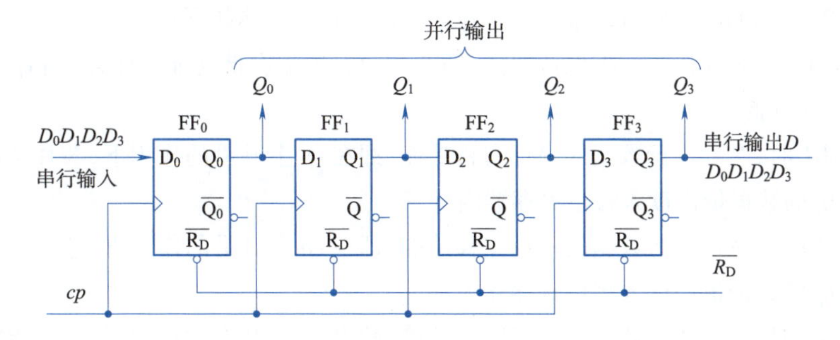

图 5.56　四位右移移位寄存器电路图

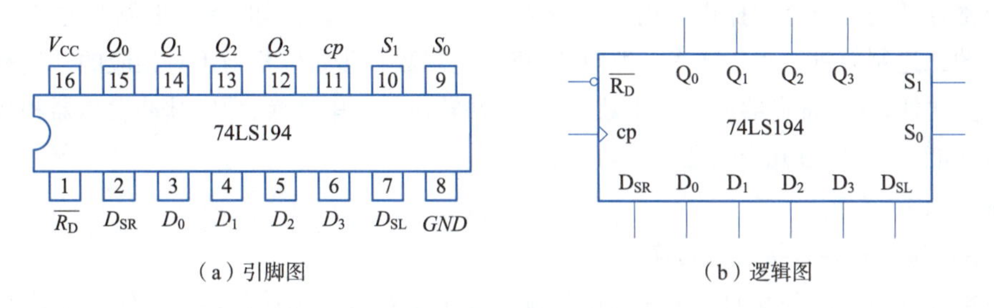

图 5.57　双向移位寄存器芯片 74LS194

74LS194 芯片是四位高速双向移位寄存器,引脚如图 5.57(a)所示;芯片逻辑图如 5.57(b)所示。引脚符号说明如下:

①1 引脚为异步清零端口,低电平有效,R_D为直接无条件清零端。

②2 引脚为串行右移数据输入端口,D_{SR}为右移串引输入端。

③3~6 引脚为并行数据输入端口,D_0、D_1、D_2、D_3为并行输入端。

④7 引脚为串行左移数据输入端口,D_{SL}为左移串引输入端。

⑤9、10 引脚为工作模式控制端口,S_1、S_0是操作模式控制端。

⑥11 引脚为时钟输入端口,上升沿有效,cp 为时钟脉冲输入端。

⑦12~15 引脚为并行数据输出端口。表 5.20 所示为该芯片的真值表。

表 5.20　74LS194 逻辑功能真值表

$\overline{R_D}$	cp	S_1	S_0	D_{SR}	D_{SL}	D_0	D_1	D_2	D_3	Q_0^{n+1}	Q_1^{n+1}	Q_2^{n+1}	Q_3^{n+1}	功能
0	×	×	×	×	×	×	×	×	×	0	0	0	0	清零
1	×	0	0	×	×	×	×	×	×	Q_0^n	Q_1^n	Q_2^n	Q_3^n	保持
1	↑	0	1	d_R	×	×	×	×	×	d_R	Q_0^n	Q_1^n	Q_2^n	右移
1	↑	1	0	×	d_L	×	×	×	×	Q_1^n	Q_2^n	Q_3^n	d_L	左移
1	↑	1	1	×	×	a	b	c	d	a	b	c	d	并行置数
1	0	×	×	×	×	×	×	×	×	Q_0^n	Q_1^n	Q_2^n	Q_3^n	保持

根据表 5.20,7LS194 芯片的逻辑功能如下:当$\overline{R_D}=0$时,芯片执行异步清零操作,此时并行数据输出端口全部输出低电平。若要使芯片执行置数、移位和保持功能,异步清零端口必须接无效电平。当$\overline{R_D}=1$时,7LS194 芯片的主要逻辑功能为串行右移、串行左移、并行置数和数据保持这 4

项功能，需要2个控制端口 S_1 和 S_0 来进行工作模式的选择。具体如下：

当 $S_1S_0=00$ 时，芯片执行数据保持功能，即芯片执行数据存储功能。此外，当 $cp=0$ 时，芯片也具有数据保持功能。

当 $S_1S_0=01$ 时，芯片执行数据的串行右移功能，即在 cp 上升沿的作用下，芯片将串行右移数据输入端口 D_{SR} 的数据依次读入移位寄存器内部。

当 $S_1S_0=10$ 时，芯片执行数据的串行左移功能，即在 cp 上升沿的作用下，芯片将串行左移数据输入端口 D_{SL} 的数据依次读入移位寄存器内部。

当 $S_1S_0=11$ 时，芯片执行数据的并行置数功能，即在 cp 上升沿的作用下，芯片将并行数据输入端口 $D_0\sim D_3$ 的数据一次性读入移位寄存器内部。

移位寄存器的串行移位操作可用于实现乘法和除法运算。例如，将二进制数左移一位相当于对相应的二进制数进行乘2操作。类似地，将二进制数右移一位相当于对相应的二进制数进行除2操作。此外，移位寄存器还可用于数据的串/并转换、并/串转换、顺序脉冲发生器和环形计数器等逻辑功能，下面通过几个例题来学习相关知识。

4. 移位寄存器应用

(1)串行接口和并行接口的转换

移位寄存器一个最普遍的应用是数据传输过程中串行接口和并行接口的转换。这在许多并行传输一组比特数据的电路中很有用，因为它们经常使用在结构上更为简单的串行接口。移位寄存器可以用作一个简单的延迟电路。许多双向移位寄存器可以在并行传输中作为堆栈的硬件实现方式。串入并出形式的移位寄存器经常与微处理器连接，这样做的原因主要是需要的引脚数多于微处理器能够提供的数量。通过使用移位寄存器，可以只依靠两三个引脚，而被控制设备的控制位分别连接在移位寄存器的并行输出端。由此，微处理器可以串行的方式一次写入这些设备的各个控制位。类似的，并入串出接法的移位寄存器在多个外围设备向微处理器传输数据时较为常用，外围设备以并行的方式将数据输入移位寄存器中，然后移位寄存器以串行的方式将数据逐位地输出给微处理器。这样，外围设备的大量信息就可以通过少数几条线到达微处理器。在实际使用中，实现串并转换的主要方式有双口RAM（random access memory，随机存储器）、FIFO（first input first output，先入先出队列）、移位寄存器等。对于数据量较大的一般使用双口RAM或者FIFO实现，数据量较小的一般使用移位寄存器实现。

例 5.13 分析图5.58所示电路五位串并转换器的基本原理。

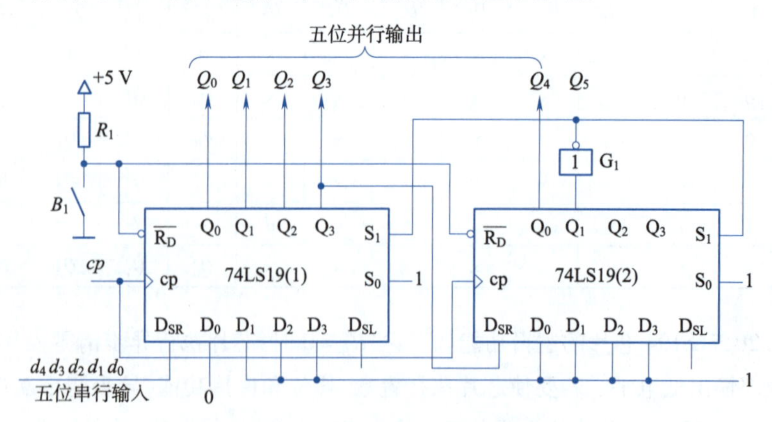

图5.58 五位串并转换器电路图

解： 图5.58中两个双向移位寄存器的复位端口与开关 B_1 的一端相连。当开关打开时，两个双向移位寄存器的复位端口通过电阻 R_1 接电源（即接入的是高电平）；当开关关闭时，复位端口接入低电平。电路中 S_0 端接高电平1，S_1 受 Q_5 控制，两片寄存器连接成串行输入右移工作方式。Q_5 是转换结束标志。当 $Q_5=1$ 时，S_1 为0，使之成为 $S_1S_0=01$ 的串入右移工作方式。当 $Q_5=0$ 时，S_1 为1，且有 $S_1S_0=11$，表示串行送数结束，标志着串行输入数据已转换成为并行输出数据。五位串并转换器的功能表见表5.21。

表5.21　五位串并转换器功能表

cp	$\overline{R_D}$	S_1	S_0	Q_0	Q_1	Q_2	Q_3	Q_4	Q_5	功能
0	0	×	×	0	0	0	0	0	0	清零
1	1	1	1	0	1	1	1	1	1	预制数
2	1	0	1	d_0	0	1	1	1	1	右移操作五次
3	1	0	1	d_1	d_0	0	1	1	1	
4	1	0	1	d_2	d_1	d_0	0	1	1	
5	1	0	1	d_3	d_2	d_1	d_0	0	1	
6	1	0	1	d_4	d_3	d_2	d_1	d_0	0	
7	1	1	1	0	1	1	1	1	1	预制数

电路运行时首先执行复位操作（即开关 B_1 关闭后再打开），两个双向移位寄存器的输出端全部为低电平。对于右侧移位寄存器的 Q_1 端口，其输出的低电平经过非门 G_1 后转换为高电平并接到两个移位寄存器的 S_1 端口，而两个寄存器的 S_0 端口始终接高电平，这样一来，移位寄存器执行并行置数操作，两个移位寄存器的 $Q_0Q_1Q_2Q_3Q_4Q_5$ 输出为 $d_0$01111。右侧寄存器的 Q_1 端口的高电平经非门后转换为低电平，使得 $S_1S_0=01$，两个寄存器接下来执行串行右移操作。在接下来的第2～5个时钟作用下，串行数据被依次存入寄存器中。当第6个时钟脉冲结束后，两个移位寄存器的六位输出为 $d_4d_3d_2d_1d_0d_5$0。此时，可以将并行输出端口 Q_0～Q_4 的数据一次性读出，实现5位数据的串并转换。在第6个时钟脉冲结束后，右侧寄存器的 Q_1 端口输出低电平，经非门转换后成为高电平，即 $S_1S_0=11$，两个寄存器再次执行并行置数操作并进入新一轮的串并转换。

例5.14　分析图5.59所示电路的基本原理。

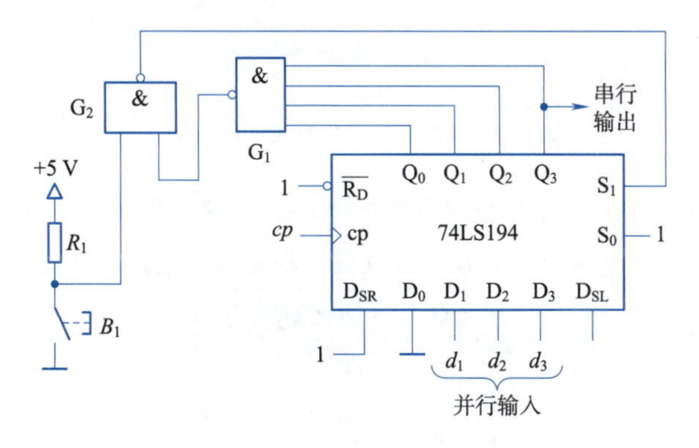

图5.59　3位并串转换器电路图

解: 图5.59所示电路的初始化是通过开关B_1实现的,即B_1按下后再断开。当按钮开关按下时,与非门G_2与B_1相连的一个引脚接入低电平,G_2输出高电平,而该高电平接入移位寄存器的S_1端口,移位寄存器执行并行置数操作,寄存器输出$Q_0Q_1Q_2Q_3=0d_1d_2d_3$。寄存器Q_0端口接入与非门G_1,G_1输出高电平,该高电平接入到G_2。

当B_1断开后,与非门G_2与B_1相连的一个引脚接入高电平,这样一来,G_2的两个输入端接入的均为高电平,G_2输出低电平,从而使$S_1S_0=01$。在时钟cp上升沿的作用下,寄存器接下来执行串行右移操作。经过3个时钟周期,数据d_3、d_2和d_1依次从Q_3端口依次输出。第4个时钟信号上升沿过后,$Q_0Q_1Q_2Q_3=1111$,与非门G_1输出低电平,从而G_2输出高电平,移位寄存器再次执行并行置数操作并进入新一轮的并/串转换。

思考题: 认真分析例5.14的电路原理,如何设计一款7位并串转换器电路?给出必要的原理性说明。

(2)顺序脉冲发生器

移位寄存器的另一个重要应用是用于实现顺序脉冲发生器。在一些数字系统中,有时需要系统按照事先规定的时间、顺序轮流输出脉冲波形,这就要求系统的控制部分能给出一组在时间上有一定先后顺序的脉冲信号,能产生这种信号的电路就是顺序脉冲发生器。顺序脉冲发生器也称脉冲分配器或节拍脉冲发生器,一般由计数器(包括移位寄存器型计数器)和译码器组成。作为时间基准的计数脉冲由计数器的输入端送入,译码器即将计数器状态译成输出端上的顺序脉冲,使输出端上的状态按一定时间、一定顺序轮流为1,或者轮流为0。实际上,顺序脉冲发生器也经常用于流水灯电路。按照电路结构的不同,顺序脉冲发生器可分为移位型和计数型两大类。

①移位型顺序脉冲发生器。

例5.15 分析图5.60所示移位顺序脉冲发生器电路的基本原理。

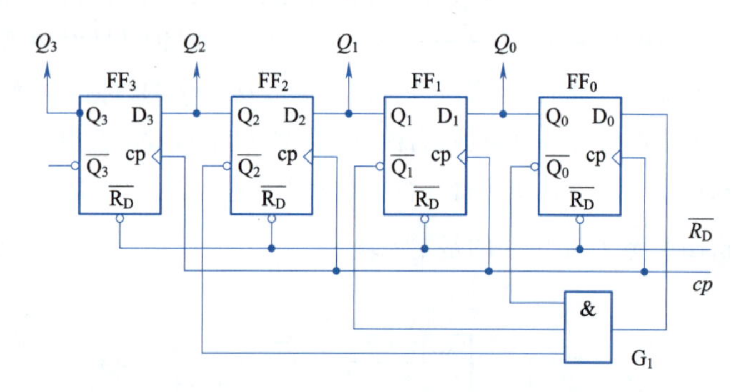

图5.60 移位顺序脉冲发生器电路的基本原理图

解: 图5.60所示电路是基于移位寄存器的顺序脉冲发生器,移位寄存器的$Q_0\sim Q_3$端口输出顺序脉冲。采用时序逻辑电路分析的方法可以很容易地得到电路的状态方程

$$\begin{cases}Q_0^{n+1}=\overline{Q_2^n}\cdot\overline{Q_1^n}\cdot\overline{Q_0^n}\\Q_1^{n+1}=Q_0^n\\Q_2^{n+1}=Q_1^n\\Q_3^{n+1}=Q_2^n\end{cases}\tag{5.57}$$

根据式(5.57)可以很容易地画出图 5.61 所示电路的状态转移图。

从图 5.61 可以看出,有效的脉冲输出是 0001、0010、0100 和 1000。其余 12 个状态均为无效状态,但该电路具有自启功能。

图 5.60 所示电路只能产生 4 个有效的顺序脉冲,使用了 4 个 D 触发器。4 个触发器可以存储 4 个二进制数,共有 16 种状态组合,但图 5.61 所示电路却只有 4 个有效的状态输出。如果想用较少的触发器实现更多的有效脉冲输出则需要采用计数型顺序脉冲发生器。

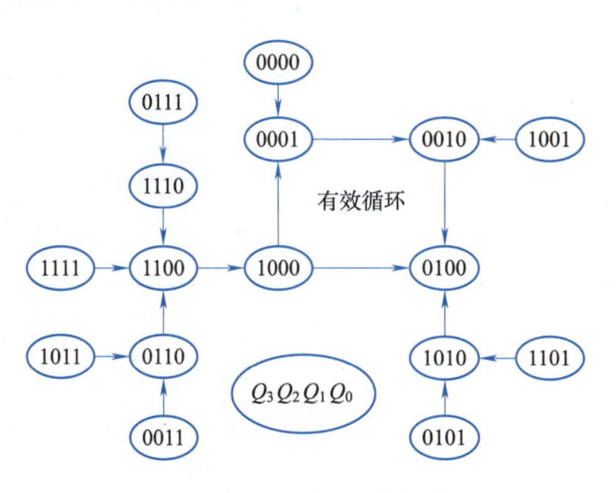

图 5.61　例 5.15 的状态转移图

②由计数器和译码器构成的顺序脉冲发生器。

计数型顺序脉冲发生器的电路(见图 5.62)构成往往采用二进制加法计数器和译码器来实现,通过译码器的译码,在每一个有效计数输入下有唯一确定的一个有效译码输出来实现顺序脉冲信号的产生。CD4017 芯片就是一个典型的顺序脉冲发生器芯片,它可以在时钟信号的作用下实现 10 路顺序脉冲输出。下面以 4 路顺序脉冲发生电路为例介绍计数型顺序脉冲发生器的基本原理。

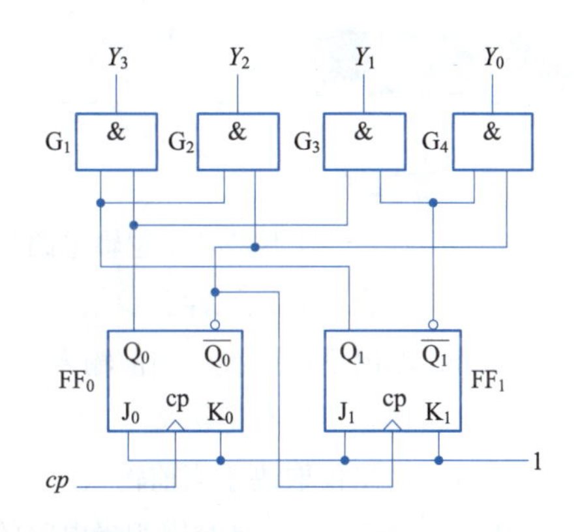

图 5.62　计数型顺序脉冲发生器电路

图 5.62 所示电路中触发器 FF_0 和 FF_1 构成异步四进制计数器(参考例 5.4),其计数输出经过二线-四线译码器(由 4 个与门 $G_1 \sim G_4$ 构成)译码输出来实现 4 路顺序脉冲。当计数输出 $Q_1Q_0=00$ 时,Y_0 输出高电平,其余输出均为低电平;当计数输出 $Q_1Q_0=01$ 时,Y_1 输出高电平,其余输出均为低电平;依此类推,当计数输出 $Q_1Q_0=11$ 时,Y_3 输出高电平,其余输出均为低电平。上面是用基础的电路构成计数器,如果用成熟的芯片如何实现熟悉脉冲发生器?下面对于如何使用 74LS161 芯片和译码器设计八路顺序脉冲发生器给出电路图,如图 5.63 所示。

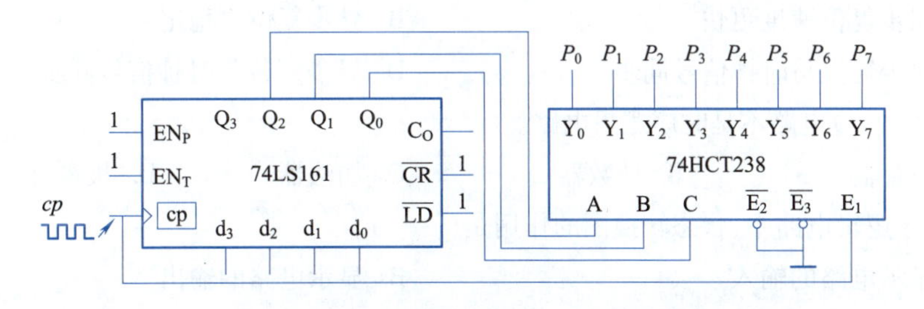

图 5.63　八路计数型顺序脉冲发生器电路

八路计数型顺序脉冲发生器时序图如图 5.64 所示。

请思考如何使用 74LS161 芯片和 74LS138 译码器设计十六路顺序脉冲发生器并画出电路图。

图 5.64　八路计数型顺序脉冲发生器时序图

习　题

一、选择题

1. 下列(　　)不是时序逻辑电路的特点。

A. 状态具有记忆性

B. 输出不仅取决于当前输入,还取决于过去的历史

C. 状态不具有记忆性

D. 输出仅取决于当前输入

2. 下列(　　)不是时序逻辑电路的组成部分。

A. SR 触发器　　B. D 触发器　　C. 编码器　　D. JK 触发器

3. 在时序逻辑电路中,触发器的主要作用是(　　)。

A. 计数　　B. 存储信息　　C. 编码　　D. 比较

4. 下列(　　)不是时序逻辑电路。

A. 二进制计数器　　B. 环形计数器　　C. 译码器　　D. 序列检测器

5. 在时序逻辑电路中,同步复位和异步复位的主要区别是(　　)。

A. 同步复位速度更快　　B. 异步复位更稳定

C. 同步复位与时钟信号同步　　D. 异步复位与时钟信号同步

6. 下列(　　)电路不是时序逻辑电路。

A. 寄存器　　B. 计数器　　C. 加法器　　D. 状态机

7. 在时序逻辑电路中,状态转换图的作用是(　　)。

A. 显示电路的输入　　B. 显示电路的输出

C. 显示电路的状态转换　　D. 显示电路的电源

8. 下列(　　)电路不是时序逻辑电路的典型应用。

A. 交通信号灯控制　　B. 计算机内存

C. 运算放大器　　D. 序列检测器

9. 在时序逻辑电路中,触发器的初始状态通常由(　　)决定。

A. 输入信号　　　　B. 电源电压

C. 外部控制信号　　　　D. 内部随机生成

10. 下列(　　)电路不是时序逻辑电路的组成部分。

A. 触发器　　B. 计数器　　C. 译码器　　D. 寄存器

二、填空题

1. 时序逻辑电路的输出不仅取决于当前的输入,还取决于电路的________。
2. 数字电路按照是否有记忆功能通常可分为两类:组合逻辑电路和________。
3. 对于一个 8 位移位寄存器,经过 5 个 CP 脉冲后,共有________个数码存入寄存器中。
4. 在时序逻辑电路中,________是描述电路状态转换的图形表示。
5. 异步复位信号通常与时钟信号________同步。
6. 在二进制计数器中,每个触发器可以存储________位二进制数。
7. 要构成五进制计数器,至少需要________个触发器,其无效状态有________个。
8. 在时序逻辑电路中,________是描述电路当前状态的变量。
9. 在序列检测器中,________用于存储期望序列的当前状态。
10. 计数器的设计过程中,实现状态跳跃的方法有两种:一种是清零法;另一种是________。

三、分析设计题

1. 分析图 5.65 所示电路,回答如下问题:

(1)判断是同步计数器还是异步计数器。

(2)写出触发器的特性方程。

(3)写出计数器的状态方程。

(4)列出状态转移表。

(5)画出状态转移图和时序图。

(6)判断是几进制计数器。

(7)能否自启动?

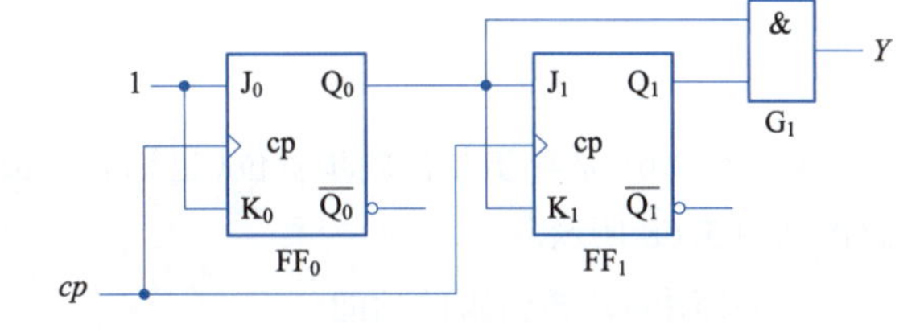

图 5.65　第 1 题的电路图

2. 分析图 5.66 所示电路,回答如下问题:

(1)判断是同步计数器还是异步计数器。

(2)写出触发器的特性方程。

(3)写出计数器的状态方程和输出方程。

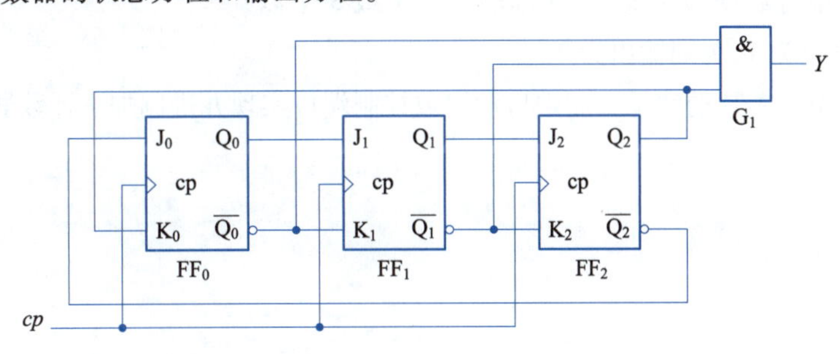

图 5.66　第 2 题的电路图

(4)列出状态转移表。

(5)画出状态转移图。

(6)判断是几进制计数器。

(7)能否自启动?

3. 分析图5.67所示电路,回答如下问题:

(1)判断是同步计数器还是异步计数器。

(2)写出触发器的特性方程。

(3)写出计数器的状态方程。

(4)列出状态转移表(包括有效时钟)。

(5)画出状态转移图。

(6)判断是几进制计数器。

(7)能否自启动?

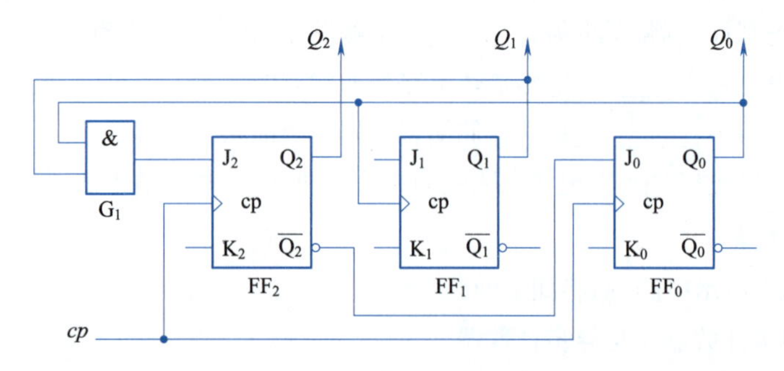

图5.67　第3题的电路图

4. 74LS161是异步复位同步置位(也称异步清零同步置数)的4位二进制加法计数器,其电路图如图5.68所示。

(1)说明芯片各引脚的功能。

(2)选用适当门电路,用置数法设计十进制加法计数器,并简要说明工作原理。

(3)画出其状态转换图。

(4)该芯片中有几个触发器,为什么?

(5)利用该芯片设计六十进制加法计数器。

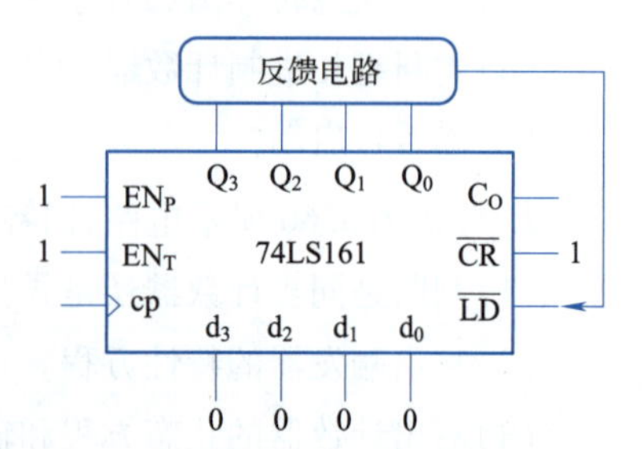

图5.68　第4题的电路图

5. 设计一款串行数据检测器:当连续输入3个或3个以上的1时,电路输出为1,否则输出为0。

6. 请用74LS163芯片的清零控制端口和置数控制端口实现九进制加法计数器。

第6章 脉冲产生和整形电路

引　言

在时序逻辑电路中，时钟信号属于矩形脉冲，用于控制和协调整个电路的工作状态。本章将主要介绍矩形脉冲波形的产生和整形电路，具体包括脉冲波形的基本概念及波形的产生和变换，555 定时器芯片的外围引脚和功能，施密特触发器、单稳态触发器和多谐振荡器的原理。

学习目标

- 理解：555 定时器的工作原理。
- 掌握：555 定时器电路的应用。
- 掌握：施密特触发器、单稳态触发器和多谐振荡器的工作原理。

6.1　概　述

在数字电路中，基本的工作信号是二进制的数字信号，数字信号的波形是高、低电平的脉冲信号，也就是矩形信号，产生矩形脉冲信号的方式主要是整形和振荡两种。脉冲具有脉动和短促两层含义，从数学角度来讲，凡是具有“不连续”特征的信号均可称为脉冲信号。广义上讲，各种非正弦波信号均称为脉冲信号。图 6.1 所示为几个典型的脉冲波形图。

图 6.1　脉冲波形图

矩形波是最常用的脉冲波形，在数字电路中往往作为时钟信号来控制和协调整个电路的工作状态。图 6.1(a) 所示为理想条件下的矩形波，由高电平和低电平两个逻辑电平构成，并且由低电平转换为高电平以及由高电平转换为低电平是瞬间完成的。但实际的矩形波中，高低电平间的转换均需要一定的过渡时间，图 6.2 所示实际的矩形波脉冲示意图。

为了定量描述矩形波脉冲，结合图 6.2，用如下参数来定量描述矩形波脉冲的特性：

①脉冲周期 T：周期性重复的脉冲序列中，两个相邻脉冲之间的时间间隔。有时也使用频率 f 表示单位时间内脉冲重复次数。

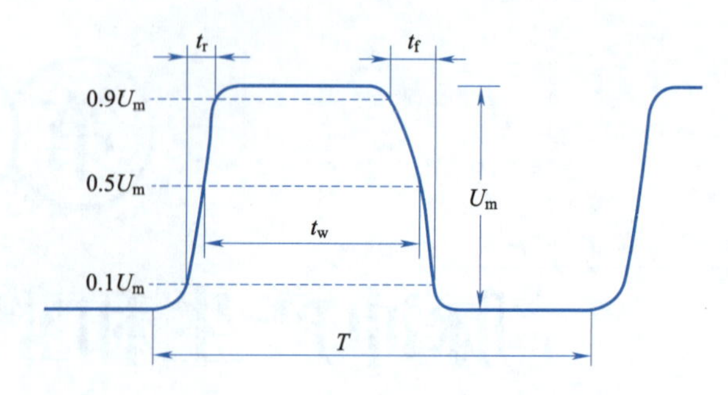

图 6.2 实际的矩形波脉冲示意图

②脉冲幅度 U_m:脉冲电压的最大变化幅度,其数值等于脉冲电压的最大值减去最小值。

③脉冲宽度 t_w:同一周期脉冲前沿到达 $0.5U_m$ 起,到脉冲后沿到达 $0.5U_m$ 的对应点之间的时间间隔。

④上升时间 t_r:脉冲电压由 $0.1U_m$ 上升至 $0.9U_m$ 所需要的时间,又称为前沿。对于理想的矩形波脉冲,$t_r=0$。

⑤下降时间 t_f:脉冲电压由 $0.9U_m$ 下降至 $0.1U_m$ 所需要的时间,又称为后沿。对于理想的矩形波脉冲,$t_f=0$。

⑥占空比 q:脉冲宽度与脉冲周期的比值,$q=t_w/T$。

通过上述参数可以对包括矩形脉冲信号在内的绝大多数脉冲信号进行定量描述。产生矩形脉冲波形的方法有两种:一种方法是通过脉冲产生电路直接获得,例如多谐振荡器或者 555 定时器;另外一种方法是使用单稳态触发器或者施密特触发器将已有的周期性波形进行整形和变换来获取符合要求的矩形脉冲。

6.2 555 定时器

555 定时器是一种应用广泛的多功能电路,通过外接几个阻容元件,就可以构成各种不同用途的脉冲电路,如单稳态触发器、多谐振荡器和施密特触发器等。555 定时器在波形的产生与变换、时间延迟、信号的测量与控制和家用电器等诸多领域中都得到广泛应用。

图 6.3 所示为 555 定时器的电路原理图,通常该芯片由分压器、比较器、触发器和放电晶体管构成。分压器是由 3 个阻值为 5 kΩ 的精密电阻 $R_1 \sim R_3$ 构成,这 3 个电阻以串联的方式接入电源和地之间(分别对应芯片的⑧引脚和①引脚),用于获得基准电压 u_{R_1} 和 u_{R_2}。比较器是由 2 个集成运放 A_1 和 A_2 构成,A_1 和 A_2 的输出用于控制基本 RS 触发器和放电晶体管 T_1 的状态。基准电压 u_{R_1} 接入集成运放 A_1 的反相输入端口。基准电压 u_{R_2} 接入集成运放 A_2 的同相输入端口,同时该端口与芯片的⑤引脚相连。芯片的⑤引脚(CO)是电压控制端口,用于控制芯片的基准电压。如果 CO 端口悬空,分压器提供两个默认的基准电压:$u_{R_1}=V_{CC}/3$ 和 $u_{R_2}=2V_{CC}/3$。如果 CO 端口外接固定电压 V_{CO},则基准电压为 $u_{R_1}=V_{CO}/2$ 和 $u_{R_2}=V_{CO}$。集成运放 A_2 的反相输入端口作为芯片的⑥引脚(TH),该引脚间接地用于控制由 G_1 和 G_2 所构成的基本 RS 触发器,实现对基本 RS 触发器的复位操作。集成运放 A_1 的同相输入端口作为芯片的②引脚($\overline{TR}$),与⑥引脚的功能类似,该引脚间接地实现基本 RS 触发器的置位操作。④引脚是清零端口,当此端接低电平,无论其他端口的状态

如何，定时芯片的③引脚都输出低电平，要想使芯片正常工作，④引脚应接高电平。非门 G_4 为输出缓冲反相器，起整形和提高带负载能力的作用。⑦引脚为放电端口，该端口与放电晶体管 T_1 的集电极相连，为外接电容提供充、放电回路，又称为泄放晶体管。

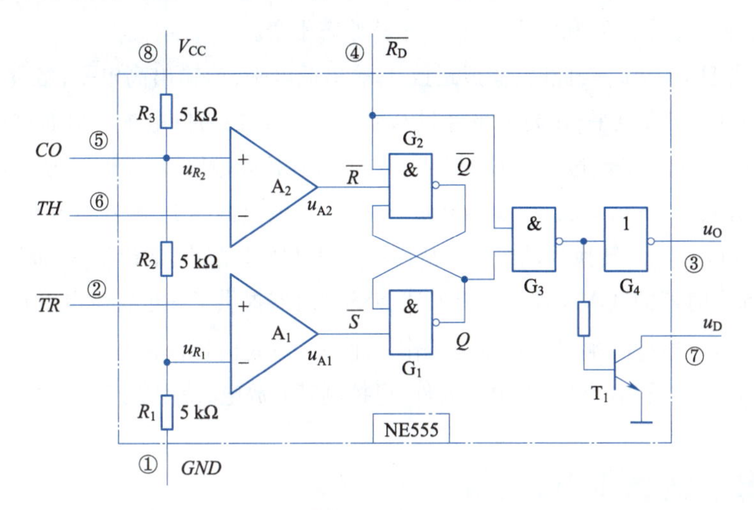

图 6.3　555 定时器的电路原理图

假设 TH 端口接入的电压为 u_{TH}，$\overline{TR}$端口接入的电压为 u_{TR}，表 6.1 给出了 555 定时器在 TH 端口、$\overline{TR}$端口和$\overline{R_D}$端口接入不同电平时所具有的功能。

表 6.1　555 定时器功能表

$\overline{R_D}$	u_{TR}	u_{TH}	u_{A_1}	u_{A_2}	u_O	T_1 的状态
0	×	×	×	×	0	导通
1	$u_{TR}>u_{R_1}$	$u_{TH}>u_{R_2}$	1	0	0	导通
1	$u_{TR}>u_{R_1}$	$u_{TH}<u_{R_2}$	1	1	保持	保持
1	$u_{TR}<u_{R_1}$	$u_{TH}<u_{R_2}$	0	1	1	截止
1	$u_{TR}<u_{R_1}$	$u_{TH}>u_{R_2}$	0	0	1	截止

结合图 6.3，当$\overline{R_D}$端口接低电平时，与非门 G_3 输出高电平，从而放电晶体管 T_1 饱和导通。同时，G_3 输出的高电平经过非门 G_4 转换为低电平输出，即输出端 u_O 被置为低电平。需要注意的是，$\overline{R_D}$端口接低电平时 u_O 端口的输出并不受其他输入端口的影响。若要使 555 定时器芯片响应其他输入端口的信号，$\overline{R_D}$端口必须接高电平。

接下来，将$\overline{R_D}$端口接高电平，并考虑其他输入端口的电平状态对输出端 u_O 和放电晶体管 T_1 的影响。具体分如下 4 种情况进行讨论：

①$u_{TR}>u_{R_1}$ 并且 $u_{TH}>u_{R_2}$。此时，集成运放 A_1 的同向输入端口的输入电压高于反相输入端口电压（即基准电压 u_{R_1}），集成运放 A_2 的反相输入端口的输入电压高于同向输入端口电压（即基准电压 u_{R_2}）。从而，A_1 输出高电平，A_2 输出低电平。与非门 G_1 和 G_2 构成一个基本 RS 触发器，与集成运放 A_1 输出端相连接的引脚相当于 $\overline{S}$ 端口，与 A_2 输出端相连接的引脚相当于 $\overline{R}$ 端口。根据基本 RS 触发器的真值表，触发器执行复位操作，触发器 Q 端口输出低电平，该低电平经过与非门 G_3

后转换为高电平。从而放电晶体管 T_1 饱和导通。同时，G_3 输出的高电平经过非门 G_4 转换为低电平输出，即输出端 u_O 被置为低电平。

②$u_{TR} > u_{R_1}$ 并且 $u_{TH} < u_{R_2}$。此时，集成运放 A_1 和 A_2 均输出高电平，从而基本 RS 触发器维持原态不变。因此，放电晶体管 T_1 和输出端 u_O 均维持原态不变。

③$u_{TR} < u_{R_1}$ 并且 $u_{TH} < u_{R_2}$。此时，集成运放 A_1 输出低电平，A_2 输出高电平，触发器执行置位操作，触发器 Q 端口输出高电平，该高电平经过与非门 G_3 后转换为低电平。从而放电晶体管 T_1 截止。同时，G_3 输出的低电平经过非门 G_4 转换为高电平输出，即输出端 u_O 被置为高电平。

④$u_{TR} < u_{R_1}$ 并且 $u_{TH} > u_{R_2}$。此时，集成运放 A_1 和 A_2 均输出低电平，触发器 Q 端口输出高电平，该高电平经过与非门 G_3 后转换为低电平。从而放电晶体管 T_1 截止，输出端 u_O 被置为高电平。

以上是 555 定时器的基本原理。综上所述，555 定时器提供了一个置位电平 u_{R_1} 和一个置复位电平 u_{R_2}，同时还可以通过 $\overline{R}_D$ 端口进行复位操作。此外，555 定时器内部还有一个受触发器输出控制的放电晶体管，晶体管集电极外接电容元件，可控制其充放电，使用起来灵活方便。

6.3 施密特触发器

施密特触发器（Schmitt trigger）是脉冲波形变换中常用的一种电路，在实际的工程应用中常用于脉冲波形的变换，即把变化缓慢的输入脉冲波形整形成为数字电路所需要的矩形脉冲。施密特触发器的一个重要特点是具有滞回特性，这是一般逻辑门电路所不具备的，其抗干扰能力比较强。施密特触发器在性能上有两个重要的特点：

①有两个稳定状态。施密特触发器的触发方式是电平触发，当输入电压达到某一规定阈值时，输出电压会发生跳变。由于电路内部的正反馈作用，使得输出电压波形的边沿变得很陡。

②具有滞回电压传输特性。在输入信号由低电平变为高电平以及由高电平变为低电平时，施密特触发器具有不同的阈值电压，分别称为正向阈值电压 V_{T+} 和负向阈值电压 V_{T-}。这两个阈值电压的差称为回差电压，用 ΔV_T 表示（$\Delta V_T = V_{T+} - V_{T-}$）。

基于这两个特点，施密特触发器不仅可以将变化缓慢的信号整形成为边沿陡峭的矩形波，而且还可以将叠加在矩形波高、低电平上的噪声有效地去除。一些逻辑门芯片就具有施密特触发功能。

6.3.1 基于 555 定时器的施密特触发器

下面介绍基于 555 定时器的施密特触发器原理。将 555 定时器的 TH 端口和 $\overline{TR}$ 端口接在一起作为信号输入端即可构成一个施密特触发器，具体如图 6.4 所示。

如图 6.4 所示，555 定时器的⑤引脚通过滤波电容接地，分压器为集成运放所提供的基准电压是 $u_{R_1} = V_{CC}/3$ 和 $u_{R_2} = 2\ V_{CC}/3$。TH 端口和 $\overline{TR}$ 端口接在一起作为信号输入端 u_I。接下来，分析 u_I 变化时所对应的输出变化情况。首先分析 u_I 由 0 逐渐升高的情形：

①当 $u_I < V_{CC}/3$ 时，集成运放 A_1 输出低电平，A_2 输出高电平，触发器执行置位操作，u_O 输出高电平 U_{OH}。

②当 $V_{CC}/3 < u_I < 2V_{CC}/3$ 时，集成运放 A_1 和 A_2 均输出高电平，从而基本 RS 触发器维持原态不

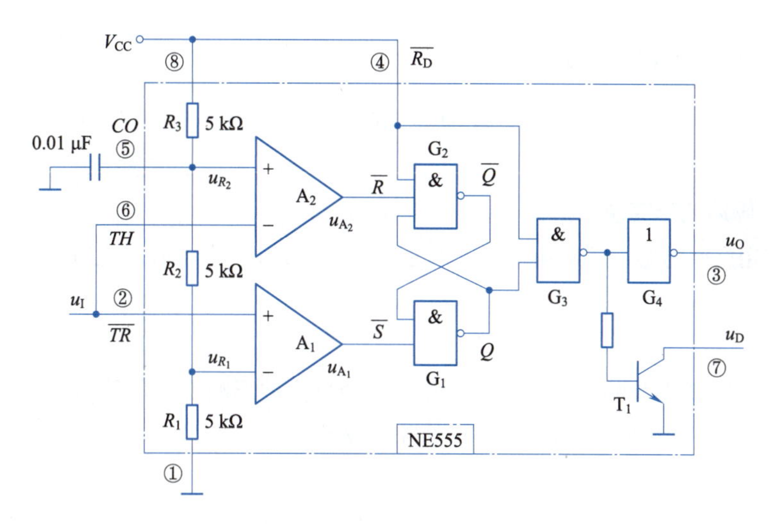

图 6.4　基于 555 定时器的施密特触发器

变，故 u_O 继续输出高电平 U_{OH}。

③当 $u_I > 2V_{CC}/3$ 时，集成运放 A_1 输出高电平，A_2 输出低电平，基本 RS 触发器执行复位操作，u_O 输出低电平 U_{OL}。因此，正向阈值电压 V_{T+} 为 $2V_{CC}/3$。

接下来，分析 u_I 从高于 $2V_{CC}/3$ 逐渐下降的情形：

①当 $V_{CC}/3 < u_I < 2V_{CC}/3$ 时，集成运放 A_1 和 A_2 均输出高电平，故 u_O 维持低电平不变。

②当 $u_I < V_{CC}/3$ 时，集成运放 A_1 输出低电平，A_2 输出高电平，基本 RS 触发器执行置位操作，u_O 输出高电平。因此，负向阈值电压 V_{T-} 为 $V_{CC}/3$。

从而，可以得到回差电压 $\Delta V_T = V_{T+} - V_{T-} = V_{CC}/3$。图 6.5 是图 6.4 所示电路的波形图和电压传输特性图。

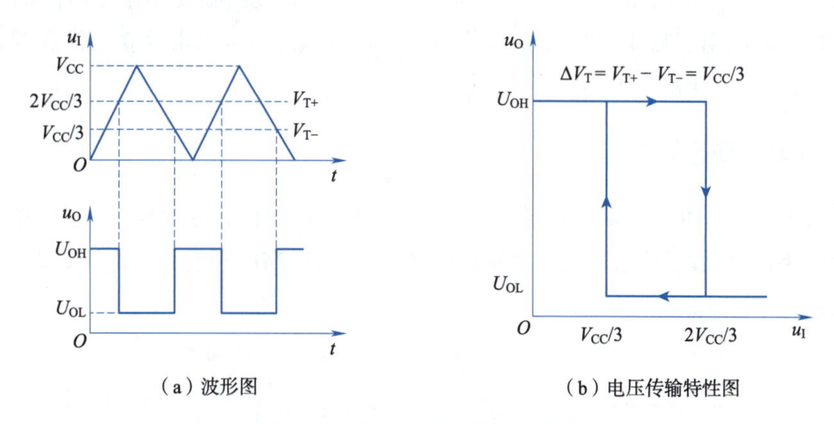

（a）波形图　　（b）电压传输特性图

图 6.5　施密特触发器工作波形

图 6.5(a)所示为施密特触发器的工作波形图，从该图可以看出：施密特触发器将变化缓慢的三角波整形成输出跳变的矩形波。图 6.5(b)是它的电压传输特性图，即输出电压与输入电压的关系曲线，从该图可以看出：施密特触发器的输出电平是由输入信号的电平决定的，当输入电压 u_I 从低电平上升到 V_{T+} 或由高电平降低到 V_{T-} 时，输出电压 u_O 发生跳变。

6.3.2 施密特触发器的应用

视频
施密特触发器

基于施密特触发器的特点和原理，其用途广泛，常用于波形的变换、整形、幅度鉴别等。

1. 脉冲波形变换

利用施密特触发器转换过程中的正反馈作用，可以将边沿变化缓慢的波形变换成矩形脉冲波形。

2. 脉冲整形

在数字系统中，矩形脉冲经传输线传输后往往会发生波形畸变。各种畸变的波形都可用施密特触发器进行整形，从而获得理想的脉冲波形。

3. 脉冲鉴幅

若将一系列各异的脉冲信号加到施密特触发器的输入端，只有幅度大于 V_{T+} 的脉冲才会在输出端输出信号。因此，施密特触发器可以将幅度大于 V_{T+} 的脉冲选出，具有脉冲鉴幅的能力。

6.4 单稳态触发器

单稳态触发器是由逻辑门构成，具有一个稳定状态和一个暂稳态的电路，在外加脉冲的作用下，单稳态触发器可以从一个稳定状态翻转到一个暂稳态。

单稳态触发器广泛应用于脉冲整形、定时和延时的常用电路。它具有稳态和暂稳态两种不同工作状态的脉冲单元电路。单稳态触发器在没有外加信号触发时，电路处于稳态。在外加信号触发下，电路从稳态翻转到暂稳态，暂稳态维持一段时间后，电路又会自动返回到稳态。暂稳态维持时间的长短取决于电路本身的参数，而与触发信号的宽度、幅度和作用时间的长短无关。单稳态触发器主要应用于脉冲整形、延时和定时。单稳态触发器可以由分立元件和逻辑门构成，也可用555定时器或专用芯片来实现。

6.4.1 微分型单稳态触发器

图6.6所示为由CMOS逻辑门和阻容元件构成的微分型单稳态触发器。对于CMOS逻辑门，可以近似地认为逻辑高电平 $u_{OH} \approx V_{CC}$，逻辑低电平 $u_{OL} \approx 0$，由高电平变为低电平以及由低电平变为高电平的阈值电压 $u_{TH} \approx 0.5V_{CC}$。

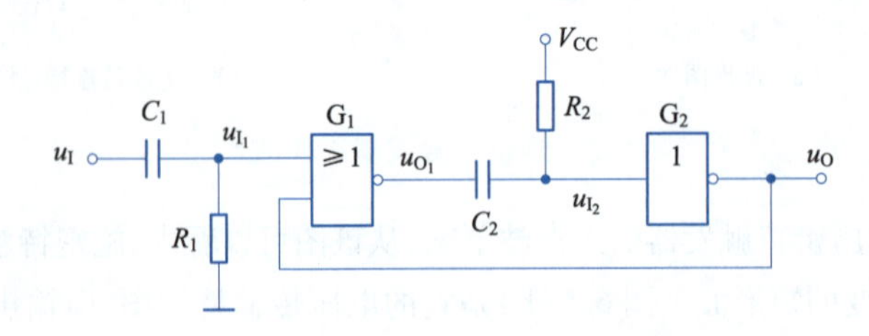

图6.6　微分型单稳态触发器

①稳定状态。在稳态下，输入电压 $u_I = 0$，非门 G_2 输入端电压 $u_{I_2} = VCC$，因此 G_2 输出端电压

$u_O=0$。G_2输出的这个低电平接入或非门 G_1的一个输入端，而或非门的另外一个输入端通过电阻 R_1接地(即该输入端口接低电平)，从而或非门 G_1的输出电压 $u_{O1}=V_{CC}$。此时，电容 C_2两端电压均为高电平。

②暂稳态。当给输入端 u_I 一个短的脉冲触发，该脉冲经过由电阻 R_1和电容 C_1构成微分电路得到一个很窄的正、负脉冲 u_{I_1}。当 u_{I_1}上升到 u_{TH}以后，或非门 G_1输出低电平，电容 C_2两端存在压差，电源 V_{CC}经过电阻 R_2为电容 C_2充电。在充电的一瞬间，C_2相当于短路，从而拉低非门 G_2输入端电压 u_{I_2}($u_{I_2}<u_{TH}$)，G_2输出高电平。此时，图 6.7 所示电路进入暂稳态。这时即使 u_{I_1}恢复为低电平，u_O 输出高电平仍将维持一段时间。由稳态进入暂稳态这一过程可用图 6.7(a)来描述。

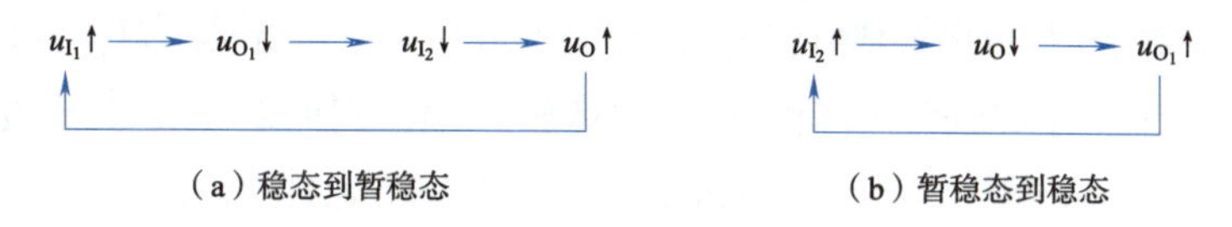

图 6.7　单稳态触发器工作过程

③自动返回稳定状态。在电容 C_2充电过程中，u_{I_2}逐渐升高，当 $u_{I_2}>u_{TH}$时，会引发如图 6.7(b)所示的另外一个状态转换。此时，非门 G_2输出端电压 u_O 转换为低电平。而输入端触发脉冲已经消失，即 $u_{I_1}=0$。从而，或非门 G_1输出高电平，u_{I_2}随即恢复为高电平，并使输出继续维持 $u_O=0$。此时，电容 C_2通过电阻 R_2和非门 G_2输入端保护电路向电源 V_{CC}放电，直至电容 C_2上的电压为 0。最终，电路又从暂稳态自动跳转到稳态。根据上述分析，暂稳态的持续时间取决于 RC 电路(电阻 R_2和电容 C_2)的充电速度。

6.4.2　集成单稳态触发器

下面介绍基于 555 定时器的单稳态触发器电路原理，具体电路如图 6.8 所示。

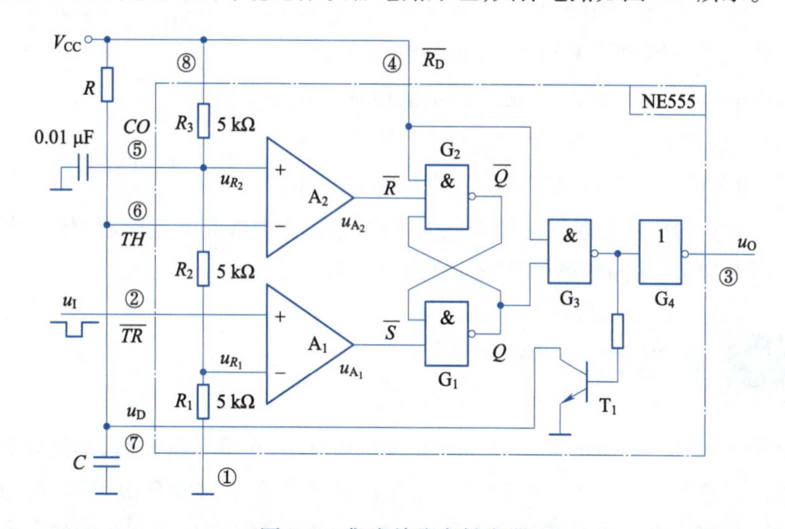

图 6.8　集成单稳态触发器

1. 稳定状态

在图 6.8 中，将 555 定时器的②引脚作为信号输入端口，⑥引脚和⑦引脚连接在一起并且通过定时电阻 R 接电源，通过定时电容 C 接地。在没有触发信号时，即 u_I 为高电平时，集成运放 A_1

输出高电平。电源 V_{CC}通过电阻 R 向电容 C 充电，假设电容 C 两端电压为 u_C。当 $u_C > 2V_{CC}/3$ 时，集成运放 A_2输出低电平，由与非门 G_1和 G_2所构成的基本 RS 触发器执行复位操作，u_O 输出低电平。放电晶体管 T_1饱和导通，电容 C 通过 T_1进行放电。当 $u_C < 2V_{CC}/3$ 时，集成运放 A_2输出高电平，触发器维持原态不变。最后电容 C 两端电压放电至低电平，此时电路进入稳定状态。

2. 暂稳态

当给输入端一个触发信号（即给 u_I 一个低电平后再恢复成高电平），$u_I = 0$ 使得集成运放 A_1输出低电平，触发器执行置位操作，u_O 输出高电平，电路进入暂稳态。

3. 恢复稳态

当电路进入暂稳态时，放电晶体管 T_1截止，电容 C 开始充电。当 $u_C > 2V_{CC}/3$ 时，集成运放 A_2再次输出低电平。而此时 u_I 恢复为高电平，集成运放 A_1输出高电平。从而，触发器执行复位操作，输出电压 u_O 由高电平翻转为低电平，放电晶体管 T_1饱和导通，电容 C 通过 T_1进行放电。整个电路恢复为稳态。

基于 555 定时器的单稳态触发电路原理，暂稳态维持时间取决于外接电阻 R 和电容 C。图 6.9 所示为 u_C和 u_O在触发脉冲下的工作波形图。

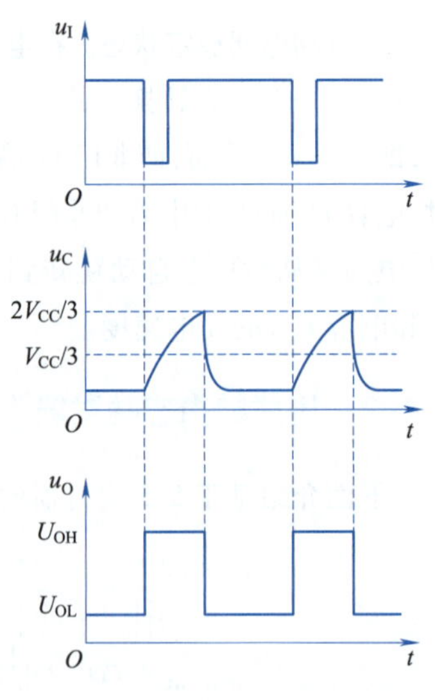

图 6.9　单稳态触发器工作波形图

在单稳态工作模式下，555 定时器作为单次触发脉冲发生器工作。当输入端给一个触发信号时开始输出脉冲（实际上是 $u_I < V_{CC}/3$ 时）。输出的脉冲宽度取决于由定时电阻与电容组成的 RC 网络的时间常数。当电容电压升至 $2V_{CC}/3$ 时输出脉冲停止。根据实际需要可通过改变 RC 网络的时间常数来调节脉冲宽度 t_w，具体由如下式给出：

$$t_w = R \cdot C \cdot \ln(3) \approx 1.1RC \tag{6.1}$$

虽然一般认为当电容电压充至 $2V_{CC}/3$ 时电容通 555 定时器内部的放电晶体管瞬间放电，但是实际上放电完毕仍需要一段时间，这一段时间被称为“弛豫时间”。在实际应用中，触发源的周期必须要大于弛豫时间与脉冲宽度 t_w 之和。

基于 555 定时器的单稳态触发器的功能为单次触发，主要应用于定时器、脉冲检测、反弹跳开关、时间延迟、电容测量、脉冲整形以及脉冲宽度调制等。

6.5　多谐振荡器

多谐振荡器（astable multivibrator）是一种自激振荡电路，在接通电源后，不需要外加触发信号便能自动地输出矩形脉冲。由于矩形脉冲中除基波外还含有丰富的高次谐波，所以人们把这种电路叫作多谐振荡器。多谐振荡器并没有稳态，而是有两个暂稳态（分别称为第一暂稳态和第二暂稳态），并且电路在工作过程中是在这两个暂稳态之间来回转换，从而输出矩形波脉冲。本节介绍基于 555 定时器的多谐振荡器电路原理。

图 6.10 所示为基于 555 定时器的多谐振荡器电路，555 定时器的②引脚和⑥引脚接在一起

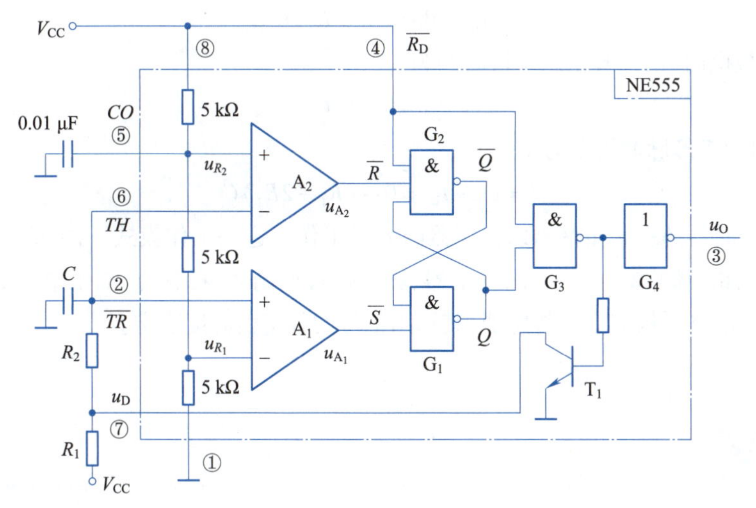

图6.10　基于555定时器的多谐振荡器电路

并通过外接电阻R_1和R_2接电源，构成了施密特触发电路。555定时器的⑦引脚通过电阻R_1接电源，晶体管T_1构成一个反相器，其输出经过外接电阻和电容所构成的RC积分电路接入施密特触发电路的输入端便得到了多谐振荡器。

1. 第一暂稳态

在电路接通电源一瞬间，由于电容C还未充电，其两端电压$u_C=0$。因此，集成运放A_1输出低电平，集成运放A_2输出高电平，由与非门G_1和G_2所构成的基本RS触发器执行置位操作，u_O输出高电平，放电晶体管T_1截止。此时，电源V_{CC}经过电阻R_1和R_2向电容C充电，电容两端电压u_C按指数规律升高。当$V_{CC}/3<u_C<2V_{CC}/3$时，集成运放A_1的输出由低电平翻转为高电平，A_2的输出维持高电平不变，这时触发器保持原态不变。因此，u_O仍然输出高电平。通常把u_C从$V_{CC}/3$上升到$2V_{CC}/3$这段时间内电路的状态称为第一暂稳态，其维持时间的长短与电容的充电时间有关。

2. 第二暂稳态

当u_C继续上升，当$u_C>2V_{CC}/3$时，集成运放A_1输出高电平不变，A_2的输出由高电平变为低电平，这时触发器执行复位操作，u_O输出低电平，放电晶体管T_1饱和导通。电容C通过电阻R_2和放电管放电，u_C按指数规律下降，在$V_{CC}/3<u_C<2V_{CC}/3$期间，电路为第二暂稳态。此时A_1和A_2输出均为1，触发器保持原态不变。

3. 自动返回第一暂稳态

当$u_C<V_{CC}/3$时，集成运放A_1的输出由高电平翻转为低电平，A_2维持高电平不变，触发器执行置位操作，u_O输出高电平，放电晶体管T_1截止，电源V_{CC}经过电阻R_1和R_2再次向电容C充电，电路自动翻转到第一暂稳态。

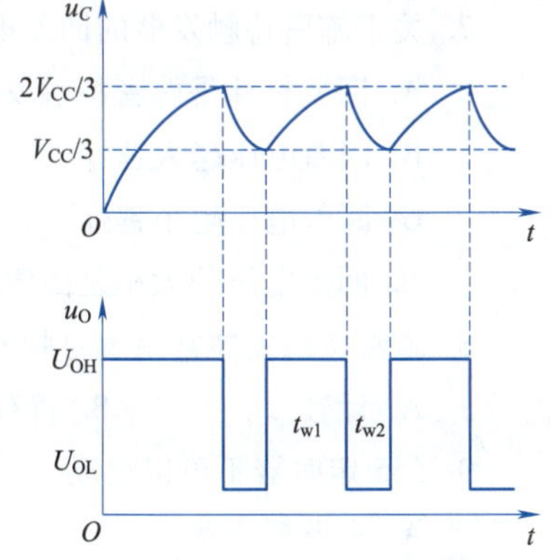

图6.11　多谐振荡器工作波形图

综合上述分析，在接通电源后，图6.11所示电路就在两个暂稳态之间来回自动翻转，输出矩形波。电路一旦起振后，电容两端电压u_C总是在$V_{CC}/3\sim2V_{CC}/3$之间变化。图6.11是图6.10所示电路的工作波形图。

在电容C充电时，第一暂稳态维持时间为

$$t_{w1}=0.7(R_1+R_2)C \tag{6.2}$$

在电容 C 放电时，第二暂稳态维持时间为

$$t_{w2}=0.7R_2C \tag{6.3}$$

因此，输出的矩形脉冲周期为

$$T=t_{w1}+t_{w2}=0.7(R_1+2R_2)C \tag{6.4}$$

基于555定时器的多谐振荡器以振荡器的方式工作。这一工作模式下的555芯片常被用于时钟信号发生电路、脉冲发生器、音调发生器、脉冲位置调制等电路中。如果电阻 R_2 使用热敏电阻，图6.10所示电路可构成温度传感器，其输出信号的频率由温度决定。

习　题

一、选择题

1. 脉冲的高电平和低电平之差称为脉冲(　　)。

A. 幅度　　B. 周期　　C. 占空系数　　D. 下降时间

2. 脉宽与重复周期的比值称为(　　)。

A. 上升时间　　B. 占空系数　　C. 幅度　　D. 周期

3. 用 n 个触发器组成计数器，其最大计数模为(　　)。

A. n　　B. $2n$　　C. $3n$　　D. 2^n

4. 单稳态触发器具有(　　)功能。

A. 计数　　B. 寄存　　C. 整形　　D. 滤波

5. 单稳态触发器的暂稳态是通过(　　)来实现的。

A. RC 电路的充放电　　B. 积分电路的充放电

C. 微分电路的充放电　　D. 无法确定

6. 关于多谐振荡器的叙述错误的是(　　)。

A. 是一种自激振荡器　　B. 可以产生矩形波

C. 可以产生时钟信号　　D. 需要信号触发

7. 关于施密特触发器的回差电压叙述正确的是(　　)。

A. 回差特性是施密特触发器的固有特性

B. 回差电压越大越好

C. 回差电压越小越好

D. 回差电压的大小是由输入信号决定的

8. 施密特触发器常用于对脉冲波形的(　　)。

A. 计数　　B. 寄存　　C. 定时　　D. 整形与变换

9. 555定时器不可以组成(　　)。

A. 多谐振荡器　　B. 单稳态触发器

C. 施密特触发器　　D. JK 触发器

10. 关于555定时器叙述错误的是(　　)。

A. 可用于波形的产生与变换　　　　B. 能产生时钟信号

C. 分为单极型和双极型　　　　　　D. 能构成 D 触发器

二、填空题

1. 多谐振荡器的振荡周期为 T,t_w 为负脉冲宽度,则占空比 q 应为________。

2. 由 555 定时器构成的施密特触发器,当回差电压为 4 V 时,则电源电压为________。

3. 多谐振荡器共有________个暂稳态。

4. 脉宽和重复周期的比值称为脉冲________。

5. 单稳态触发器有稳态和________两个不同的工作状态。

6. 单稳态触发器的暂稳态通常是依靠 RC 电路的________来维持的。

7. 多谐振荡器是一种能自动产生________波的电路。

8. 施密特触发器的固有特性是________。

9. 用 555 定时器构成的施密特触发器的电源电压为 15 V 时,其回差电压为________ V。

10. ________触发器能将缓慢变化的非矩形脉冲变换成边沿陡峭的矩形脉冲。

三、分析、设计题

1. 简述 555 定时器的构成及基本原理。

2. 试述施密特触发器的工作特点和主要用途。

3. 图 6.12 所示电路图为由 555 定时器构成的施密特触发器:

(1)当 R 为无穷大时,求出上触发电平 V_{T+}、下触发电平 V_{T-}。

(2)试根据 V_i输入波形画出输出 V_o波形(要求标上必要的参数)。

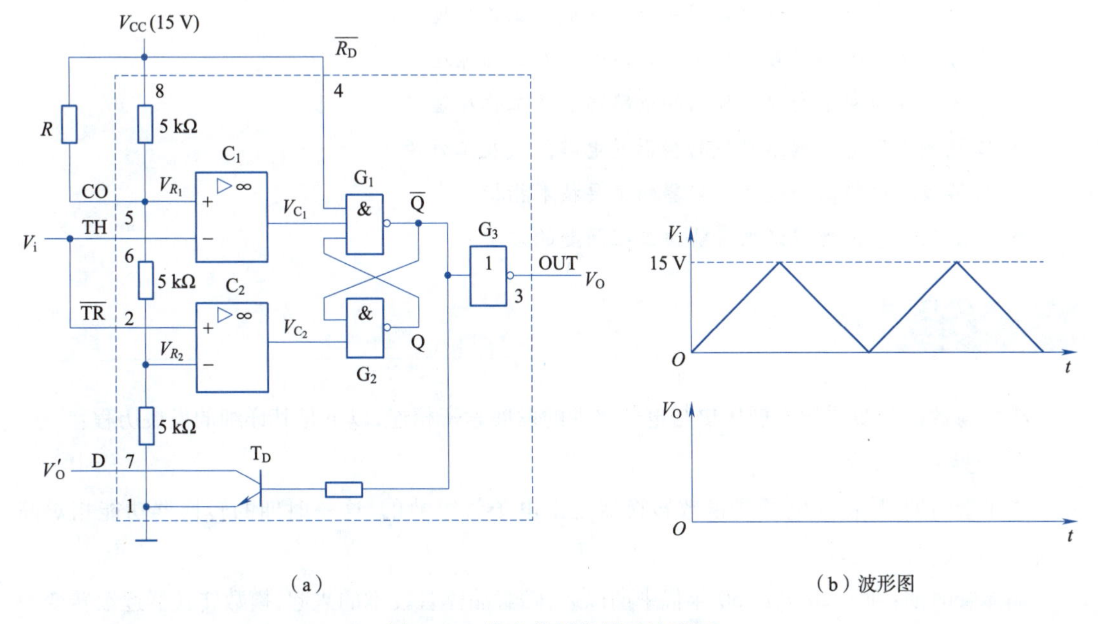

(a)　　　　(b) 波形图

图 6.12　施密特触发器及波形图

第7章 模数与数模转换电路

引　言

在自然界与人类日常生活中，人们接触到的信号多为模拟信号，如声音、图像、温度等，它们具有连续变化的特性。随着数字技术特别是信息技术的飞速发展，数字信号因其抗干扰性强、易于存储与传输等优势，已成为信息传输与处理的主流形式。模数与数模转换电路，作为现代电子技术与数字信号处理领域的基石，扮演着连接模拟世界与数字世界的桥梁角色。因此，模数与数模转换电路的重要性不言而喻，它们是实现模拟信号与数字信号相互转换的关键技术。

学习目标

- 理解模数转换器和数模转换器的基本工作原理及其分类。
- 掌握并联比较型模数转换器的电路组成及工作原理。
- 掌握逐次渐进型模数转换器的电路组成及工作原理。
- 掌握权电阻网络数模转换器的电路组成及工作原理。
- 掌握倒T形电阻网络数模转换器的电路组成及工作原理。
- 理解模数转换器和数模转换器的主要技术指标。
- 理解从多个角度辩证思考解决工程问题的方法。

7.1 概　述

模数与数模转换器的发展历史与电子器件的发展紧密相连，以下是其详细的发展历程：

1. 早期发展阶段

电子管时期：最初的电子式模数转换器是由电子管组装的，这一时期的转换器功能相对简单，体积较大，且功耗较高。

晶体管时期：到了20世纪50年代中期以后，随着晶体管技术的兴起，模数转换器逐渐转变为晶体管型。晶体管的引入使得转换器的性能有所提升，同时体积和功耗也有所降低。

2. 集成化发展阶段

组件型ADC：从20世纪60年代中期开始，A/D转换器的基本功能单元电路已逐步实现集成化。这些组件型AD转换器由基本的功能单元块和一些必要的元件组成，代替了完全由分立元件、器件组装的方法,从而在一定程度上简化了组装结构。

混合集成电路转换器:不久之后,出现了将所有元器件整合在同一绝缘衬底上的混合集成电路转换器。这种转换器进一步提高了集成度和性能。

单片式 ADC:20 世纪 70 年代初,第一块单片式高位集成化 D/A 转换器(数模转换器)诞生,这标志着集成 A/D 和 D/A 转换器进入了工业化的新阶段。此后,制造工艺技术顺应摩尔定律不断集成化、微型化,集成 A/D 和 D/A 转换器几乎每 18 个月就达到一个新的高度。

3. 商业化与技术革新阶段

技术突破与商业化:20 世纪 60 年代,美国的一家研究机构成功研制出了第一款商用 ADC 产品,并开始向市场推广。这标志着 ADC 技术的商业化进程开始。

全球市场竞争:进入 20 世纪 70 年代,全球 ADC 企业的竞争逐渐加剧。美国、日本和欧洲等地的企业成为全球 ADC 市场的主要竞争者,他们不断地进行技术创新和产品升级,以争夺市场份额。

技术革新与应用拓展:在 21 世纪初,随着移动通信、数字音频、工业自动化等领域的快速发展,全球 ADC 企业面临着新的机遇和挑战。为了满足不断增长的市场需求,企业不断进行技术革新,推出了更高性能、更适用于特定应用场景的 ADC 产品。

4. 现代发展阶段

多样化与高性能:目前,模数转换器已经发展出多种类型,如逐次逼近型、闪存型、逐渐逼近型、重量与逆量转换型以及积分型等。这些不同类型的 ADC 各有特点,适用于不同的应用场景和要求。

模数转换器广泛应用于各种电子系统中,如数据采集系统、仪表及控制系统、通信系统等领域。在这些领域中,ADC 常用于测量和处理各种模拟信号,如温度、压力、位移、光照强度、声音等。

进入 21 世纪以来,数字电子技术有了长足的进步,数字电子计算机、数字控制系统、数字通信设备和数字测量仪表等已经广泛应用于电力、石油、化工、冶金、医疗等各个领域。数字系统内部只能处理离散的数字信号,而自然界很多的信号如湿度、转速、压力等是连续变化的模拟量,数字系统要处理模拟信号,就必须先将模拟信号转为数字信号,这种将模拟信号转为数字信号的过程称为模数(analog to digital)转换,简称 A/D 转换。把能够实现模数转换过程的电路称为模数转换器(analog to digital converter,ADC)。相反,经过数字系统处理好的数字信号(如合成函数信号、MP3 音频等应用场景)常常需要将其转为模拟量,这种将数字系统输出的数字信号转换为模拟信号的过程,称为数模(digital to analog)转换,简称 D/A 转换。可以实现数模转换的电路称为数模转换器(digital to analog converter,DAC)。

ADC 和 DAC 是数字系统、模拟系统及自然界整个系统的关键接口部件,ADC 和 DAC 构成的数字控制系统示意图如图 7.1 所示。ADC 可以将各种类型的模拟信号转换为数字信号,这些模拟信号可以包括但不限于电信号。数字控制系统中模拟信号主要包含两大类:一类是由传感器输出的电压、电流等电信号;另一类是位移、湿度等非电信号。模拟信号经过 ADC 转变数字信号后,可以输入到数字控制系统中进行处理。这些处理操作包括滤波、放大、降噪等信号处理,根据控制目标应用不同的控制算法来生成适当的响应,基于处理后的数据做出逻辑判断或基于计算结果做出决策动作等。数字控制系统输出的数字信号无法直接驱动相应的功能单元来执行处理结果。需要使用 DAC 将数字信号转换为模拟信号,从而进行模拟控制来实现相应的操作。

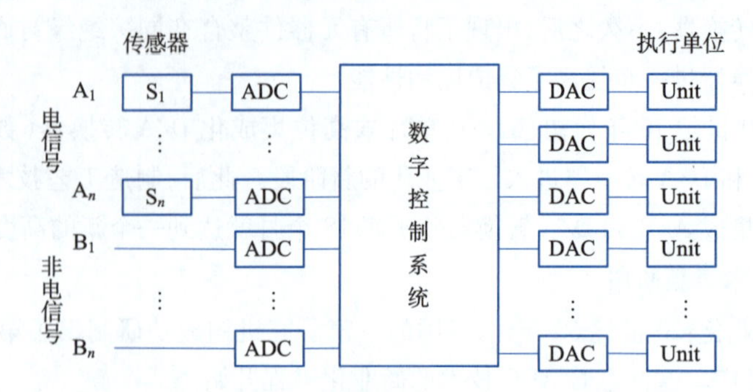

图 7.1　数字控制系统示意图

数字系统相对于模拟系统具有如下明显的优点:

①抗干扰性强:数字信号只有两个状态(0 和 1),因此对噪声的容忍度较高。即使信号受到一定程度的干扰,只要干扰不足以改变信号的状态(从 0 到 1 或从 1 到 0),信息就能保持不变。相比之下,模拟信号容易受到噪声的影响而失真。

②精度高且稳定:数字系统通过量化处理可以实现很高的精度,并且随着时间推移其性能不会显著下降。而模拟系统的组件会随时间老化或环境变化导致精度降低。

③易于存储与传输:数字信息可以方便地被压缩、加密以及以高速率无损地复制和传输。这使得数据可以在不同设备之间轻松共享,并且可以通过互联网等通信渠道远距离传输。

④便于处理与控制:使用计算机和其他微处理器来处理数字信号非常高效。复杂的算法和逻辑运算能够快速执行,支持实时控制系统的发展。同时,软件编程提供了极大的灵活性,允许用户根据需要调整系统行为。

⑤集成度高:现代集成电路技术使得大量的数字电路功能可以集成在一个小芯片上,从而减少了体积、重量和功耗,提高了可靠性。

⑥可重复性好:由于数字操作基于明确的逻辑规则,因此相同输入总是会产生相同的输出,保证了结果的一致性和可预测性。

⑦成本效益:随着半导体技术的进步,制造大规模集成电路的成本持续下降,使得高性能的数字系统变得更加经济实惠。

⑧扩展性与兼容性:数字系统更容易与其他数字设备连接并协同工作,因为它们遵循标准化的接口协议。此外,增加新的功能通常只需要升级软件而非硬件。

基于上述优点,数字电路系统被广泛地应用于通信、语音处理、图像处理、消费电子、仪器仪表、卫星导航、医疗和工业控制与自动化等诸多领域。所有这些应用都不可避免地涉及模拟信号与数字信号间的转换问题。因此,学习模数和数模转换的原理具有重要的理论和应用价值。

7.2　模数转换器

模数转换器是一种将连续变化的模拟信号转换为离散的数字信号的电子设备。模数转换过程对于现代电子系统中的数据处理和通信至关重要,因为大多数现代处理器只能处理数字信号。

它在多种应用领域中发挥着关键作用，例如在科学实验、工业监控、医疗诊断等领域，ADC 用于收集各种传感器输出的数据；音频设备中使用 ADC 将传声器捕捉到的声音信号转换为数字格式，以便于存储、编辑或传输；自动化控制系统中，ADC 用于监测过程变量，并将这些信息提供给控制器，以实现闭环控制；心电图机、血压计等医疗设备利用 ADC 将生物电信号转换为数字形式，便于分析和记录。由于基于电压的 ADC 在实际应用中用得最多，所以通常所说的 ADC 实际上是电压的模数转换器。

7.2.1　模数转换的步骤

模数转换可以将输入的模拟信号转换为与之成正比的数字信号输出。由于输入的模拟信号在时间上是连续的，输出的数字信号在时间上是离散的，所以要实现 A/D 转换过程一般需要通过采样、保持、量化和编码这 4 个步骤才能完成。具体过程如图 7.2 所示。

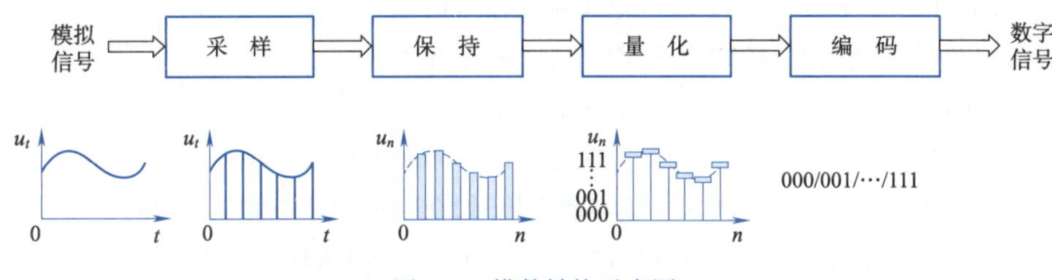

图 7.2　模数转换示意图

时间上的离散是通过采样与保持环节来实现的，幅值上的量化是通过量化与编码环节来实现的。下面分别从这两个角度来介绍模数转换的基本原理。

1. 采样和保持

采样（sampling）又称为取样或抽样，是对模拟信号进行周期性抽取样值的过程。采样步骤将时间上连续变化的模拟信号转换为时间上离散的模拟信号，但在幅值上仍是连续的离散模拟信号。采样过程是对波形时间轴进行离散化过程，采样点上的信号值称为采样值。在模数变换过程中，采样频率 $f_s = 1/T_s$ 表示每秒对模拟信号进行采样的次数，用赫兹（Hz）来表示。采样信号示意图如图 7.3 所示，采样频率越高，采样就越密集，采样值就越多，其采用输出信号的包络线也就越接近输入信号的波形。

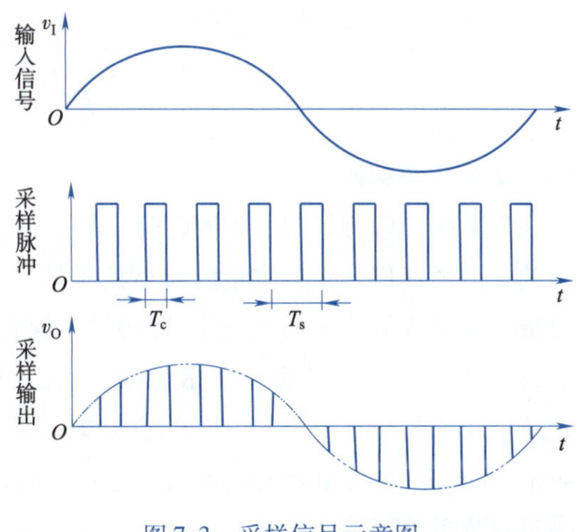

图 7.3　采样信号示意图

采样值高意味着要处理的数据量增加，实际上并不是采样点越多越好。那么，应当使用多高的采样频率进行采样，才能确保采样处理的信号最少，同时还能保证不失真地从采样信号中将原来的模拟信号恢复出来？这就要提到采样定理，它规定了带限信号不丢失信息的最低采样频率。

奈奎斯特（Nyquist）定理：在进行有限带宽信号的模数转换过程中，当采样频率 f_s 大于信号中最高频率f_{max}的2倍时，采样之后的信号能够完整地保留原始信号中的信息。在实际的工程应用中，采样频率往往要有一定的富余量，即采样频率取值为信号最高频率的3～5倍。例如，话音信号$f_{max}=3.4$ kHz，一般取$f_s=8$ kHz。

由于ADC把采样信号转换成相应的数字信号都需要一定的时间，因此采样过后需要执行保持操作，即采样电平必须保持恒定一段时间，直到进行下一个采样。通过采样-保持电路将采样值保存下来，后续量化编码电路才有时间来处理采样信号，采样-保持电路原理如图7.4所示。模拟信号采样后，得到一系列样值脉冲（触发ADC采样的外部脉冲信号），样值脉冲宽度很窄。电路中的场效应管VT为采样开关，受控于样值脉冲$S(t)$，C是保持电容，集成运放为跟随器，起缓冲隔离作用。当样值脉冲到来时，场效应管VT导通，模拟信号经过场效应管VT向电容C充电，电容C上的电压跟随输入信号而变化。当样值脉冲消失时，场效应管VT截止，采样开关断开，电容C上的电压会保持到下一个样值脉冲到来。

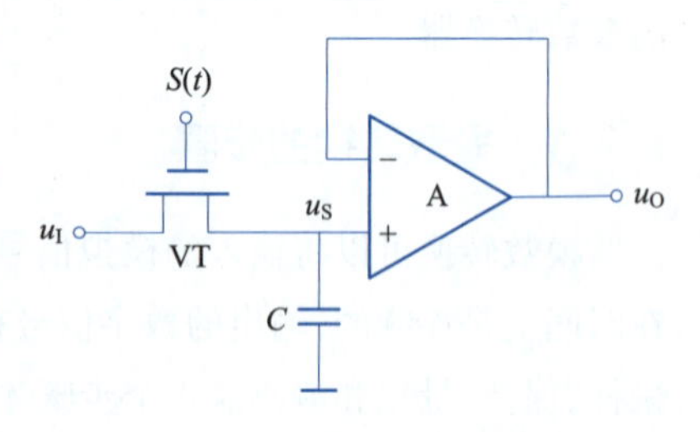

图7.4　采样-保持电路原理图

采样-保持的实现过程就是通过固定周期的时钟脉冲来控制采样开关，在时钟脉冲的高电平期间让输入的模拟信号通过采样开关并输出模拟信号，在时钟脉冲的低电平期间采样开关断开，模拟信号无法输出。采样-保持过程示意图如图7.5所示。经过采样和保持操作产生近似于模拟输入波形的“阶梯”波形。

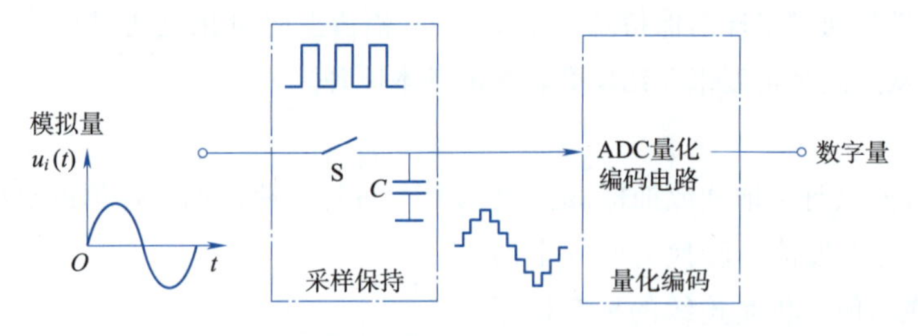

图7.5　采样-保持过程示意图

2. 量化与编码

采样保持后所得到的离散时间信号只能实现对模拟信号时间上的离散，其幅值仍然是连续的。由于任何一个数字量的大小只能是某个规定的最小数量单位的整数倍，接下来还要通过量化来实现幅值上的离散化，即将采样保持后的离散时间信号用最小数量单位重新进行表示，模拟信号转换为有限的离散等级，以表示信号的幅值特性，这就是量化。所规定的最小数量单位叫作量化单位，用Δ表示，它是数字信号最低位为1时所对应的模拟量，即1LSB（least significant bit）。将量化的结果用二进制编码来表示就可以得模数转换的最终数字量输出，这一过程就是编码。

由于离散时间信号是连续的，在进行量化过程中，绝大多数的信号值均不是最小数量单位Δ的整数倍。因此量化过程不可避免地会引入误差，通常把这种误差称为量化误差。将输入信号进行量化等级的划分时，不同的划分方法会得到不同的误差。常用的量化方法主要有向下取整法和四舍五入法，接下来将详细介绍这两种量化等级划分的方法。

向下取整量化方法可用式 7.1 来描述，其中 N 表示量化单位整数倍，v_I 表示输入模拟电压值。具体做法是取最小量化单位 $\Delta = U_m/2^n$，其中 U_m 为输入模拟电压的最大值，n 为输出数字量二进制位数。将 $0 \sim \Delta$ 的模拟电压归并到 0Δ，把 $\Delta \sim 2\Delta$ 的模拟电压归并到 1Δ，依此类推。此方法简单易行，但量化误差比较大，可能带来的最大量化误差为 Δ。

$$(N)_{10} = \lfloor v_I \div \Delta \rfloor \tag{7.1}$$

为了减小量化误差，通常采用四舍五入法。其具体做法是将不足半个量化单位的部分舍去，将等于或者大于半个量化单位的部分按一个量化单位处理，取量化单位 $\Delta = 2U_m/(2^{n+1}-1)$，将 $0 \sim \Delta/2$ 模拟电压归并到 0Δ，把 $\Delta/2 \sim 3\Delta/2$ 的模拟电压归并到 1Δ，依此类推。这种方法产生的最大量化误差为 $\Delta/2$。相对向下取整法，量化误差要小一半。

例如，对 0 ~ 1 V 的模拟电压 u_t 进行 3 位的量化编码输出。由于 3 位二进制数能够描述 8 种不同的状态，因此将 0 ~ 1 V 的模拟电压 u_t 分成 8 个量化级。图 7.6(a) 所示为向下取整量化方法，该划分量化单位 $\Delta = 1/8$ V。规定 $0 \leqslant u_t < 1/8$ V 为 0Δ，即在这个范围内的电压均量化为 0 V，对应的编码输出为 000；$1/8 \leqslant u_t < 2/8$ V 为 1Δ，即在这个范围内的电压均量化为 1/8 V，对应的编码输出为 001；依此类推，$7/8 \leqslant u_t < 1$ V 为 7Δ，即在这个范围内的电压均量化为 7/8 V，对应的编码输出为 111。向下取整量化方法的量化误差为 $\Delta = 1/8$ V。

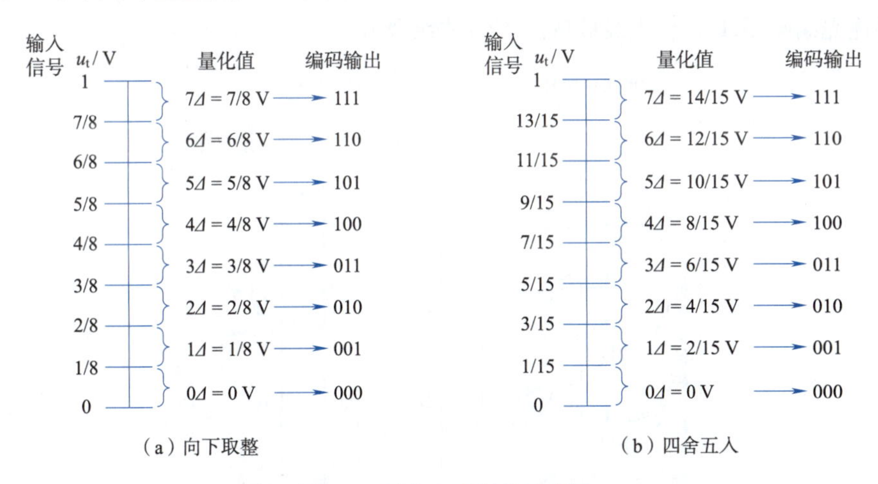

图 7.6　量化电平划分示意图

图 7.6(b) 所示为采用四舍五入量化方法进行电平划分。这里，量化单位 $\Delta = 2/15$ V，规定 $0 \leqslant u_t < 1/15$ V 为 0Δ，即在这个范围内的电压均量化为 0 V，对应的编码输出为 000；$1/15 \leqslant u_t < 3/15$ V 为 1Δ，即在这个范围内的电压均量化为 2/15 V，对应的编码输出为 001；依此类推，$13/15 \leqslant u_t < 1$ V 为 7Δ，即在这个范围内的电压均量化为 14/15 V，对应的编码输出为 111。除第一级划分 ($0 \leqslant u_t < 1/15$ V) 外，四舍五入量化方法是将量化电压值规定为所对应的区间的中间点，其量化误差为 $\Delta/2 = 1/15$ V。

例 7.1　3 位 ADC 输入最大值为 10 V，求输入模拟电压 $U_i = 3$ V 时，使用向下取整法求电路数字量输出为多少？

解： 由向下取整法

$$\Delta = U_m/2^n = 10/2^3 \text{ V} = 1.25 \text{ V}$$

$$2\Delta = 2.5\ \text{V}$$

$$3\Delta = 3.75\ \text{V}$$

$$2\Delta < U_i = 3\ \text{V} < 3\Delta$$

根据向下取整原则，所以取 U_i 电平并到 2Δ，输出的数字量为 010。

以上是模数转换过程中所涉及的采样、保持、量化和编码这 4 个环节的基本原理，接下来介绍能够实现上述基本原理的电路。ADC 的种类很多，按照工作原理的不同，可分为间接 ADC 和直接 ADC。间接 ADC 是通过某种机制（如积分、计时等）将采样后的模拟信号转换为与时间或频率成正比的中间量，再通过这个中间量转换为数字量，通常是通过计数器或类似的数字电路实现的。直接 ADC 则是直接将输入模拟电压转换为数字量。常用的直接 ADC 有并联比较型 ADC、逐次渐近型 ADC 和计数器 ADC。常见的间接型 ADC 有双积分型 ADC、压频变换型 ADC 等，下面将对常见的并联比较型 ADC、逐次渐近型 ADC 和双积分型 ADC 结构原理进行介绍。

7.2.2 并联比较型 ADC

并联比较型 ADC 的电路结构如图 7.7 所示，它由电压比较器、寄存器和编码器构成。电压比较器主要由 8 个串联的分压电阻和 7 个集成运放构成；寄存器由 7 个边沿类型的 D 触发器构成；编码器是优先编码器，I_7 的优先级最高，I_1 的优先级最低。

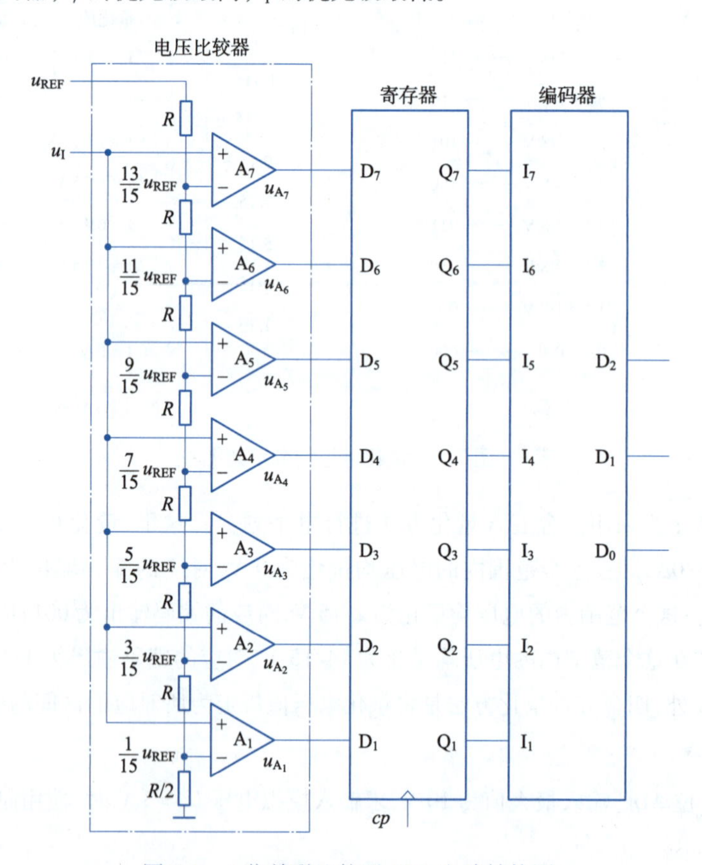

图 7.7　3 位并联比较型 ADC 电路结构图

如图 7.7 所示，参考电压为 u_{REF}、7 个集成运放的同相输入端连接在一起作为模数转换的输入

端 u_I，集成运放 A_1 的反向输入端所接入的电压为 u_{REF} 的 1/15，集成运放 A_2 的反向输入端所接入的电压为 u_{REF} 的 3/15，依此类推，集成运放 A_7 的反向输入端所接入的电压为 u_{REF} 的 13/15。集成运放的输出接入到 D 触发器的 D 端口，采样脉冲信号接入到 D 触发器的时钟端口。D 触发器可以使用 2 片 4D 触发器芯片 74LS175，或者 1 片 8D 触发器芯片 74LS273。触发器的输出接入编码器的输入端 $I_7 \sim I_1$ 端口，编码器可以使用输入、输出端口为高电平有效的 3 线-8 线优先编码器 CD4532。由于 CD4532 芯片有 8 个输入端口，而 D 触发器的输出为 7 位，因此优先编码器 CD4532 的最低优先级输入端口接高电平，其余端口按照图 7.7 所示方式依次与 D 触发器的输出端相连。

表 7.1 是图 7.7 所示 3 位并联比较型 ADC 的编码表。根据表 7.1，当输入电压 u_I 的取值范围是 $0 \leqslant u_I < 1/15u_{REF}$ 时，7 个集成运放的同相输入端的电位均低于反向输入端的参考电压，因此这 7 个集成运放输出均为 0，此时对应的编码输出 $D_2D_1D_0=000$。如果输入电压 u_I 的取值范围是 $9/15u_{REF} \leqslant u_I < 11/15u_{REF}$ 时，集成运放 $A_1 \sim A_5$ 的同相输入端的电位均高于反向输入端的参考电压，因此这 5 个集成运放输出均为 1，集成运放 A_6 和 A_7 的同相输入端的电位均低于反向输入端的参考电压，因此这 2 个集成运放输出均为 0。由于编码器是优先编码器，只对优先级最高的 A_5 端口进行编码，此时对应的编码输出 $D_2D_1D_0=101$。

表 7.1　3 位并联比较型 ADC 的编码表

u_I 的输入范围	$Q_7Q_6Q_5Q_4Q_3Q_2Q_1$	$D_2D_1D_0$
	$I_7I_6I_5I_4I_3I_2I_1$	
$0 \leqslant u_I < 1/15u_{REF}$	0 0 0 0 0 0 0	0 0 0
$1/15u_{REF} \leqslant u_I < 3/15u_{REF}$	0 0 0 0 0 0 1	0 0 1
$3/15u_{REF} \leqslant u_I < 5/15u_{REF}$	0 0 0 0 0 1 1	0 1 0
$5/15u_{REF} \leqslant u_I < 7/15u_{REF}$	0 0 0 0 1 1 1	0 1 1
$7/15u_{REF} \leqslant u_I < 9/15u_{REF}$	0 0 0 1 1 1 1	1 0 0
$9/15u_{REF} \leqslant u_I < 11/15u_{REF}$	0 0 1 1 1 1 1	1 0 1
$11/15u_{REF} \leqslant u_I < 13/15u_{REF}$	0 1 1 1 1 1 1	1 1 0
$13/15u_{REF} \leqslant u_I < u_{REF}$	1 1 1 1 1 1 1	1 1 1

并联比较型 ADC 转换速度快，且转换速度与 ADC 的位数无关，是所有 A/D 转换器中速度最快的。现代发展的高速 ADC 大多采用这种结构，采样速率能达到 1 GSPS 以上，8 位并行比较型 ADC 的转换时间可以达到 50 ns 以下。并行比较型 ADC 采用多个比较器，仅作一次比较而实行转换，也称为 Flash 型。需要注意的是，图 7.7 中，若 $u_I > u_{REF}$，3 位并联比较型 ADC 输出均为 111，也就是不能进行正常的模数转换，此时需要更多位数的 ADC。但是，随着分辨率的提高，ADC 所需要的集成运放和 D 触发器数量会呈几何级数增长，其编码电路也会更加复杂，这是并联比较型 ADC 的缺点。n 位并联比较型 ADC 需要 2^n-1 个集成运放和 2^n-1 个 D 触发器，因此电路规模也极大，价格也高。综上所述，并联比较型 ADC 适用于高转换速度、低分辨的场合，如视频 ADC 转换器等速度特别高的领域。

思考题：设计 2 位并联比较型 ADC，D 触发器采用 74LS175 芯片，编码器采用组合逻辑电路设计的方法来实现。

7.2.3 逐次渐近型 ADC

逐次渐近型 ADC 是应用比较广泛的一种模数转换器,具有低功耗和低成本的综合优势。总的来说,它通过逐步逼近输入信号的数值来获得逼近的数字输出。在讲解其基本原理前先回顾一下用天平称量一个未知重物的过程。

假设有一个 13 g 的重物,有 4 种砝码:8 g、4 g、2 g 和 1 g。现在用这 4 个砝码称该物体,具体过程见表 7.2。用天平称量重物,首先要选择最重的砝码。在表 7.2 的第一行中,由于最重的砝码比待称量的重物轻,因此 8 g 砝码留在天平上。称量的结果用 4 位二进制数来表示,这 4 位二进制数从左向右依次代表 8 g、4 g、2 g 和 1 g 的砝码,相应的二进制数取 1 代表该重量的砝码留在天平上,取 0 代表去掉该重量的砝码。在第一次比较过程中,8 g 砝码需要留在天平上,因此称量的结果为 1 000。接下来将 4 g 砝码放到天平上,经比较该砝码也需要保留,称量的结果为 1 100。第三次称量时,砝码的重量大于重物,因此 2 g 砝码去除,称量结果为 1 100。第四次称量时,8 g、4 g 和 1 g 的砝码等于重物质量,称量的结果为 1 101。

表 7.2　3 位并联比较型 ADC 的编码表

渐进次数	砝码	称量比较	砝码的去留	称量结果
1	8 g	8 g < 13 g	留	1000
2	4 g	4 g + 8 g < 13 g	留	1100
3	2 g	2 g + 4 g + 8 g > 13 g	去	1100
4	1 g	1 g + 4 g + 8 g = 13 g	留	1101

基于上述称重的原理,可以很好地理解逐次渐近型 ADC 的模数转换过程,如图 7.8 所示。

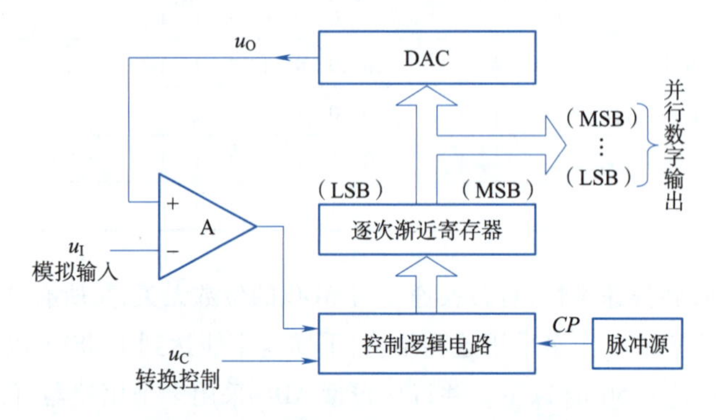

图 7.8　逐次渐近型 ADC 原理框图

如图 7.8 所示,逐次渐近型 ADC 由比较器、数模转换器(DAC)、逐次渐近寄存器、控制逻辑和时钟脉冲源构成。当转换控制信号 u_C 是有效电平后,逐次渐近寄存器执行清零操作。在时钟脉冲的控制下,逐次渐近寄存器的最高有效位置为 1,使并行数字输出为“100…0”,该输出经 DAC 后加载到比较器的同向输入端并与输入的模拟信号 u_I 进行比较,这一过程类似于砝码称重的第一步。若 $u_O > u_I$,则说明当前设置的数字过大,要将这个最高位的“1”清除;若 $u_O < u_I$,则说明当前设置的数字还不够大,要保留这个最高位的“1”。接下来,采用同样的方式把逐次渐近寄存器的次高有效位置为 1,重复上述过程,直至最低位为止。比较完毕后寄存器所存的数码即为模数

转换的结果。实际上,上述转换方法类似于程序设计中的“折半查找算法”。

相对于并联比较型 ADC,逐次渐近型 ADC 转换速度较慢,虽然不如高速 ADC 快,但其转换速度通常能够满足中等速度需求的应用。逐次逼近型 ADC 具有低功耗和小尺寸的特点,这使得它易于集成到微控制器等小型设备中,同时具有实时采样和低延迟特点,使得逐次逼近型 ADC 非常适合闭环控制系统的采样。

在高分辨率时,逐次渐近型 ADC 的转换时间可能会相对较长,这限制了其在需要极高速转换应用中的使用。然而,在输出位数较多时,逐次渐近型 ADC 的突出优点是电路规模小得多,即成本更低,是目前集成 ADC 产品中用得最多的一种电路。典型的逐次渐近型 ADC 芯片有 ADC0804、ADC0809 和 AD574。

7.2.4　双积分型 ADC

双积分型 ADC 是一种间接型 ADC,其基本工作原理是将输入的模拟电压和基准电压分别进行积分,将输入电压均值转换成与之成正比的时间间隔,然后在这个时间间隔内对固定频率的时钟脉冲进行计数,计数结果就是正比于输入模拟信号的数字量信号。

双积分型 ADC 具有以下特点:

①转换精度高:由于采用积分和比较测量原理,双积分型 ADC 具有较高的转换精度。

②抗工频干扰能力强:由于该转换电路是对输入电压的平均值进行变换,因此具有很强的抗工频干扰能力。

③转换速度慢:双积分型 ADC 的转换速度相对较慢,不适于高速应用场合。

基于上述特点,双积分型 ADC 适用于精度要求高、抗干扰能力强而转换速度要求不高的场合,可应用于数字测量,将模拟信号转换为数字信号,以便于进行后续的数字处理和显示;在自动控制系统中,可用于实时采集系统的输入信号,并将其转换为数字信号以便于进行数字控制;在仪器仪表应用场景中,双积分型 ADC 可用于提高仪器的测量精度和抗干扰能力。双积分型 ADC 以其独特的转换原理和广泛的应用领域在电子技术和数字信号处理中发挥着重要作用。

7.2.5　ADC 的主要技术指标

ADC 的技术指标主要有转换精度和转换速度。

1. 转换精度

集成 ADC 的转换精度是 ADC 输出数字化数值与模拟输入信号真实值之间的误差。通常,采用分辨率和转换误差来刻画转换精度。

ADC 的分辨率是指 ADC 能够将模拟输入信号划分成多少个离散的数字化数值,以比特数来表示。一个 n 位二进制输出 ADC 应能区分输入模拟电压的 2^n 个不同量级,能区分的输入模拟电压的最小值为满量程输入的 $1/2^n$。例如,一个 12 位分辨率的 ADC 可以将模拟输入信号划分成 $2^{12}=4\ 096$ 个离散的数字化数值。输出二进制位数越大,分辨率越高,ADC 能够区分的最小模拟信号变化量就越小,转换精度也越高。

例 7.2　当 8 位 ADC 的输入信号最大值为 5 V 时,试求能区分的输入信号最小电压值 U_{LSB}。

解:

$$U_{LSB}=\frac{U_{REF}}{2^n}\times 1=\frac{5}{2^8}\times 1=0.019\ 53\ \text{V}=19.53\ \text{mV}$$

ADC 的转换误差通常是以相对误差的形式给出，它表示转换器实际输出的数字量与理想输出的数字量之间的差别，常用最小可分辨单位 LSB 的倍数来进行表示。例如，给出相对误差小于等于 LSB/2 的含义指实际的输出数字量和理想输出数字量之间误差不大于最低有效位的 1/2。

转换误差可能来源于多个方面，主要误差类型有量化误差、偏移误差、增益误差、温度漂移误差和时钟抖动误差等，其中量化误差是 ADC 最基本的误差。

①量化误差：指模拟信号的实际值与离散化后的近似值之间的差异。量化误差通常以最小可分辨单位来表示。LSB 的大小取决于 ADC 的分辨率。分辨率越高，量化误差就越小。

②偏移误差：第一次实际转换和第一次理想转换之间的偏离，理想情况下，当输入模拟信号介于 0.5 LSB 和 1.5 LSB 之间时，数字输出应为 1；但在实际情况下，可能存在偏差。

③增益误差：表示当输入信号变化时，输出信号的变化量（或增益）与理想情况下的差异。在理想情况下，ADC 的输入与输出之间呈线性关系，即输入信号的每一个增量都会导致输出信号的相应增量。然而，在实际应用中，由于各种因素的影响（如电路元件的不匹配、温度变化等），ADC 的输入与输出之间往往存在非线性关系，这种非线性关系就表现为增益误差。

④温度漂移误差：指在不同温度下，ADC 的输出值发生变化的误差。温度变化会导致 ADC 内部电路的物理和电学特性发生变化，进而影响其转换精度。

⑤时钟抖动误差，时钟抖动指时钟信号相对于其理想周期的不准确性。这种不准确性可能会导致转换器在采样或保持过程中移动，进而产生误差。

2. 转换速度

转换速度指 ADC 每秒进行模拟量转换成数字量的操作次数。完成一次从模拟信号到数字信号转换所需的时间称为转换时间，转换时间的倒数称为转换速度。ADC 的转换速度主要取决于转换电路的类型，并联比较型 ADC 的转换速度最高，其转换时间可达到纳秒级；渐进比较型 ADC 转换速度稍慢，其转换时间可达到微秒级；还有转换速度更低的，如积分型 ADC，其转换时间是毫秒级。

另外，ADC 还有采样率、信噪比等其他技术指标。采样率是指 ADC 每秒对模拟输入信号进行采样的次数，通常以赫兹（Hz）为单位。一个采样率为 1 kHz 的 ADC 每秒对模拟输入信号进行 1 000 次采样。采样率越高，ADC 能够捕获的信号频率范围就越广，适用于高速信号的处理。信噪比描述了 ADC 输出的数字化信号与信号中存在的噪声之间的关系，通常以分贝（dB）为单位。较高的信噪比意味着 ADC 能够有效地将信号从噪声中分离出来，从而提高转换精度。

ADC 的主要技术指标涉及分辨率、转换误差、转换速度、采样率、精度、非线性误差、信噪比以及其他多个方面。在选择 ADC 时，需要根据具体的应用需求综合考虑这些技术指标，以确保所选 ADC 能够满足应用需求并具有良好的性能表现。

7.3 数模转换器

7.3.1 数模转换基本原理

数模转换是将离散的数字信号转换为与之成正比的连续变化的模拟信号的过程。图 7.9 所示为数模转换示意图。

离散的数字信号是二进制数字量，而二进制数字量是用有权代码按数位组合起来表示的，每一位代码都有固定的位权。DAC 实际上就是将输入的二进制数字量转换为十进制的模拟量。从二进制数与十进制数的转换可知，一个二进制数 $D=d_0\ d_1\cdots d_{n-1}$ 可以按照级数展开的形式转化为十进制数，具体计算式如下：

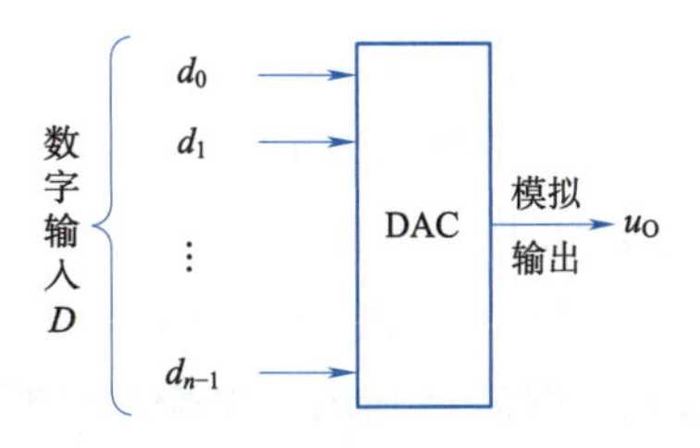

图 7.9　数模转换输入输出示意图

$$u_O = k \cdot \sum_{i=0}^{n-1} (d_i \times 2^i) \tag{7.2}$$

其中，常数 k 为比例系数；$\sum_{i=0}^{n-1}(d_i \times 2^i)$ 为二进制数按位权展开所对应的十进制数值。相邻两个数码所对应的模拟电压值由最低码位所代表的位权值决定，它是 DAC 所能分辨的最小量，用 1 LSB 来表示，即输入数字量 00…01 所对应的是十进制值乘以系数 k 的结果。最大电压输出值用 FSR(full scale range，满刻度值)表示，即输入数字量是 11…11 所对应的十进制值乘以系数 k 的结果。

例 7.3　4 位二进制 DAC 的数字量取值范围为 $0\sim(2^4-1)$，若输出电压 v_O 的变化范围为 0 ~ 1 V，求输出模拟量与输入数字量的转换对应关系。

解： 根据 $U_{LSB}=k=1/(2^4-1)=0.0625$，可列出转换关系对照表，见表 7.3。

表 7.3　4 位 DAC 的转换关系对照表

输入数字量 $d_3d_2d_1d_0$	输出模拟量	输出电压 v_O/V
0 0 0 0	0	0
0 0 0 1	1	0.062 5
0 0 1 0	2	0.125 0
0 0 1 1	3	0.187 5
0 1 0 0	4	0.250 0
0 1 0 1	5	0.312 5
0 1 1 0	6	0.375 0
0 1 1 1	7	0.437 5
1 0 0 0	8	0.500 0
1 0 0 1	9	0.562 5
1 0 1 0	10	0.625 0
1 0 1 1	11	0.687 5
1 1 0 0	12	0.750 0
1 1 0 1	13	0.812 5
1 1 1 0	14	0.875 0
1 1 1 1	15	0.937 5

输出模拟量与输入数字量的转换对应关系也可以电压传输特性来表示，如图 7.10 所示。$d=d_0d_1\cdots d_{n-1}$是输入的 n 位二进制数，u_O 是与输入的二进制数成正比的输出电压。两个相邻的数字量转换出的电压值是不连续的。

通常，一个典型的 DAC 由数字寄存器、模拟电子开关、位权网络、求和集成运放和基准电压源构成。图 7.11 所示为数模转换原理框图。数字寄存器用于存放二进制数 $D=d_0d_1\cdots d_{n-1}$，每一位二进制数分别控制一个模拟电子开关，使数码为 1 的位所对应的电子开关闭合，数码为 0 的位所对应的电子开关断开。从而在位权网络上产生与其位权成正比的电流。最后由集成运放对各个位权电流进行求和并转换为电压值。根据位权网络的不同，数模转换器可分为权电阻网络 DAC、倒 T 形电阻网络 DAC 和 T 形电阻网络 DAC，下面对前 2 种数模转换器进行介绍。

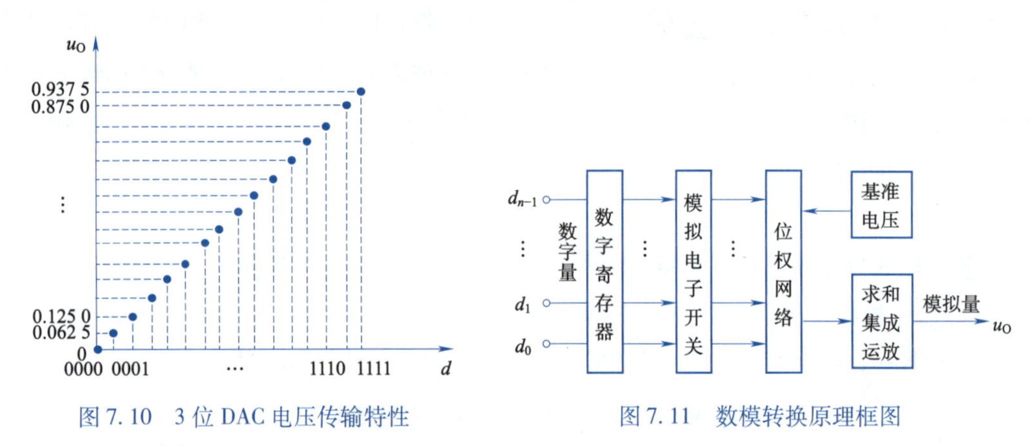

图 7.10　3 位 DAC 电压传输特性

图 7.11　数模转换原理框图

7.3.2　权电阻网络 DAC

权电阻网络 DAC 是最基本的数模转换器，其他各种类型的 DAC 均在它的基础上改进而来。权电阻网络 DAC 电路通常由权电阻网络、模拟开关和求和运算放大器构成，当输入数字信号变化时，模拟开关的状态会随之改变，从而改变通过权电阻网络的电流分布。这些电流在求和放大器中相加，产生与输入数字信号成比例的模拟输出电压。图 7.12 所示为 4 位权电阻网络 DAC 的电路原理图。下面将以 4 位权电阻网络 DAC 为例介绍其基本原理。

图 7.12 中，根据二进制数与十进制数的转换关系，4 个数字量按位权展开，每一位的位权可以用 $R_0\sim R_3$ 来表示，取 $R_0=2^3R$，$R_1=2^2R$，$R_2=2^1R$，$R_3=2^0R$。电阻 $R_0\sim R_3$ 构成权电阻网络，某位上权电阻的阻值大小和该位的权值成反比，相邻低位权电阻阻值是其高位电阻值的 2 倍，则流过的电流相差 1/2，流经各电阻的电流之和通过集成运放转换为电压 u_O 输出。$S_0\sim S_3$ 是模拟电子开关，A 为求和运算放大器。假设有一个 4 位输入数字量 $d_3\sim d_0$，模拟开关 S_3、S_2、S_1、S_0 分别由 d_3、d_2、d_1、d_0 控制，以开关 S_0 为例，当 $d_0=1$ 时，S_0 拨到左侧，电阻 R_0 与基准电压 u_{REF} 相连，流过电阻 R_0 的电流为 I_0；当 $d_0=0$ 时，S_0 拨到右侧，电阻 R_0 与地相连，流过电阻 R_0 的电流为 0。对于其他数字量也是如此。

假设求和运算放大器为理想运放，集成运放的电路连接形式构成一个反向比例运算电路，根据集成运放虚短和虚断则有式(7.3)。

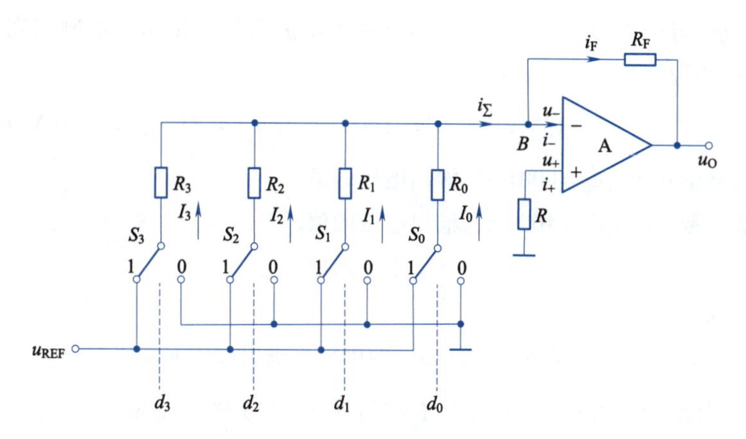

图 7.12　4 位权电阻网络 DAC 电路图

$$u_+ = u_-, i_+ = i_- = 0$$
$$u_+ = 0, 故\ u_- = u_+ = 0 \tag{7.3}$$

对图 7.12 中 B 点进行基尔霍夫电流定律(KCL)有式(7.4)。

$$i_\Sigma = i_- + i_F = 0 + i_F = i_F \tag{7.4}$$

而图 7.12 中电流 i_Σ 可以根据 $I_0 \sim I_3$ 并联支路的电流求和得到,求出各支路电流 $I_0 \sim I_3$ 的值如下:

$$I_0 = \frac{u_{REF}}{2^3 R} d_0, I_1 = \frac{u_{REF}}{2^2 R} d_1, I_2 = \frac{u_{REF}}{2^1 R} d_2, I_3 = \frac{u_{REF}}{2^0 R} d_3 \tag{7.5}$$

此时干路电流 i_Σ 可由下式求得:

$$i_\Sigma = I_0 + I_1 + I_2 + I_3 = -\frac{u_{REF}}{2^3 R}(d_3 2^3 + d_2 2^2 + d_1 2^1 + d_0 2^0) \tag{7.6}$$

式(7.6)中,出现了 2^i 加权求和的形式。假设集成运放的反馈电阻 $R_F = R/2$,根据理想反向比例运算器有式(7.7)。

$$\begin{aligned} u_O &= -i_F R_F \\ &= -i_\Sigma R_F \\ &= -\frac{u_{REF} R_F}{2^3 R}(d_3 2^3 + d_2 2^2 + d_1 2^1 + d_0 2^0) \\ &= -\frac{u_{REF} R_F}{2^3 R}\sum_{i=0}^{3} d_i \times 2^i \\ &= -\frac{u_{REF}}{2^4}\sum_{i=0}^{3} d_i \times 2^i \quad (R_F = \frac{R}{2}) \end{aligned} \tag{7.7}$$

式(7.7)是图 7.12 所示电路的数模转换计算公式。同理可以将该式推广到 n 位权电阻网络 DAC,其计算式如下:

$$u_O = -\frac{u_{REF} R_F}{2^{n-1} R}\sum_{i=0}^{n-1} d_i \times 2^i \tag{7.8}$$

若取 $R_F = R/2$,式(7.8)可简化为式 7.9。

$$u_O = -\frac{u_{REF}}{2^n}\sum_{i=0}^{n-1} d_i \times 2^i \tag{7.9}$$

通过上述分析，可以更加深刻地了解到电路中电阻的阻值是按照二进制不同的位权进行设置的，因而电路称为权电阻网络 DAC。

例 7.4 在图 7.12 中所示的权电阻网络 DAC 中，若 $n=4$，设 $u_{REF}=-10$ V，$R_F=R/2$，试求：

①当输入数字量 $d_3d_2d_1d_0=0001$ 时，输出电压的值。

②当输入数字量 $d_3d_2d_1d_0=1001$ 时，输出电压的值。

③当输入数字量 $d_3d_2d_1d_0=1111$ 时，输出电压的值。

④试求出 u_0 取值范围。

解： 将输入数字量代入式(7.8)进行计算，即可求出输出电压 u_0。

$$①u_0=-\frac{-10}{2^4}(0\times2^3+0\times2^2+0\times2^1+1\times2^0)\ \text{V}=0.625\ \text{V}=1\ \text{LSB}$$

$$②u_0=-\frac{-10}{2^4}(1\times2^3+0\times2^2+0\times2^1+1\times2^0)\ \text{V}=5.625\ \text{V}$$

$$③u_0=-\frac{-10}{2^4}(1\times2^3+1\times2^2+1\times2^1+1\times2^0)\ \text{V}=9.375\ \text{V}=1\ \text{FSR}$$

④输出电压 u_0 的取值范围 0～9.375 V，且相邻的两个二进制码所对应的模拟电压差值为 1 LSB，即 0.625 V。

权电阻网络 DAC 的电路结构相对简单，易于理解和实现，相对于其他类型的 DAC，权电阻网络 DAC 使用的电阻元件数量较少。但二进制转十进制的位权需要用电阻值精确表示，电阻之间阻值相差大。例如，一个 16 位的权电阻网络 DAC，取电阻网络中最小电阻为 $R=1\ \text{k}\Omega$，则权电阻网络中最大的电阻阻值为 $2^{15}R=32.768\ \text{M}\Omega$，两者相差 32 768 倍。如果是 32 位 DAC 这一差异性会更大。这在实际制作中很难保证每个电阻都有很高的精度，尤其不利于集成。

7.3.3 倒 T 形电阻网络 DAC

视频

倒T形电阻网络DAC

为了克服权电阻网络 DAC 电阻阻值相差过大而难以保证精度的缺点，产生了只有两种阻值电阻构成的倒 T 形电阻网络 DAC，这样一来给 DAC 芯片的制造带来了很大的便利性。

倒 T 形电阻网络 DAC 主要由解码网络、模拟开关、求和运算放大器和基准电源组成。解码网络由电阻 R 和 $2R$ 两种规格的电阻构成，呈倒 T 形排列。模拟开关由输入的数字量控制，用于选择电流路径。求和放大器则负责将各支路电流求和，并转换为模拟输出电压。倒 T 形电阻网络 DAC 的电路结构如图 7.13 所示。图中的位权网络是采用 R 和 $2R$ 两种阻值的电阻并形成所谓的“倒 T 形”网络结构，因而得名。

根据理想集成运放的“虚短”和“虚断”原则，无论模拟电子开关 $S_0\sim S_3$ 拨向左侧还是右侧，各个阻值为 $2R$ 的电阻的上端都相当于接地。假设由基准电压 u_{REF} 所流出的干路电流为 I，则很容易求出流过倒 T 形电阻网络中各个电阻的电流，具体数值已经标记在图 7.13 中。从该图可以看出，干路电流为 I 每经过一个 $2R$ 电阻就减半。这样一来，流过 4 个 $2R$ 电阻的电流分别为 $I/2$、$I/4$、$I/8$ 和 $I/16$。这样便出现了式(7.2)中 2^i 加权求和的形式，并且这 4 个电流是流入集成运放的反向输入端还是流入地取决于数字量 $d_0\sim d_3$。从图 7.13 可以按下式求出电流 i_Σ：

$$i_\Sigma=d_3\frac{I}{2}+d_2\frac{I}{4}+d_1\frac{I}{8}+d_0\frac{I}{16}\tag{7.10}$$

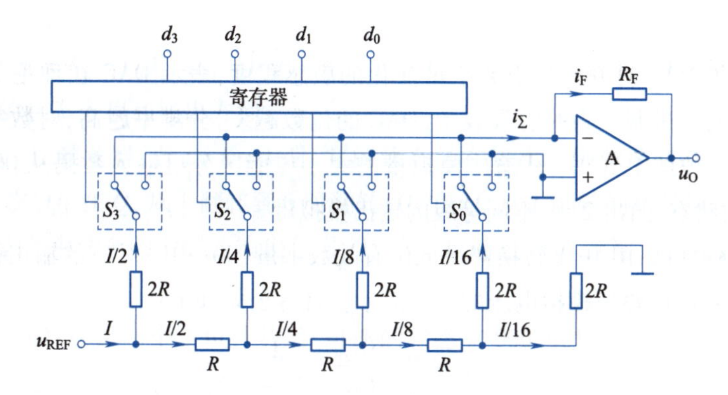

图 7.13　4 位倒 T 形电阻网络 DAC 电路结构

图 7.13 中倒 T 形电阻网络的等效电阻为 R，因此干路电流 I 可按下式计算：

$$I = \frac{u_{REF}}{R} \tag{7.11}$$

将式(7.11)带入到式(7.10)中，可得式(7.12)。

$$i_\Sigma = \frac{u_{REF}}{2^4 R}(d_3 2^3 + d_2 2^2 + d_1 2^1 + d_0 2^0) \tag{7.12}$$

取反馈电阻 $R_F = R$，并将式(7.12)带入集成运放的反向比例计算式(7.7)得到输出电压式。

$$\begin{aligned} u_O &= -i_F R_F \\ &= -i_\Sigma R_F \\ &= -\frac{u_{REF} R_F}{2^4 R}(d_3 2^3 + d_2 2^2 + d_1 2^1 + d_0 2^0) \\ &= -\frac{u_{REF}}{2^4}\sum_{i=0}^{3} d_i \times 2^i \qquad (R_F = R) \end{aligned} \tag{7.13}$$

类似地，n 位倒 T 形电阻网络 DAC 输出电压计算式如下：

$$u_O = -\frac{u_{REF} R_F}{2^n R}\sum_{i=0}^{n-1} d_i \times 2^i \tag{7.14}$$

若取 $R_F = R$，式(7.14)可简化为

$$u_O = -\frac{u_{REF}}{2^n}\sum_{i=0}^{n-1} d_i \times 2^i \tag{7.15}$$

倒 T 形电阻网络 DAC 便于集成，解码网络中只有 R 和 $2R$ 两种阻值的电阻，这对于集成工艺是相当有利的，可以提高电路的集成度和精度。同时具有高速转换的优势，各支路电流直接加到运算放大器的输入端，不存在传输上的时间差，因此具有较高的工作速度。此外，由于流过 $2R$ 支路的电流始终存在且不变，不需要电流建立时间，也进一步提高了转换速度。因而，倒 T 形电阻网络 DAC 是应用较广的一类 DAC。常见的倒 T 形电阻网络 DAC 芯片型号有 AD7524、DAC0832 和 AD7546 等。

7.3.4　DAC 的主要技术指标

描述 DAC 的性能指标主要有转换精度和转换速度，而转换精度主要由分辨率和转换误差来体现。

1. 分辨率

分辨率刻画了 DAC 对输入微小数字量变化的敏感程度，表示 DAC 在理论上可以达到的精度。分辨率用输入二进制数码的位数表示，DAC 的位数越多，分辨率越高，对数字量的变化越敏感。在分辨率为 n 位的 DAC 中，从输出模拟量的大小应能区分出输入数码从 00…00 到 11…11 全部 2^n 个不同的状态，给出 2^n 个不同等级的输出模拟量。

另外，分辨率也可以用 D/A 转换器最低位有效数字量（00…01）对应的输出模拟电压与最大数字量（11…11）对应的输出模拟电压的比值表示。计算公式如下：

$$分辨率=\frac{U_{LSB}}{U_{FSR}}=\frac{1}{2^n-1} \tag{7.16}$$

例 7.5 已知一个 10 位 DAC，其输出模拟量满量程（FSR）为 10 V，试求该 DAC 的分辨率 σ？该 DAC 能够分辨的最小电压为多少？

解

$$\sigma=\frac{U_{LSB}}{U_{FSR}}=\frac{1}{2^{10}-1}=\frac{1}{1\ 023}\approx 0.001$$

$$U_{LSB}=\frac{1}{2^{10}-1}U_{FSR}=0.001\times 10=0.01\ \text{V}$$

2. 转换误差

由于 DAC 的各个环节在参数和性能上和理论值不可避免地存在差异，所以实际能达到的转换精度要由转换误差来决定。DAC 的转换误差是有限个数字量对连续模拟量进行量化而引起的误差。实际上，数模转换的各个环节在参数及性能上和理论值存在着差异，体现在基准电压的波动、运算放大器的零点漂移、电子开关的导通内阻和导通压降，以及电阻网络中电阻阻值的偏差等。

3. 转换速度

通常用建立时间 t_{Set} 来定量描述 DAC 的转换速度。建立时间是指 DAC 从输入数字信号发生变化开始，直到输出电压模拟量进入与稳态值相差 ±1/2 LBS 范围内的这段时间，如图 7.14 所示。因为输入数字量变化越大建立时间越长，所以一般产品说明中给出的都是输入从全 0 跳变到全 1（或从全 1 跳变到全 0）时的建立时间。

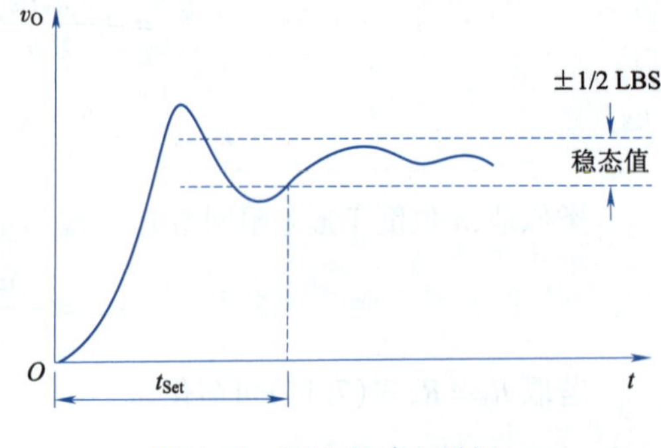

图 7.14　DAC 的建立时间

一般来讲，分辨率越高，转换误差就越低，转换时间就越长，因此转换速度就越低。精度和速度有时是不可兼得的，需要根据实际应用折中考虑。

习　题

一、选择题

1. 数模转换器（D/A converter）的主要功能是（　　）。

　A. 将数字信号转换为模拟信号　　　　B. 将模拟信号转换为数字信号

C. 增强信号的传输距离　　D. 减少信号的失真

2. 在模数转换过程中，(　　)确定了数字信号的分辨率。

A. 采样　　B. 量化　　C. 编码　　D. 滤波

3. 下列(　　)不是影响模数转换器精度的因素。

A. 量化误差　　B. 偏移误差　　C. 采样频率　　D. 增益误差

4. A/D 转换器通常包含(　　)。

A. 采样保持电路、量化器、编码器　　B. 放大器、滤波器、比较器

C. 积分器、解调器、控制器　　D. 调制器、解码器、存储器

5. 在 ADC 中，为保证转换精度，其采样信号的频率 f_s 与输入信号中的最高频率分量 f_{imax} 应满足(　　)。

A. $f_s \geqslant f_{imax}$　　B. $f_s \geqslant 2f_{imax}$　　C. $f_s \leqslant 2f_{imax}$　　D. $f_{imax} \leqslant 2f_s$

6. 权电阻网络 DAC 中最小输出电压是(　　)。

A. $\frac{1}{2}U_{LSB}$　　B. U_{LSB}　　C. U_{MSB}　　D. $\frac{1}{2}U_{MSB}$

7. 在 16 位倒 T 形电阻网络 DAC 中，其电阻网络由(　　)种阻值的电阻构成。

A. 2　　B. 4　　C. 8　　D. 16

8. 某型号的 ADC 取样量化单位 $\Delta = 1/8u_{REF}$，并规定当输入电压 u_I 满足 $0 \leqslant u_i < 1/8u_{REF}$ 时，认为输入的模拟电压为 0 V，输出的数字量为 000。那么，当输入电压 u_I 满足 $5/8u_{REF} \leqslant u_i < 6/8u_{REF}$ 时，输出数字量为(　　)。

A. 001　　B. 101　　C. 011　　D. 100

9. 模数转换过程中，输入的模拟量和输出的数字量之间是(　　)。

A. 无关系　　B. 反比关系　　C. 指数关系　　D. 正比关系

10. n 位 DAC 的分辨率为(　　)。

A. $1/(2^n - 1)$　　B. $1/(2^n + 1)$　　C. $1/n$　　D. $1/2^n$

11. 在一个 8 位的 DAC 中，如果其参考电压为 5 V，其最小可分辨的电压值是(　　)。

A. 19.5 mV　　B. 19.6 mV　　C. 19.7 mV　　D. 19.8 mV

12. DAC 的转换速度通常指的是(　　)。

A. 从一个数字值转换到另一个数字值所需的时间

B. 输出模拟信号的最大变化率

C. DAC 内部时钟的频率

D. 完成一次完整转换周期所需的时间

13. 下列属于不属于直接型 ADC 的是(　　)。

A. 并联比较型 ADC　　B. 双积分型 ADC

C. 计数器 ADC　　D. 逐次渐近型 ADC

14. 下列 4 种 ADC 中，(　　)的转换速度最快。

A. 并联比较型 ADC　B. 双积分型 ADC　　C. 计数器 ADC　　D. 逐次渐近型 ADC

15. 下列 4 种 ADC 中，(　　)的转换速度最快。

A. 10 位双积分型 ADC　　B. 8 位并联比较型 ADC

C. 4 位逐次渐近型 ADC　　　　　　　　D. 8 位逐次渐近型 ADC

16. 一个 8 位数字量输入的 DAC,其分辨率为(　　)位。

A. 1　　　　B. 3　　　　C. 4　　　　D. 8

二、填空题

1. 将一个时间连续变化的模拟量转换为时间离散的模拟量的过程称为________。
2. 将幅值离散、时间连续的阶梯电平统一归并到最邻近的指定电平的过程称为________。
3. 要实现 A/D 转换,需要经过________、保持、________和________四个步骤。
4. 一个 8 位数字量输入的 DAC,其分辨率是________位。
5. 一个 10 位数字量输入的 DAC,其输出电平级数是________。
6. 通常用________和________来描述 ADC 和 DAC 的转换精度。
7. ADC 的二进制位数越多,量化单位 Δ 越________(大/小)。
8. 一个 4 位权电阻 DAC,其在最低位的电阻为 40 kΩ,则在最高位的电阻阻值为________。

三、计算题

1. 已知如图 7.15 所示的电路,假设 $u_{REF}=5$ V,$R_F=R/2$,则:

(1)当输入的二进制数据 $D=d_3d_2d_1d_0=1010$ 时,求输出电压 u_O。

(2)确定 4 位权电阻网络 DAC 的 u_O 取值范围。

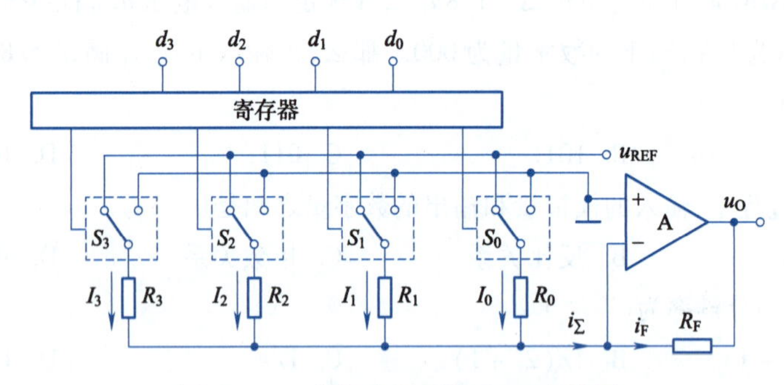

图 7.15　4 位权电阻网络 DAC 电路图

2. 已知 8 位 DAC 转换电路的基准电压 $U_{REF}=-12$ V:

(1)当输入二进制数为 0000 0001 时,输出的模拟量电压是多少?

(2)当输入二进制数为 1111 1111 时,输出的模拟量电压是多少?

(3)该电路的分辨率 D 是多少?

3. 一个 8 位 DAC 电路可分辨的最小输出电压为 10 mA,请问当输入的数字量为 1000 0000 时,输出的模拟量电压为多少?

4. 在倒 T 形电阻网络 D/A 转换器中,当输入数字量为 1 时,输出模拟电压为 4.885 mV,而最大输出电压为 10 V,试问该 D/A 转换器是多少位?

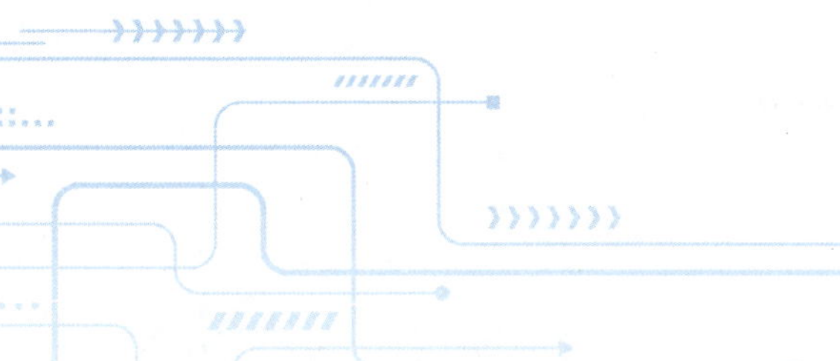

习题参考答案

第1章　习题答案

一、选择题

1. B　　2. D　　3. B　　4. C　　5. B　　6. D　　7. C　　8. A　　9. D　　10. C

二、填空题

1. (1)1111111.01、7F.4、000100100111.00100101

(2)01100011.0100

(3)51、41、29

(4)001001011000、1208

2. 1　　3. 1　　4. 相等　　5. 1、0

三、判断题

1. ×　2. √　3. ×　4. √　5. √

四、化简题

1. (1) $Y' = (A+\overline{C}) + \overline{BD} \cdot (\overline{A}+C)$

(2) $Y' = \overline{\overline{AB} \cdot (C+D)} + \overline{(A+B)\overline{CD}}$

2. (1) $Y = A\overline{B}CD + AB(C+\overline{C})D + A(B+\overline{B})\overline{C}D$

$= A\overline{B}CD + ABCD + AB\overline{C}D + A\overline{B}\overline{C}D + A\overline{B}\,\overline{C}D$

(2) $Y = A\overline{B}C + AB(C+\overline{C}) + A(B+\overline{B})\overline{C}$

$= A\overline{B}C + ABC + AB\overline{C}) + A\overline{B}\,\overline{C}$

3. (1) $F = AB + \overline{A}C$

(2) $F = AD$

(3) $F = AC + D + B\overline{C}$

(4) $F = \overline{B}$

(5) $F = B\overline{C} + BD$

(6) $F = AB + CD$

4. (1) $F = A\overline{B} + \overline{A}C$

(2) $F = \overline{B}\,\overline{D} + BD + CD$ 或 $F = \overline{B}\,\overline{D} + BD + \overline{B}C$

(3) $F = A\overline{C} + A\overline{D} + A\overline{B}$

(4) $F=\overline{B}\,\overline{C}+\overline{C}D+C\overline{D}$ 或 $F=\overline{B}\,\overline{D}+\overline{C}D+C\overline{D}$

(5) $F=CD+BD+A\overline{B}\,\overline{C}$

(6) $F=\overline{A}C+A\overline{B}$

(7) $F=AC+BC+AD+B\overline{D}+\overline{A}\,\overline{B}\,\overline{C}$

(8) $F=\overline{A}D+CD+\overline{BC}+ABC$

(9) $F=\overline{A}\,\overline{D}+A\overline{C}$

(10) $F=\overline{A}+\overline{C}D+C\overline{D}$

第2章　习题答案

一、选择题

1. D　2. A　3. C　4. C　5. C　6. C　7. D　8. C　9. A　10. D

二、填空题

1. 与门、或门、非门　2. 截止、饱和　3. 越强　4. 0、无穷大、0　5. 高电平　6. 高电平、低电平、高阻态　7. OC、上拉电阻、电源　8. 与逻辑　9. 输入级、中间级、输出级　10. OC门、三态门

第3章　习题答案

一、选择题

1. C　2. C　3. C　4. C　5. A　6. B　7. D　8. C　9. D　10. D

二、填空题

1. 全加器　2. $S=A\oplus B$　3. 输入　4. 竞争冒险　5. 冒险　6. 32　7. 低　8. 或非门　9. 2^n　10. 低

三、分析设计题

1. 逻辑电路分析与真值表：

①两个“=1”比较器会检测输入信号，输出1表示输入等于1。

②这些信号再经过与门组合，当两个信号都为1时，与门输出1。

③最后经过“≥1”模块，确保只要任意一路输入为1，整个电路输出为1。

真值表：

假设输入信号为 A 和 B 可以列出如下真值表：

A	B	输出
0	0	0
0	1	1
1	0	1
1	1	1

结论：

该逻辑电路输出为1的条件是输入中任意一个为1，类似于“或”逻辑功能。

2. 设计 A、B、C 三个输入信号的逻辑电路。对于题目条件：

①当三个输入均为 0 时,输出 $Y=1$。

②当其中一个为 1 时,输出 $Y=1$。

③其余情况下(两个或三个为 1 时),输出 $Y=0$。

真值表如下:

A	B	C	Y
0	0	0	1
0	0	1	1
0	1	0	1
0	1	1	0
1	0	0	1
1	0	1	0
1	1	0	0
1	1	1	0

根据真值表,可以使用与或非门设计逻辑表达式:

$$Y=\overline{A}\cdot\overline{B}\cdot\overline{C}+A\cdot\overline{B}\cdot\overline{C}+\overline{A}\cdot B\cdot\overline{C}+\overline{A}\cdot\overline{B}\cdot C$$

3. 判断四位二进制数是否大于 9 的电路设计:

从二进制角度来看,当 $A_3=1$ 时,数字的范围是 8 ~ 15。

在 $A_3=1$ 的前提下,进一步判断是否满足大于 9 的条件:

如果 $A_2A_1A_0$ 不等于 000(即 8),那么数字就大于 9。换句话说,只要满足 $A_3=1$ 且 $A_2A_1A_0\neq 000$,即可判定输入数大于 9。

可以将条件表示为逻辑表达式:

$$Y=A_3\cdot(A_2+A_1+A_0)$$

其中:

- A_3 表示最高位。
- $A_2+A_1+A_0$ 是 A_2、A_1、A_0 的或逻辑,表示低三位不全为 0。

4. 四舍五入电路设计

输入为 1 位 8421 码的十进制数,条件为当值大于或等于 5 时,输出 $F=1$。

对应的逻辑表达式:

$$F=A_2\cdot A_1+A_3$$

5. 能被 3 整除的电路设计:

设计 8421BCD 码输入的电路,能被 3 整除的数有 0、3、6、9。

根据 BCD 码输入准号 $A_3A_2A_1A_0$,逻辑表达式为:

$$F=\overline{A_3}\cdot\overline{A_2}\cdot\overline{A_1}\cdot\overline{A_0}+\overline{A_3}\cdot A_2\cdot\overline{A_1}\cdot A_0+A_3\cdot\overline{A_2}\cdot A_1\cdot\overline{A_0}$$

6. 奇偶校验电路设计:

根据题意,输出为 1 时,输入 A、B、C 中有偶数个 1。逻辑表达式:

$$F=A\cdot B+B\cdot C+A\cdot C$$

7. 用 74LS138 实现逻辑函数。

使用74LS138实现逻辑函数 $Z=F(A,B,C)=\sum m(0,2,4,5,6,7,8)$，可以将这些最小项作为选通输入，控制相应输出为1，其余为0。

8. 用74HCT238实现逻辑函数 $L=AB+BC$。

根据题意，使用74HCT238和适当门电路实现表达式：

$$L=AB+BC=A\cdot B+B\cdot C$$

可通过输入选通信号控制输出的高低。

第4章　习题答案

一、单选题

1. C　2. C　3. D　4. B　5. A　6. A　7. C　8. A　9. A　10. A　11. B　12. D　13. C　14. C　15. A　16. D　17. A　18. D

二、填空题

1. 2、1、16；　2. 置0、置1、保持、$\overline{S}+\overline{R}=1$；　3. $Q^{n+1}=D$、D、$\overline{D}$；　4. 0、1；　5. 同步RS触发器、相反；　6. 输入、时钟脉冲

三、分析题

1. 解：因为 $D_0=\overline{Q_1}$，$D_1=Q_0$，所以 $Q_0^{n+1}=\overline{Q_1}$，$Q_1^{n+1}=Q_0$，即两个D触发器的输入信号分别是另一个D触发器的输出信号，故在确定输出端波形时，应该分段交替画出 Q_0Q_1 波形，如图1所示。

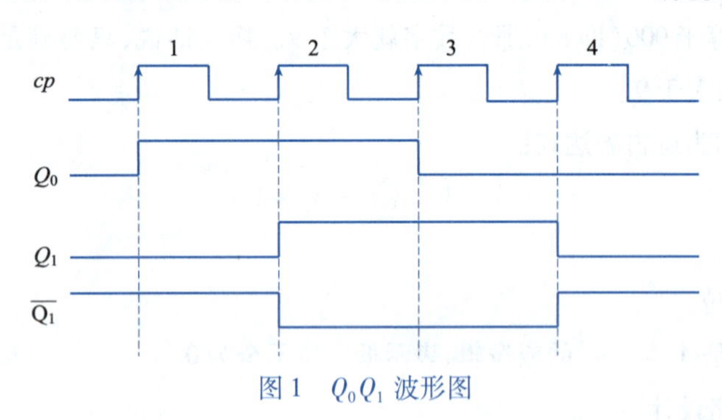

图1　Q_0Q_1 波形图

2. 解：(1)将 $D=AB$，$R_d=B$，$S_d=1$ 代入 $Q^{n+1}=DR_d+\overline{S_d}$（有异步置1、置0端的D触发器特性方程）可得 $Q^{n+1}=AB$。

(2) Q 端波形图如图2所示。

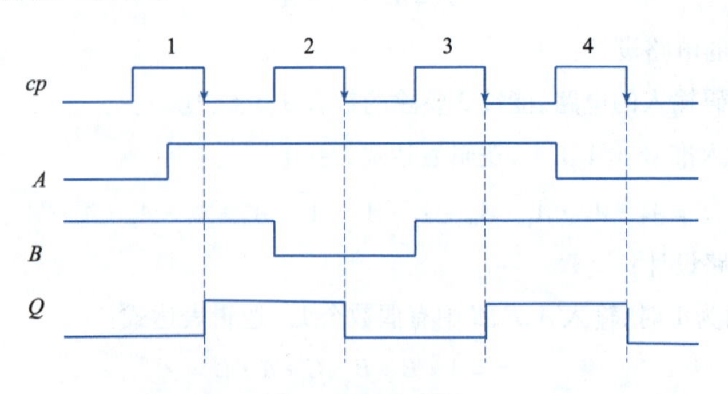

图2　Q 端波形图

3. 解:①分别写出JK触发器和T′触发器的特性方程:

$$Q^{n+1}=J\cdot\overline{Q^n}+\overline{K}\cdot Q^n, Q^{n+1}=\overline{Q^n}$$

②对T′触发器的特性方程进行变换,使其表达式与JK触发器的特性方程一致,具体如下:

$$Q^{n+1}=\overline{Q^n}=1\cdot\overline{Q^n}+\overline{1}\cdot Q^n$$

③将该表达式与JK触发器的特征方程相对比,有 $J=1$, $K=1$,即所求出的转换逻辑是将 J 端口和 K 端口均接高电平。

④根据上述分析,具体逻辑电路如图3所示。

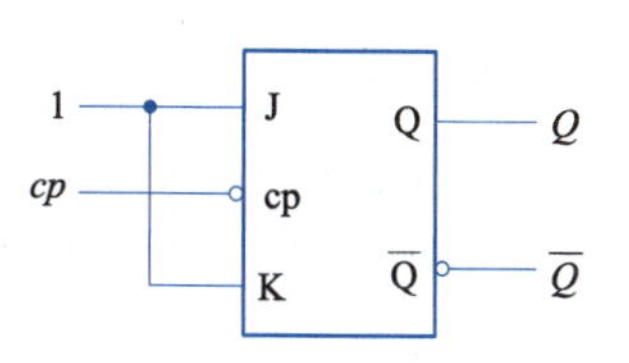

图3　JK触发器实现D触发器电路

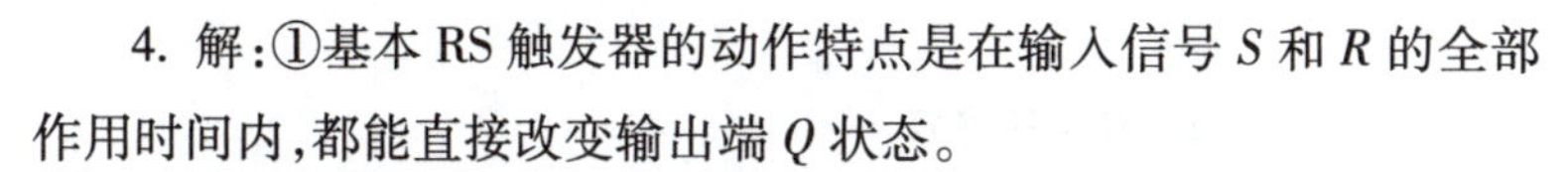

4. 解:①基本RS触发器的动作特点是在输入信号 S 和 R 的全部作用时间内,都能直接改变输出端 Q 状态。

②同步RS触发器的动作特点是在 $CP=1$ 的全部时间内,S 和 R 的变化都将引起触发器状态的相应改变。

③主从触发器的动作特点是触发器的翻转分两步动作:第一步,在 $CP=1$ 的期间主触发器接收输入端的信号被置成相应的状态,从触发器不动。第二步,在 CP 的下降沿到来时从触发器按照主触发器的状态翻转。因为主触发器本身是一个同步RS触发器,所以在 $CP=1$ 的全部时间内输入信号都将对主触发器起控制作用。

④边沿触发器翻转特点是触发器的状态仅取决于 CP 信号的上升沿或下降沿到达时输入端的逻辑状态,而在这之前或以后,输入信号的变化对触发器的状态没有影响。

第5章　习题答案

一、选择题

1. D　2. C　3. B　4. C　5. C　6. C　7. C　8. C　9. C　10. C

二、填空题

1. 历史状态　2. 时序逻辑电路　3. 5　4. 状态转换图　5. 不需要　6. 1　7. 3、5　8. 状态变量　9. 触发器　10. 置数法

三、分析设计题

第1题解答:

(1)正文图5.65所示电路为一个由2个JK触发器和1个与门构成的同步时序逻辑电路。

(2)电路的时钟方程为:

$$cp_0=cp_1=cp \tag{1}$$

电路的输出方程为:

$$Y=Q_0^nQ_1^n \tag{2}$$

显然,该电路是一个摩尔型时序逻辑电路,电路的输出仅与触发器的状态有关。

电路的驱动方程为:

$$\begin{cases}J_0=K_0=1\\ J_1=K_1=Q_0^n\end{cases} \tag{3}$$

(3)写出计数器的状态方程。将式(3)带入JK触发器的特征方程得到状态方程:

$$\begin{cases} Q_0^{n+1}=J_0\overline{Q_0^n}+\overline{K_0}Q_0^n=1\cdot\overline{Q_0^n}+\overline{1}\cdot Q_0^n=\overline{Q_0^n} \\ Q_1^{n+1}=J_1\overline{Q_1^n}+\overline{K_1}Q_1^n=Q_0^n\cdot\overline{Q_1^n}+\overline{Q_0^n}\cdot Q_1^n=Q_0^n\oplus Q_1^n \end{cases} \tag{4}$$

(4)列出状态转移表。

式(2)和式(4)分别是输出方程和状态方程，但这两个方程还无法使用户对图5.65所示电路的逻辑功能有一个直观认识。接下来，假设触发器 FF_1 和 FF_0 的初始状态为 $Q_1^nQ_0^n=00$，将其带入状态方程和输出方程并进行计算，得到时钟信号上升沿到来时各触发器相应的次态输出 $Q_1^{n+1}Q_0^{n+1}=01$，以及电路的输出 $Y=0$。依此类推，将触发器所有可能的状态依次带入上述方程便得到电路的状态转移表，具体见表1。

表1　状态转移表

现　态		次　态		输　出
Q_1^n	Q_0^n	Q_1^{n+1}	Q_0^{n+1}	Y
0	0	0	1	0
0	1	1	0	0
1	0	1	1	0
1	1	0	0	1

(5)画出状态转移图：根据以上步骤画出状态转移图和时序图，具体如图1和2所示。

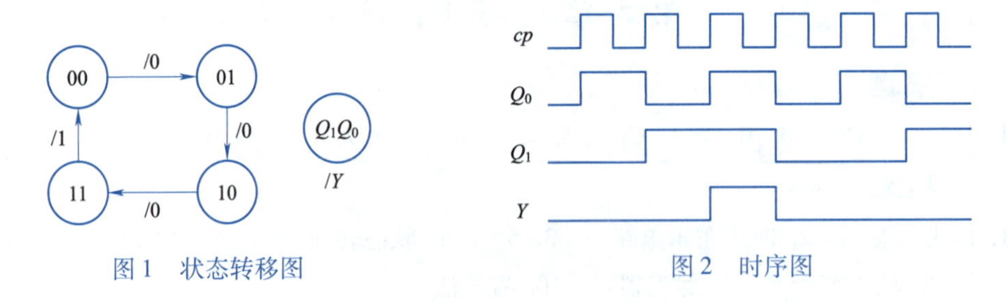

图1　状态转移图　　　图2　时序图

(6)是四进制计数器。根据表1、图1和图2，正文图5.65所示电路在时钟信号上升沿的作用下共有4个状态依次出现，这4个状态出现的次序为：00→01→10→11→00→……这4个数字是两位二进制数，按照递增的规律反复出现。每重复一次，电路输出一个1。综合上述分析，该电路是一个四进制加法计数器。

(7)能自启动：因为它具有完整的循环状态转移，即使在任意状态启动，计数器最终也会进入正常的计数循环。

2. 电路分析：

(1)判断是同步计数器还是异步计数器：

从电路图5.66可以看出，所有触发器FF、FF_1、FF_2 的时钟输入端 cp 都是连接到同一个时钟信号源。这表明该电路是同步计数器，因为所有触发器的时钟信号是同时更新的。

(2)触发器的特性方程：

该电路使用的是JK触发器，其特性方程为：

$$Q_{next} = J\overline{Q} + \overline{K}Q$$

在该电路中，$J_0 = K_0 = 1$、$J_1 = K_1 = 1$、$J_2 = K_2 = 1$，因此每个触发器在每个时钟脉冲时都会翻转。

(3)计数器的状态方程和输出方程：

- 对于每个 JK 触发器，当 $J = K = 1$ 时，它的状态会在每次时钟脉冲时翻转。因此：Q_0 每个时钟脉冲翻转一次；Q_1 在 Q_0 从 1 翻转到 0 时翻转；Q_2 在 Q_1 从 1 翻转到 0 时翻转。
- 输出方程：Y 由 3 个触发器的输出信号 Q_0、Q_1、Q_2 通过与门计算，只有当 $Q_0 = Q_1 = Q_2 = 1$ 时，输出 $Y = 1$。

(4)状态转移表：这是一个 3 位计数器，可能的状态有 000、001、010、011、100、101、110、111。状态转移表见表 2。

表 2　第 2 题状态转移表

Q_2	Q_1	Q_0	下一状态 Q_2'	下一状态 Q_1'	下一状态 Q_0'	输出 Y
0	0	0	0	0	1	0
0	0	1	0	1	0	0
0	1	0	0	1	1	0
0	1	1	1	0	0	0
1	0	0	1	0	1	0
1	0	1	1	1	0	0
1	1	0	1	1	1	0
1	1	1	0	0	0	1

(5)状态转移图：

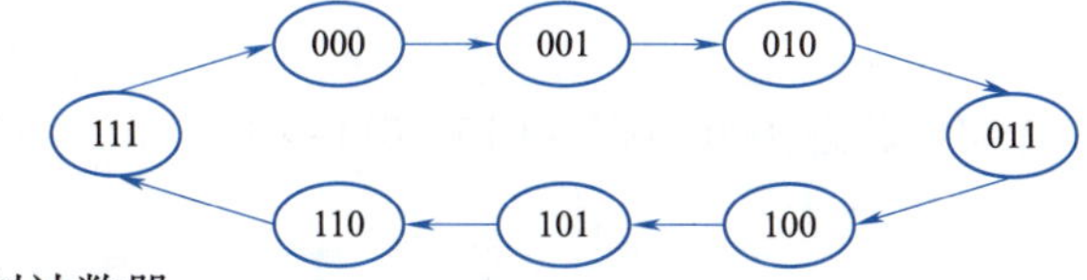

(6)判断是几进制计数器：

这是一个 8 进制计数器，因为它有 8 个可能的状态。

(7)能否自启动：

该计数器能够自启动。即使从任意状态启动，电路最终也会进入正常的循环计数模式。

3. 电路分析：

(1)判断是同步计数器还是异步计数器：

图 5.67 所示电路中触发器的时钟输入 cp 并非直接连接在一起，而是后一级触发器的时钟信号由前一级的输出决定，说明这个计数器是一个异步计数器(也称为“波形计数器”)。因此，该电路为异步计数器。

(2)触发器的特性方程：

该电路中的触发器是 JK 触发器。当 $J = K = 1$ 时，触发器会在每个时钟脉冲时翻转。因此每个触发器的特性方程为：

$$Q_{next} = J\overline{Q} + \overline{K}Q$$

在该电路中，$J_0=K_0=1$、$J_1=K_1=1$、$J_2=K_2=1$，因此每个触发器会在它接收到时钟信号时翻转。

(3)计数器的状态方程：

- Q_0 的状态由时钟脉冲 cp 直接控制，它会在每个时钟脉冲时翻转。
- Q_1 的状态由 Q_0 控制，只有当 Q_0 从 1 翻转到 0 时，Q_1 才会翻转。
- Q_2 的状态由 Q_1 控制，只有当 Q_1 从 1 翻转到 0 时，Q_2 才会翻转。

(4)状态转移表(包括有效时钟)：

对于每一个 JK 触发器，当 $J=K=1$ 时，触发器会翻转，因此这个计数器会经历以下状态，见表 3。

表 3　第 3 题的状态转移表

时钟	Q_2	Q_1	Q_0	下一状态 Q_2'	下一状态 Q_1'	下一状态 Q_0'
0	0	0	0	0	0	1
1	0	0	1	0	1	0
2	0	1	0	0	1	1
3	0	1	1	1	0	0
4	1	0	0	1	0	1
5	1	0	1	1	1	0
6	1	1	0	1	1	1
7	1	1	1	0	0	0

(5)状态转移图：

状态转移图表示了 8 个可能状态(000→001→010→011→100→101→110→111→000)，形成一个循环。

(6)判断是几进制计数器：

该电路是一个八进制计数器，因为它有 8 个可能的状态。

(7)能否自启动：

该计数器可以自启动。即使计数器从任意状态开始，它也会通过翻转进入正常的状态循环，最终进入有效的八进制计数循环。

4. 74LS161 异步复位同步置位的 4 位二进制加法计数器分析：

(1)74LS161 芯片各引脚功能：

74LS161 是一个 4 位二进制加法计数器，具有异步复位和同步置位的功能。以下是其主要引脚功能：

① cp(clock pulse，时钟脉冲输入)：在上升沿触发，用于驱动计数器计数。

② MR(master reset，异步复位)：当此输入为低电平时，计数器的所有触发器立即复位为零(异步清零)。

③ PE(parallel enable，并行置数使能)：当此输入为低电平时，允许并行置数操作。并行输入

的数据会在下一个时钟脉冲时被加载到计数器中(同步置位)。

④ P0 ~ P3(parallel data inputs,并行数据输入):这 4 个引脚用于输入要并行加载的数据。

⑤ CET(count enable trickle,计数使能级联):当 CET 为高电平时,计数器允许计数。

⑥ CEP(count enable parallel,计数使能并行):当 CEP 为高电平时,允许计数器递增。

⑦ TC(terminal count,终端计数输出):当计数器达到最大值(如计数到 15 时),TC 输出高电平,用于级联多个计数器。

⑧ Q_0 ~ Q_3(output,计数输出):计数器的 4 位输出,表示当前的二进制计数值。

(2)用置数法设计十进制加法计数器并简要说明工作原理:

74LS161 是一个 4 位二进制计数器,其最大计数值为 15。为了设计一个十进制加法计数器(即最大计数值为 9),可以利用置数法。当计数器计数到 10 时,强制加载 0 来实现十进制计数。

设计步骤如下:

① 使用门电路(如 与非门 或 与门)来检测当计数器的输出为二进制 1010(即 10)时的状态。

② 检测到计数值达到 10 后,通过 PE 引脚进行同步置位,将计数器复位为 0。

工作原理:

当计数器计数到 1010(10)时,触发门电路,通过 PE 引脚启动同步置位操作,将计数器置为 0000(0),然后继续计数。这样,计数器的最大值被限制为 9,实现十进制计数。

(3)状态转换图:

该十进制加法计数器的状态转换图如下:

0000→0001→0010→0011→0100→0101→0110→0111→1000→1001→0000→

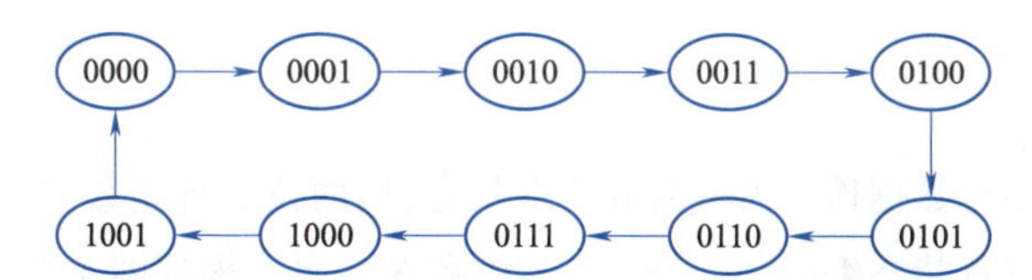

当计数器达到 1001(9)后,下一次计数(1001→1010)会通过同步置位将计数器强制置为 0000,形成循环。

(4)该芯片中有几个触发器:

74LS161 芯片中有 4 个触发器,每个触发器存储一位二进制数,整个计数器可以存储和处理 4 位二进制数。因此,它能够计数从 0000 到 1111(0 到 15)的数值。

(5)利用 74LS161 设计六十进制加法计数器:

为了设计一个六十进制计数器,需要级联两个 74LS161 芯片:

① 第一个计数器(低 4 位):计数 0 到 9。

类似于十进制加法计数器设计,当第一个计数器达到 1010(10)时,重置为 0000,并且使第二个计数器递增 1。

② 第二个计数器(高 2 位):计数 0 到 5。

第二个计数器用于计数 0 到 5。当它达到 0110(6)时,重置为 0000,完成一个六十进制的计数周期。

工作原理：

③ 第一个计数器实现十进制计数，计数到9后重置，并给第二个计数器发送一个递增信号。

④ 第二个计数器计数0到5，计数到5后重置，形成完整的六十进制计数器。

5. 设计数据检测器：

①逻辑抽象。假设输入的逻辑变量用字母 X 来表示，输出变量用 Y 来表示。电路在没有输入"1"以前的状态为 S_0，输入一个"1"后的状态为 S_1，连续输入两个"1"后的状态为 S_2，连续输入三个或三个以上"1"后的状态为 S_3。当电路处于 S_1、S_2 和 S_3 这三个状态时，给电路输入一个"0"，则电路迁移到 S_0。当电路由 S_2 迁移到 S_3 或者维持状态 S_3 不变时，$Y=1$，否则 $Y=0$。具体的状态转移图如图3所示。

仔细分析图3，发现 S_2 和 S_3 这两个状态在同样的输入条件下的输出是一样的，并且状态转换后得到同样的次态输出。也就是说：在现态 S_2 条件下，$X=1$ 时 $Y=1$，并且由现态 S_2 迁移到次态 S_3；在现态 S_3 条件下，$X=1$ 时 $Y=1$，维持现态 S_3 不变。因此，状态 S_2 和 S_3 本质上属于同一个状态，可以进行合并。图4所示为简化后的状态转移图。

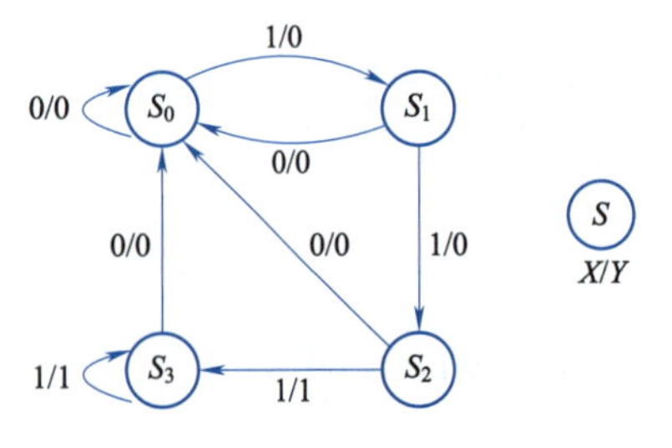

图3　第5题的状态转移图

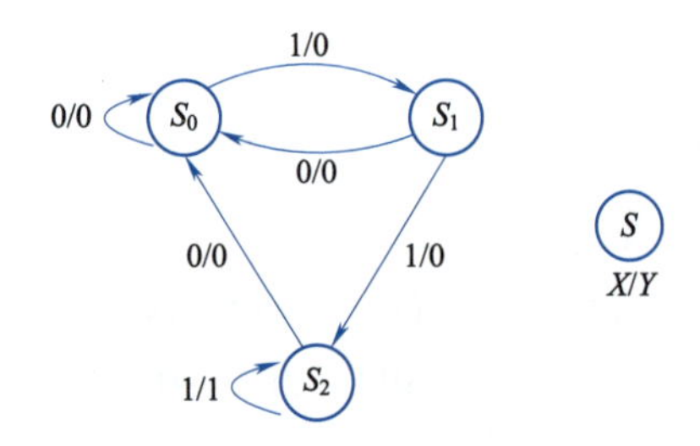

图4　简化后的状态转移图（简化版）

②状态分配。该串行数据检测器一共有3个状态，用两位二进制数 Q_1Q_0 即可描述这3个状态。采用格雷码形式进行状态编码：$S_0=00$、$S_1=01$ 和 $S_2=11$。根据图4可得表4。

表4　状态转移表

Q_1^n	Q_0^n	$Q_1^{n+1}\ \ Q_0^{n+1}/Y$	
		$X=0$	$X=1$
0	0	0 0/0	0 1/0
0	1	0 0/0	1 1/0
1	1	0 0/0	1 1/1

③ 触发器选型。本题目选择JK触发器，用两个JK触发器 FF_1 和 FF_0 来分别描述 Q_1 和 Q_0。根据表4，采用卡诺图化简的方式可得到 Q_1^{n+1} 与 Q_1^n、Q_0^n 和 X 的逻辑关系。图4所示为第5题的卡诺图。

根据图4(a)所示卡诺图，有

$$Q_1^{n+1}=XQ_0^n=(XQ_0^n)\overline{Q_1^n}+(\overline{\overline{XQ_0^n}})Q_1^n \tag{1}$$

根据式(1)，可以得到触发器 FF_1 的驱动方程：

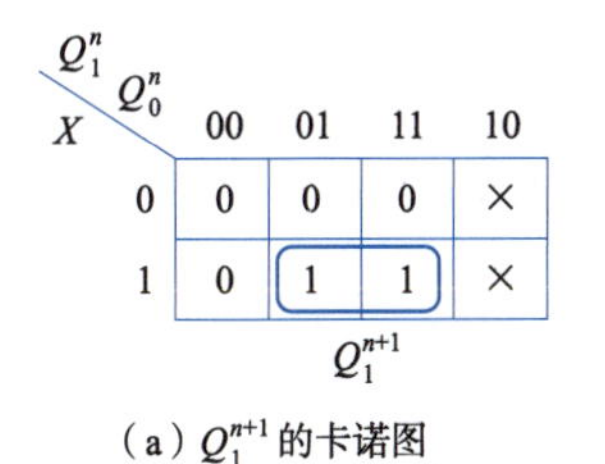

(a) Q_1^{n+1}的卡诺图

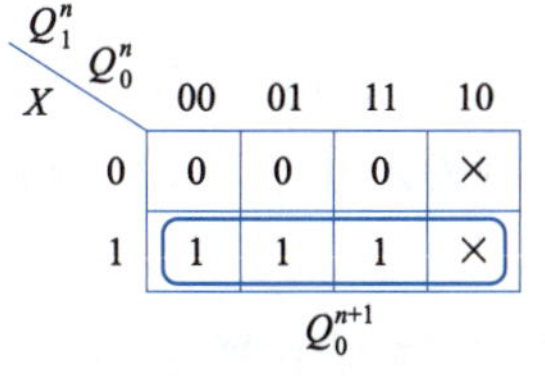

(b) Q_0^{n+1}的卡诺图

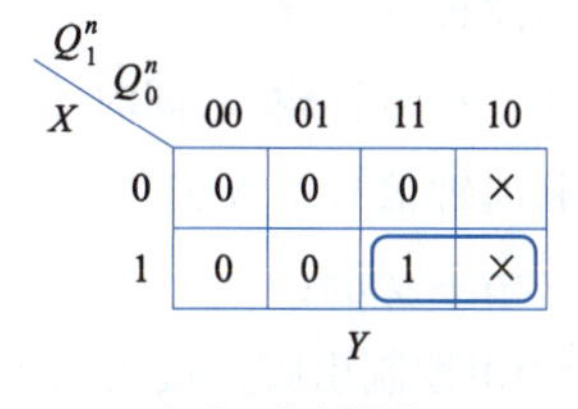

(c) Y的卡诺图

图4　第5题的卡诺图

$$J_1 = XQ_0^n,\ K_1 = \overline{XQ_0^n} \tag{2}$$

根据图4(b)所示卡诺图,有

$$Q_0^{n+1} = X = X\overline{Q_0^n} + \overline{\overline{X}}Q_0^n \tag{3}$$

根据式(1),可以得到触发器FF_0的驱动方程:

$$J_0 = X,\ K_0 = \overline{X} \tag{4}$$

最后,写出电路的输出方程。根据图4(c)所示卡诺图,有

$$Y = XQ_1^n \tag{5}$$

④画电路图。根据式(4),FF_0的J_0端口接输入端X,J_0端口和K_0端口通过非门连接在一起。根据式(2),输入端X与FF_0的输出端Q_0^n经过与门接入FF_1的J_1端口,J_1端口和K_1端口通过非门连接在一起。根据式(5),输入端X与FF_1的输出Q_1^n经过与门便得到进位输出Y。根据上述分析,画出电路原理图,具体如图5所示。

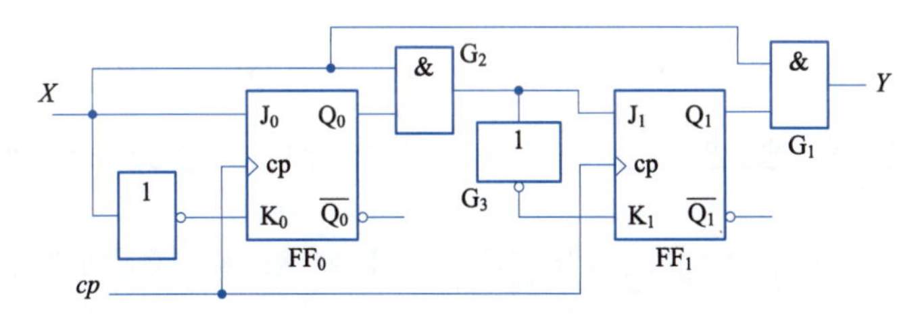

图5　串行数据检测器电路图

最后,检查图5所示电路是否具有自启功能,即当串行数据检测器处于10这个状态时能否自动迁移到有效的循环中。为此,重新画出图5所示电路的状态转移图,具体如图6所示。从图6可以看出,所设计的电路具有自启功能。

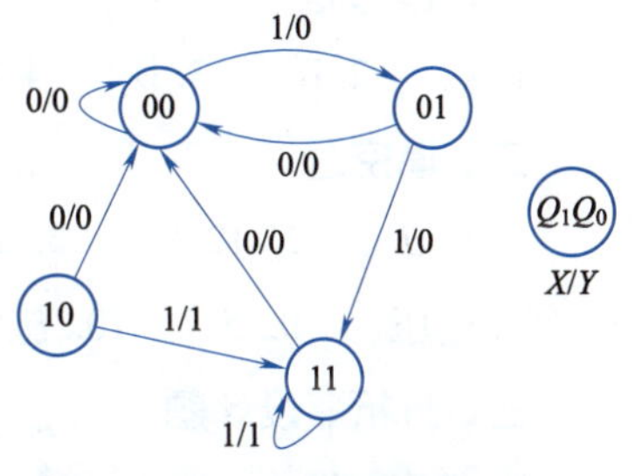

图6　状态转移图

6. 74LS163是一种可同步清零和置数的4位二进制加法计数器。清零控制端($\overline{CR}$):74LS163的清零端为同步清零端,需要在时钟上升沿时激活才能清零,而不是异步操作。对应引脚为$\overline{CR}$,通常为低电平有效。置数控制端($\overline{LD}$):74LS163的置数端($\overline{LD}$)也是同步端口。在$\overline{LD}$为低电平时,计数器会在时钟上升沿同步加载输入的预置值($d_3d_2d_1d_0$)。该操作为同步置数。如果要实现九进制计数器(0~8循环计数):使用74LS163实现0~8的计数循环。当计数器达到9(即1001)时,输出高电平,并通过清零或加载实现回到0。

电路设计步骤：

①连接时钟输入，同时使能开关设置1高电平打开EN_T和EN_P。

将时钟信号接入芯片的CLK(时钟输入引脚)。EN_T和EN_P为高电平。

②清零功能：

将$\overline{CR}$控制引脚连接为同步清零信号输入，设置为低电平有效。

③置数功能：通过$\overline{LD}$引脚加载初始值。设计时可设置计数器的起始值为0。

④检测9(1001)状态：

- 使用芯片的输出Q_3、Q_0(表示计数值的最高位和最低位)检测到计数值为9时：$Q_3=1$，$Q_2=0$，$Q_1=0$，$Q_0=1$(即输出为1001)。
- 因为低电平有效，可以通过与非门G实现该状态的检测。

⑤控制计数循环：

- 当检测到9时，触发$\overline{LD}$或$\overline{CR}$。
- 使用$\overline{CR}$端清零，计数器回到0。

使用$\overline{LD}$端同步加载初始值0。

74LS163芯片的清零控制端口和置数控制端口实现九进制加法计数器如图7和图8所示。

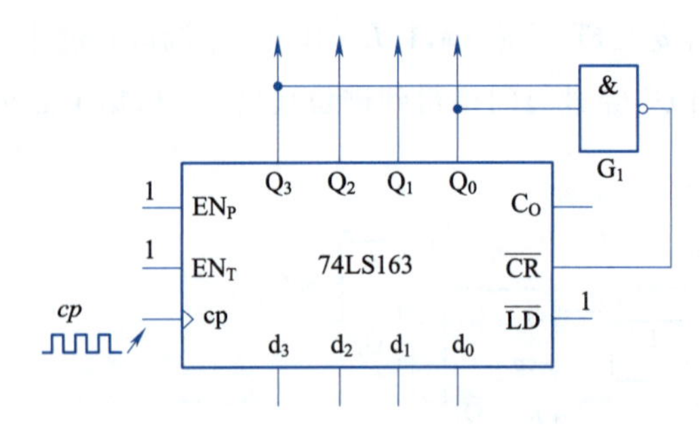

图7　第6题清零法九进制加法计数器

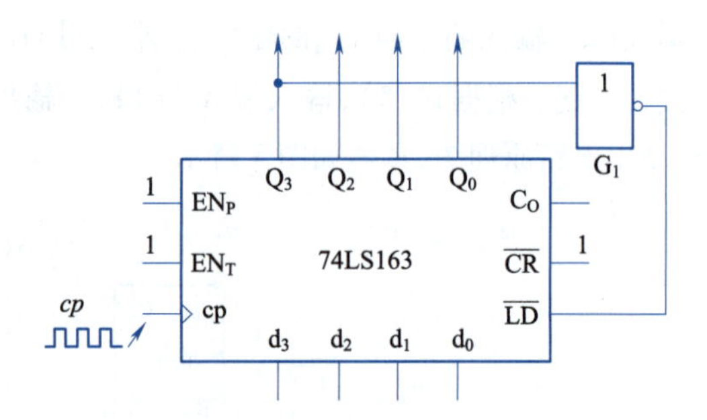

图8　第6题置数法九进制加法计数器

第6章　习题解答

一、选择题

1. A　2. B　3. D　4. C　5. A　6. D　7. A　8. D　9. D　10. D

二、填空题

1. t_w/T　2. 12 V　3. 2　4. 占空比　5. 暂稳态　6. 充放电　7. 矩形　8. 回差电压　9. 5　10. 施密特

三、分析、设计题

1. 答案：略

2. 答案：略

3. 答案：(1) $V_{T+}=\frac{2}{3}V_{cc}=10\text{ V}$　　$V_{T-}=\frac{1}{3}V_{cc}=5\text{ V}$

(2) V_0 波形图如图1所示。

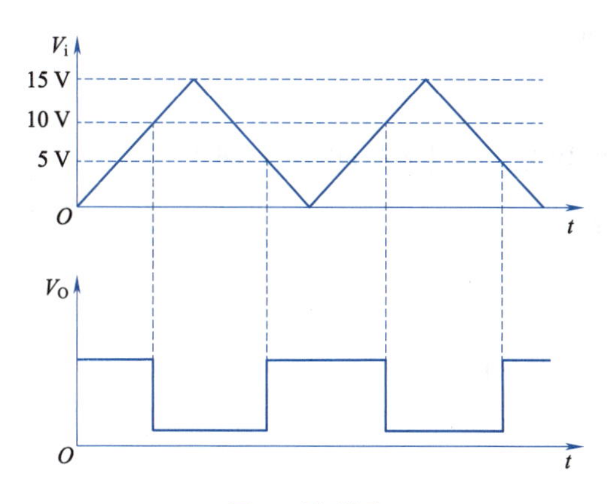

图 1　波形图

第 7 章　习题答案

一、选择题

1. A　2. B　3. C　4. A　5. B　6. B　7. A　8. B　9. D　10. A　11. A　12. D　13. B　14. A　15. B　16. D

二、填空题

1. 采样　2. 量化　3. 采样、量化、编码　4. 8　5. 2^{10}或(1024)　6. 分辨率、转换误差　7. 小　8. 5 kΩ

三、计算题

1. (1)根据题意,当输入数据为 $D=1010$ 时所对应的输出为:

$$
\begin{aligned}
u_O &= -\frac{u_{REF}R_F}{2^3R}(d_3 2^3 + d_2 2^2 + d_1 2^1 + d_0 2^0) \\
&= -\frac{u_{REF}R_F}{2^3R}(1\times2^3+0\times2^2+1\times2^1+0\times2^0) \\
&= -\frac{5}{2^4}\times10\ \text{V} \\
&= -3.125\ \text{V}
\end{aligned}
$$

(2)将 $D=0000$ 带入到题(1)计算式,可得到输出电压为 $u_O=0$;$D=1111$,$u_O=-\frac{5}{2^4}(1\times2^3+1\times2^2+1\times2^1+1\times2^0)\ \text{V}=-4.6875\ \text{V}$,4 位权电阻网络 DAC 的 u_O 取值范围:$0\sim-4.6875\ \text{V}$。

2. (1)$u_O=U_{LSB}=-\frac{U_{REF}}{2^n}\times1=\frac{12}{256}\text{V}\approx0.047\ \text{V}$

(2)$u_O=U_{FSR}=-\frac{U_{REF}}{2^n}(2^n-1)=\frac{12}{256}\times255\ \text{V}\approx11.95\ \text{V}$

(3)$D=\frac{U_{LSB}}{U_{FSR}}=\frac{0.047}{11.95}\approx0.0039=39\%$

或者 $D=\frac{1}{2^n-1}=\frac{1}{255}\approx0.0039=39\%$

3. $U_{\mathrm{LSB}} = k \times 1 = 10\ \mathrm{mV}$

则 $k = 10$；

$$u_{\mathrm{O}} = k \times \sum_{i=0}^{n-1} d_i \times 2^i = 10 \times 2^7 = 1\ 280\ \mathrm{mV} = 1.28\ \mathrm{V}$$

4. $U_{\mathrm{LSB}} = k \times 1 = 0.02\ \mathrm{V}$

则 $k = 0.02$；

$$D = \frac{U_{\mathrm{LSB}}}{U_{\mathrm{FSR}}} = \frac{4.885 \times 10^{-3}}{10} = \frac{1}{2^n - 1}$$

$n = 13$

软件中图形符号与国家标准符号对照表

序号	软件中图形符号	国家标准符号
1		&
2		≥1
3		
4		
5		1

参 考 文 献

[1] 何建新,高胜东.数字逻辑设计基础[M].北京:高等教育出版社,2012.

[2] 甄俊,刘松龄.数字电子技术基础学习精解[M].4版.成都:西南交通大学出版社,2006.

[3] 郭立强.电子技术基础简明教程[M].南京:南京大学出版社,2021.

[4] 江晓安,宋娟.数字电子技术学习指导与题解[M].4版.西安:西安电子科技大学出版社,2017.

[5] 邬春明,雷宇凌,李蕾.数字电路与逻辑设计[M].北京:清华大学出版社,2015.

[6] 欧阳星明,溪利亚.数字电路逻辑设计[M].北京:人民邮电出版社,2017.

[7] NELSON V P,NAGLE H T,CARROLL B D,et al. Troy Nagle. Digital Logic Circuit Analysis and Design[M]. New Jersey:Prentice Hall,1995.

[8] WAKERLY J F. Digital Design:Principles and Practices[M]. Upper Saddle River,NJ:Prentice Hall,2005.

[9] 王毓银.数字电路逻辑设计[M].北京:高等教育出版社,2007.

[10] 布朗.数字逻辑与Verilog设计[M].罗嵘,译.北京:清华大学出版社,2014.

[11] 盛建伦.数字逻辑与VHDL设计[M].北京:清华大学出版社,2016.

[12] 鲍可进,赵念强,赵不贿.数字逻辑电路设计[M].4版.北京:清华大学出版社,2022.